비파괴 실무

조정상 · 은상원 · 이병찬 공저

도서출판 상 학 당

머리말

산업계에서는 가장 널리 활용하고 있는 비파괴 검사에는 방사선 투과검사, 초음파 탐상검사, 침투 탐상검사, 자분 탐상검사 및 와전류 탐상검사가 있다.

비파괴 검사 기술자들은 제품설계 및 생산공정중에 발생되는 결함의 최소화를 위해 품질관리 및 향상에 노력하고 있으며, 비파괴 검사비용의 감소와 검사시간의 단축으로 경제성을 얻기 위해서는 파괴 검사보다는 비파괴 검사에 비중을 두고 있는 실정이다. 비파괴 검사의 역사는 파괴 검사의 역사에 비하여 그리 오래되지는 않았지만, 날로 발전하면서 비파괴 검사의 필요성을 더욱 중요시하게 되었다.

비파괴 검사 방법은 실로 다양하며, 새로운 비파괴 검사 방법이 계속 소개가 되고 있는 현실에서, 이 교재에서는 최근에 소개된 비파괴 검사 기술 방법을 기술하고 있으며, 특히 두께 측정도 중요한 기술로 대두되고 있는 현실에서 정확하게 두께를 측정할 수 있는 기술을 자세히 소개하고, 기술을 습득하게 함으로써 모든 검사 대상에 초음파를 적용할 수 있을 뿐만 아니라, 검사 비용 및 검사 시간을 획기적으로 줄여서 모든 기업체에서 중요한 기술로 응용할 수 있도록 도움이 되려고 한다.

하지만, 비파괴 검사는 이론보다는 실무가 더욱 중요하다는 관점에 중점을 두고 집필하였다. 특히 학교현장에서 실무적인 기술을 익히거나, 졸업 후 산업체에서 바로 적용할 수 있는 기술을 습득할 수 있도록 많은 고려를 하였으므로, 비파괴 검사 기술자나 비파괴 관련 산업 현장에서 유용하게 활용될 수 있는 지침서가 될 것으로 생각이 된다.

아무쪼록 이 책이 비파괴 관련 학과 및 산업체에서 실무 지식을 접하는 데 조금이나마 보탬이 되기를 희망한다.

저 자 씀

차 례

■ 제 I 장 비파괴 검사 기술 ⊷ 9

■ 제2장 초음파 탐상 기술 ⊸87

■ 제3장 두께 측정 기술 ⊷ 163

제 1 장

비파괴 검사 기술

제1절
비파괴 검사

비파괴 검사 기술은 파괴하지 않고 검사하는 기술을 말한다. 과거에는 파괴를 하여 검사를 하는 것을 주로 해 왔으나, 근래에는 파괴하지 않고 검사하는 기술을 개발하게 되었다. 미국에서는 1940년대 초에, 독일에서는 1940년대 중반에, 일본에서는 1950년대 초에 그리고 한국에서는 1980년대 초에 비파괴 검사 학회를 발족시켰다.

비파괴 검사 기술을 좀더 세분한다면 비파괴 시험, 비파괴 검사로 구분이 되는데, 비파괴 시험(NDT : Non Destructive Testing)은 파괴하지 않고 검사하는 모든 방법을 가리키며, 비파괴 시험방법에 준거하여 실시하고, 시험 결과를 얻을 때까지의 과정을 말한다. 또한 소재, 기기, 구조물 등의 품질관리, 품질보증의 수단으로 이용되는 방법으로서, 재료, 제품, 구조물 등의 종류에 관계없이 시험대상물을 손상시키거나 혹은 분리나 파괴하지 않고 결함의 유무, 그 상태 혹은 대상물의 성질, 상태, 내부 구조 등을 알아내기 위한 시험 전체를 말한다. 비파괴 검사(NDI : Non Destructive Inspection)는 비파괴 시험 결과에 기준하여 그 시험체를 합격시키든지 불합격시키든지를 결정할 때까지의 과정이다.

비파괴 시험의 목적은 제조 기술을 개량하고, 제조 원가를 절감하며, 신뢰성을 향상시키는 데 있다. 또한 현장에서는 다른 비파괴 검사 방식 한 가지로는 온전한 검사가 불가능하거나, 불안정할 경우에는 초음파 검사 방식을 추가하여 콤비형태로 사용되고 있다. 비파괴 시험을 적용하는 분야로는 검사의 수단으로, 측정의 수단으로, 그리고 시험과 연구의 수단으로 적용하는 분야도 있다.

비파괴 시험으로는 결함의 검출을 주로 하지만 재질을 분석할 수가 있어서 재질의 판정뿐만 아니라 두께 측정 등으로 각종 계측과 변형 정도도 측정할 수 있다.

비파괴 시험을 올바로 행하기 위해서는 먼저 모재, 용접부 등에 발생하는 결함의 종류를 미리 예상할 수 있어야 하며, 그로 인한 각종 재료, 용접부 등에 발생하는 영향에 대한 지식도 갖추고 있어야 한다. 다시 말해서, 설계 조건에서 고려된 사용 조건으로 사용했더라도 결함의 종류, 결함의 양, 결함의 크기에 따라서 재료, 기기, 구조물 등의 건전성을 잃어버리는 원인이 될 수도 있다.

또한 비파괴 시험의 결과로 결함 발생이 제조 공정상에서 발생한 것인지, 사용 중에 발생한 것인지도 알아낼 수가 있다.

1. 각종 검사

(1) 개방 검사

① 수압 시험 때(용접 보수할 때)에는 스트레인 게이지법과 AE법을 실시한다.
② 수압 시험 후에는 MT법(또는 PT법)과 필요에 따라서는 초음파 탐상 시험, 음향방출이 빈번하게 발생한 가스에 대해서는 초음파 탐상 시험, 필요에 따라서는 방사선 투과 시험법을 실시한다.
③ 기밀 시험 때에는 발포제법을 실시한다.

(2) 소재 검사

① 판재는 초음파 탐상 시험, 단면은 PT 시험(또는 MT 시험)을 실시한다.
② 단조품과 봉재에는 초음파 탐상 시험, MT 시험(또는 PT 시험)을 실시한다.
③ 주조품에는 방사선 투과 시험 또는 초음파 탐상 시험과 MT 시험(또는 PT 시험)을 실시한다.
④ 관재에는 방사선 투과 시험, 초음파 탐상 시험, PT 시험, ET 시험 중에서 적용이 가능한 시험 방법을 실시한다.
⑤ 볼트와 너트에는 초음파 탐상 시험, MT 시험(또는 PT 시험)을 실시한다.

(3) 용접부 검사

① 기타 이음에는 일반적으로 방사선 투과 시험, MT 시험(또는 PT 시험)을 실시한다.
② 각 이음에는 방사선 투과 시험, 초음파 탐상 시험, MT 시험(또는 PT 시험)을 실시한다.
③ 부분 용입에는 MT 시험(또는 PT 시험), 초음파 탐상 시험을 실시한다.
④ 구석살 용접부에는 MT 시험(또는 PT 시험), 초음파 탐상 시험을 실시한다.
⑤ 비내압 부분 부착부에는 MT 시험(또는 PT 시험)을 실시한다.
⑥ 치공구 제거 흔적에는 MT 시험(또는 PT 시험)을 실시한다.
⑦ 치공구 제거 덧살붙임 용접부에는 방사선 투과 시험, MT 시험(또는 PT 시험), 필요에 따라서는 초음파 탐상 시험을 실시한다.
⑧ 폭착부에는 초음파 탐상 시험을 실시한다.

⑨ 오버레이 용접 전에는 MT 시험(또는 PT 시험)을, 용접 후에는 초음파 탐상 시험, MT 시험을 실시한다.
⑩ 수압 시험 때에는 스트레인 게이지법, AE법을 실시한다.
⑪ 수압 시험 후에는 MT 시험(또는 PT 시험)을 필요에 따라서 적용한다.
⑫ 기밀 시험 때에는 발포제법(형광 누설 시험액, 화학 반응법, 할로겐 가스/헬륨 가스 누설 시험)을 실시한다.

(4) 가동중 검사

① 살 두께검사로는 초음파 두께 측정을 실시한다.
② 표층부 결함에는 PT 시험(또는 MT 시험)을 실시한다.
③ 내부 결함에는 초음파 탐상 시험을 실시한다.

〈표 1-1〉 재료 및 결함별 비파괴 시험 방법의 선택

대상				방사선 투과	초음파 탐상	자기 탐상	침투 탐상	와전류 탐상	전기 저항	열적 시험	누설	광	변형 측정	AE
결함	주조품	보통 주철	내부결함	◎	△	×	×	×	×	×	×	×	×	×
			표면결함		×	◎	◎		△			×		×
		고급 주철	내부결함	◎	○	×	×	×		×	×	×	×	×
			표면결함			◎	◎		△			×		×
	주조품	페라이트계 주강	내부결함	◎	◎	×	×	×	×	×	×	×	×	×
			표면결함		△	◎	◎		△					×
		오스테나이트계 주강	내부결함	◎	×	×	×	×	×	×	×	×	×	×
			표면결함			×	◎	△	△			×		×
		비철금속 주물	내부결함	◎	○	×	×	×	×	×	×	×	×	×
			표면결함			×	◎	△	△			×		×
	단조품	페라이트계 강	내부결함	△	◎	×	×	×	×	×	×	×	×	×
			표면결함		△	◎	◎	△	△		×	×		×
		오스테나이트계 강 및 비철금속	내부결함	△	○	×	×	×	×	×	×	×	×	×
			표면결함		△	×	◎	△	△		×	×		×
	후판(6㎜ 이상) (주조품은 제외)	강 판	내부결함	×	◎	×	×	×	△	×	×	×	×	×
			표면결함	×	△	◎	◎	△			×	△		×
		비철금속판	내부결함	×	◎	×	×	×	△	×	×	×	×	×
			표면결함	×	△	×	◎	○			×	△		×
	박판(6㎜ 이하)	강 판	내부결함	×	◎	×	×	◎		×	×	×	×	×
			표면결함	×	◎	◎	◎	◎		×		×	×	×
		강 판	표면결함	×	○	○	○	○	×		×	◎		×
		비철금속판	내부결함	×	◎	×	×	△	△	×	×	×	×	×
			표면결함	×	○	×	◎	△				△	×	×
	관	강 관	내부결함	×	◎	×	×	◎		×	×	×	×	×
			표면결함	×	◎	◎	◎	◎		×		×	×	×
		비철금속관	내부결함	×	◎	×	×	◎		×	×	×	×	×
			표면결함	×	◎	×	◎	◎		×		×	×	×
	환각봉 형재	강・형강	내부결함	×	◎	×	×		×	×	×	×	×	×
			표면결함	×	△	◎	◎	△		×	×	×	×	×

	대 상			방사선 투과	초음파 탐상	자기 탐상	침투 탐상	와전류 탐상	전기 저항	열적 시험	누설	광	변형 측정	AE
		비철금속봉	내부결함	×	◎	×	×	△	×	×	×	×	×	×
			표면결함	×		×	◎	○		×	×	×	×	×
	선	강 선	결 합	×	○	○	○	◎	×	×	×	×	×	×
		비철금속선	결 합	×	○	×	○	◎	×	×	×	△	×	×
	용접부	페라이트계 강	내부결함	◎	◎	△	×	△	×	×	×	×	×	×
			표면결함	△	△	◎	◎	△				×	×	×
		오스테나이트계 강	내부결함	◎	△	×	×		×	×	×	×	×	×
			표면결함	△	△	×	◎	△				×	×	×
		알루미늄	내부결함	◎	◎	×	×		×	×	×	×	×	×
			표면결함	△	△	×	◎	△				×	×	×
		그밖의 금속	내부결함	◎		×	×		×	×	×	×	×	×
			표면결함	△		×	◎	△				×	×	×
		플라스틱		○	△	×	○	×	×				×	×
	브레이징과 솔더링		접합불량	△	◎	×	○	×	△	△	×	×	×	×
	단접, 압접		접합불량		◎	△	○	×	△			×	×	×
	후 접		접합불량	○	○	×	△	×	×	△	×	×	×	×
	벽 돌		내부결함	○		×	×	×	×	×	×	×	×	×
			표면결함		×	×		×	×	×	×	×	×	×
	세라믹스		내부결함	○	◎	×	×	×	×	×	×	×	×	×
			표면결함			×	◎	×	×			×	×	×
	플라스틱		내부결함	○	△	×	×	×	×		×	×	×	×
			표면결함			×	◎	×	×			×	×	×
	금 속		내부결함	○	△	×	×		×	×	×	×	×	×
			표면결함				△		×	×	×	×	×	×
	wire rope		단 선	△	×	△	×	○	○			×	×	×
			단 선	△	×	×	×	○	○		○	×	×	×
	복 합 재료	FRP관	내부결함	△	○	×	×	×	×		×	×	×	×
		FRP판	표면결함	△	○	×	×	×	×	○	×	×	×	×
		허니컴	접합불량	○	◎	×	×	×	×		×	×	×	×
		clad 재	접합불량	×	◎	×	○	×	×		×	×	×	×
	균열	열처리 균열, 연마 균열, 피로		△	○	◎	◎	△	○		×	×	×	×
		결합깊이측정 균열 발생 및		×	○	×	×	○	◎		×	×	×	×
		진전		×	△	×	×	×	×	×		×	×	◎
두께	두께	금속판, 관의 두께		○	◎	△	×	△	○	×	×	×	×	×
		chill층의 두께		×	○	△	×	×	△	×	×	×	×	×
		소입층의 두께		×	△	△	×		△	×	×	×	×	×
		도금층의 두께		×	×	×	×	◎	×	×	×	×	×	×
		paint 두께		×	×	×	×	◎	×	×	×	×	×	×
		clad의 두께		×	◎		×			×	×	×	×	×
재질	재질	도전율 투자율 재질판별 결정립 크기 열처리 상태		× × ×	× × △ ○ ○	× ×	× × × × ×	◎ ◎ ◎ × ◎	 × × 	× × × × × ×	× × × × × ×	× × × × × ×	× × × × × ×	× × × × × ×
변형응력	변형 변화			×	×		×		×	×	×	×	◎	×
	응력의 변화			×	△		×		×	×	×	×	◎	△
	응력 분포			×	×	×	×	×	×	×	×	×	◎	×
	잔류 응력				△	△	×		×	×	×	×	◎	×

2. 결함 종류

(1) 압연품

① 강판의 결함으로는 2매 균열(두 장 crack), 단면의 단속(선상으로 작게 균열), 개재물, 귀갑의 흠, blister(표면이 부풀어 내부에 공동이 있는 것), 세로 균열, 가로 균열, 선상의 흠, 귀갑상 또는 금 모양의 균열, scab, lap, 벽돌의 흠 등이 있다.
② 봉강의 결함으로는 종 균열, 선상의 균열, 절입, 줄음, streak fissure, 가로 균열, 파이프의 흠, 벽돌의 흠, 부풀음, 버닝, scab 등이 있다.
③ 강관의 결함으로는 외면랩, 횡절, 외근, 세로 균열, 열처리 균열 등이 있다.

(2) 단조품

결함으로는 비금속 개재물, 이물 혼입, 파이프, 연마 균열, 모래흠 또는 이보다 모양이 크고 조괴시에 외부에서 기계적으로 혼입한 것, 귀갑 균열, 버닝, 강괴 중에 존재한 로즈 스트럭처가 충분히 단조에 의해 압착되지 않고 잔존한 것, 단조 중에 재료가 중첩되어 생긴 줄음, 백점 등이 있다.

(3) 주조품

결함으로는 핀홀, 기공, 탕정, 탕회 불량, 주탕시에 주형의 사립자가 박리되어 주물 속에 감겨 들어간 것(모리가미), 주탕시에 래들속에서 용탕과 분리되지 못한 것이 그대로 감겨 들어간 것(노로가미), chaplet(코어누르기), internal chil, 인소(응고시에 금속의 수축으로 생기는 것), 균열 등이 있다.

(4) 용접부

결함으로는 균열(용착 금속에 발생하는 것과 열영향 부분에 발생하는 것이 있다), 용입 불량, 슬러그 권입, 기공, 융합 불량, 언더컷 등이 있다.

(5) 보수 검사

결함으로는 피로 균열, 응력 부식 균열, 열응력 균열, plating corrosion(미소 진동하면서 서로 마찰되는 표면의 미소 부분이 응찰, 별리를 반복하면서 분위기와 화학적으로 반응하여 발생하는 것), 액체 중에 발생한 기포가 부상되면서 표면에 충격을 가함으로써 생긴 침식 등이 있다.

3. 결함 및 제품별 검사 방법

(1) 버스트(burst)

재질 - 철과 비철 wrought 재질

검사방법 - 초음파 탐상, 자분 탐상, 초음파 C-scan

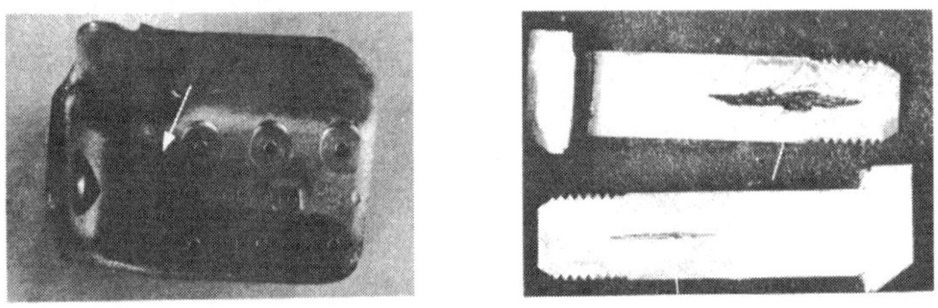

(a) (b)

[그림 1-1] (a) 주조 외부, (b) 볼트 내부

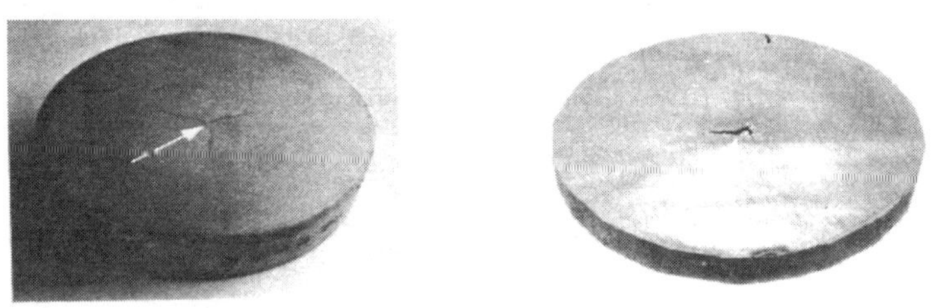

(a) (b)

[그림 1-2] (a) 롤바 내부, (b) 주조바 내부 버스트

(2) 콜드셧(cold shut)

재질 - 철과 비철 단조 재질

검사방법 - 액체침투 탐상, 방사선 투과, 와류 탐상, 초음파 C-scan

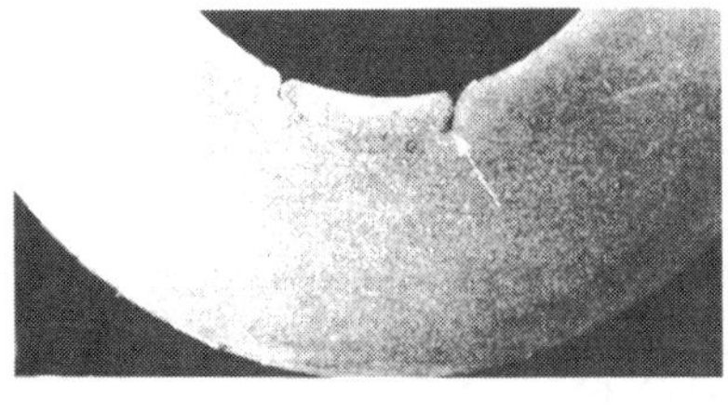

(a)

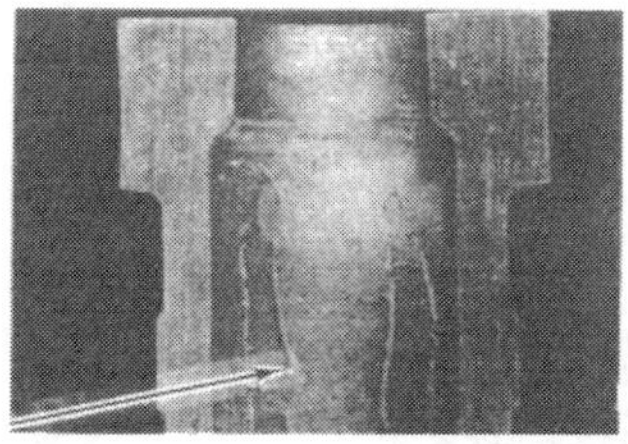

(b)

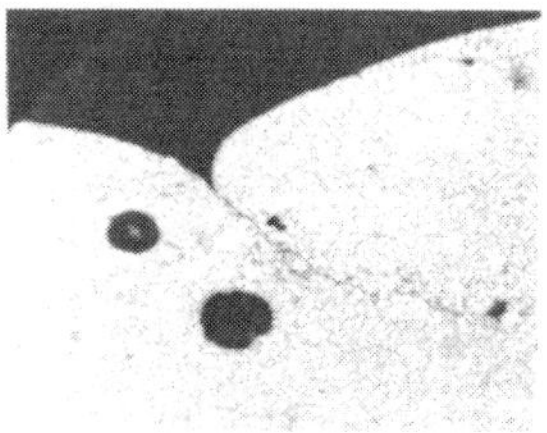

(c)

[그림 1-3] (a) 표면 콜드셧, (b) 내부 콜드셧, (c) 표면 콜드셧 마이크로그래프

(3) 소용돌이 균열(convolution cracks)

재질 - 비철
검사방법 - 방사선 투과, 초음파 C-scan

(a)

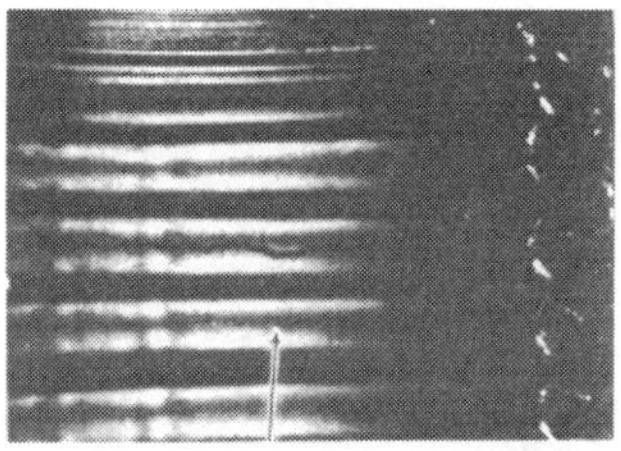

(b)

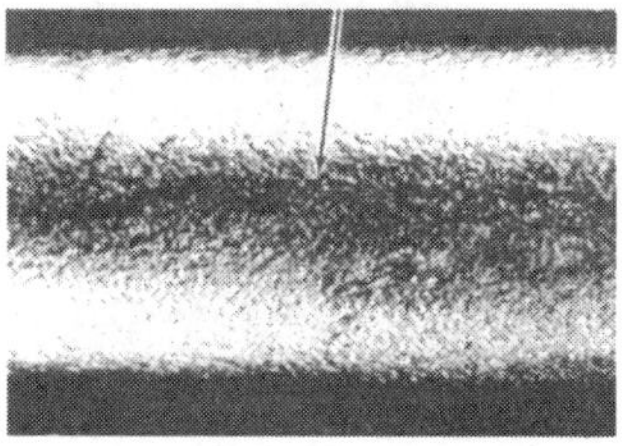

(c)

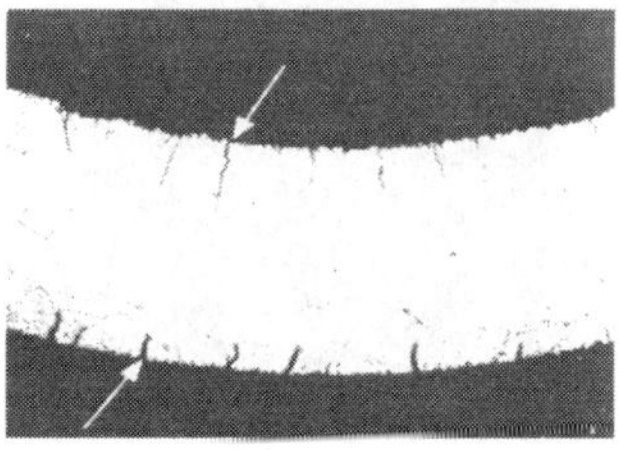

(d)

[그림 1-4] (a) 소용돌이 덕트, (b) 단면 균열 소용돌이,
(c) 확대된 균열, (d) 마이크로그래프

(4) 필렛 균열(fillet cracks-bolts)

재질 - 철과 비철 wrought 재질
검사방법 - 초음파 탐상, 액체침투 탐상, 자분(자성체 볼트만) 탐상, 초음파 C-scan

(a)

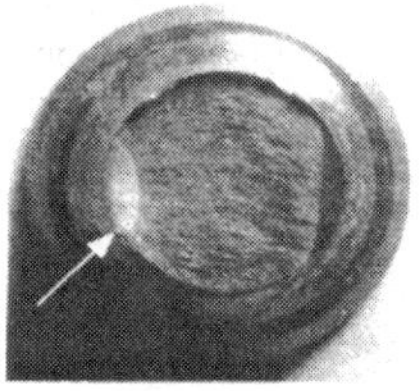

(b)

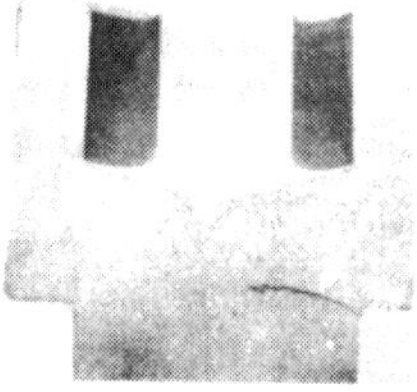

(c)

[그림 1-5] (a) 필렛 피로, (b) 피로 영역, (c) 확대된 피로 균열 영역

(5) 가스 기공(gas porosity)

재질 - 철과 비철 용접 재질
검사방법 - 방사선 투과, 초음파 탐상, 와류 탐상, 액체침투 탐상, 초음파 C-scan

(a)

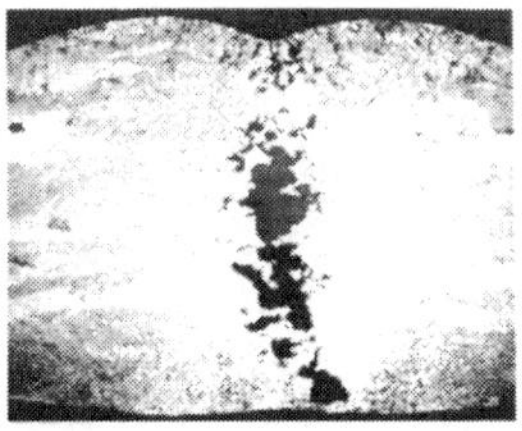

(b)

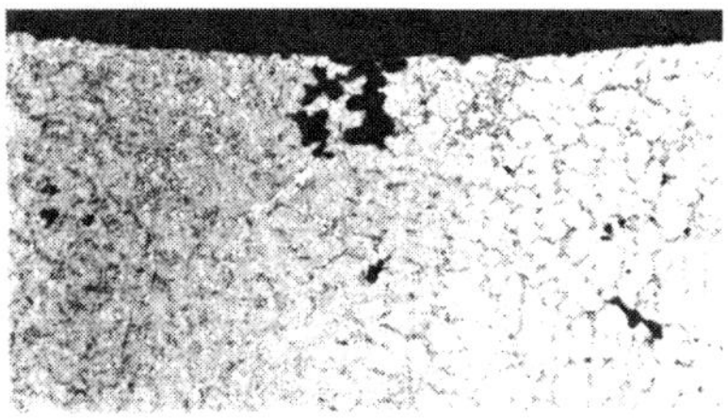

(c)

[그림 1-6] (a) 표면 기공, (b) 기공 단면, (c) 시링케이지 마이크로그래프

(6) 그라인딩 균열(grinding cracks)

재질 - 철과 비철
검사방법 - 액체침투 탐상, 자분(자성체) 탐상, 와류 탐상, 초음파 C-scan

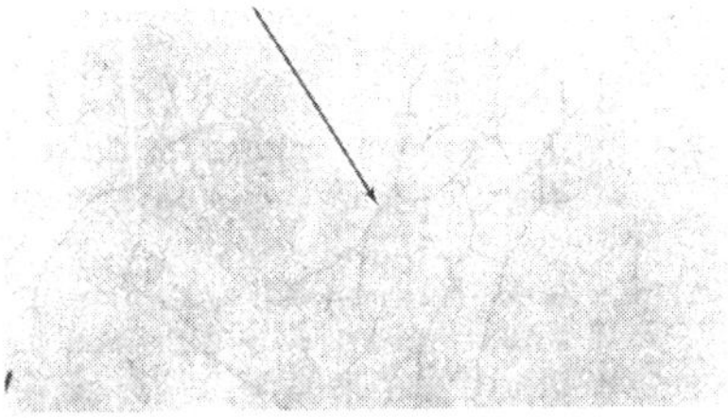

(a)

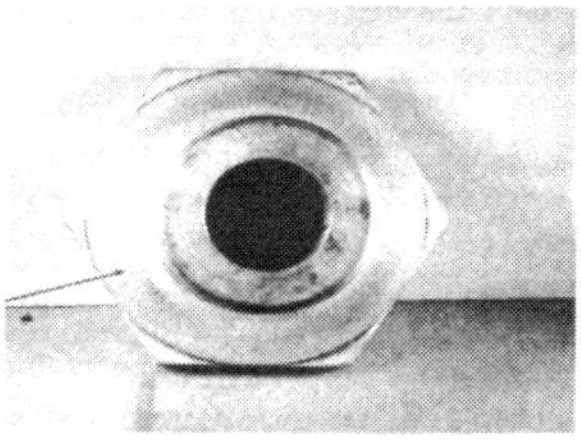

(b)

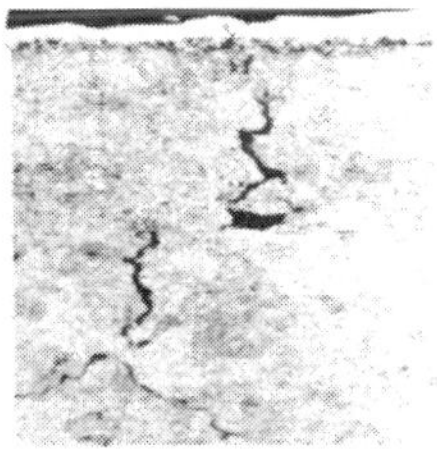

(c)

[그림 1-7] (a) 그라인딩 균열 패턴, (b) 그라인딩 균열, (c) 마이크로그래프

(7) 열영향부 균열(heat-affected zone cracking)

재질 - 철과 비철
검사방법 - 자분 탐상, 액체침투 탐상, 초음파 탐상, 와류 탐상, 초음파 C-scan

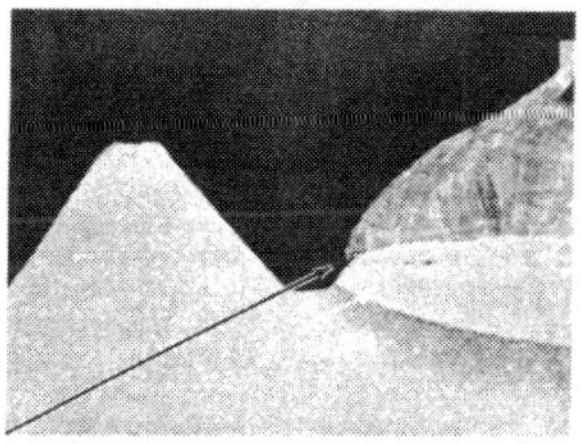

(a)

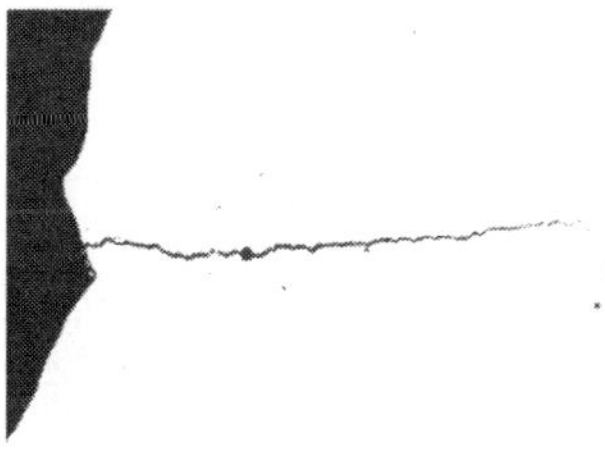

(b)

[그림 1-8] (a) 용접과 HAZ, (b) 균열의 마이크로그래프

(8) 열처리 균열(heat-treat cracks)

재질 - 철과 비철 wrought와 단조 재질
검사방법 - 자분 탐상, 액체침투 탐상, 일부는 와류 탐상, 초음파 C-scan

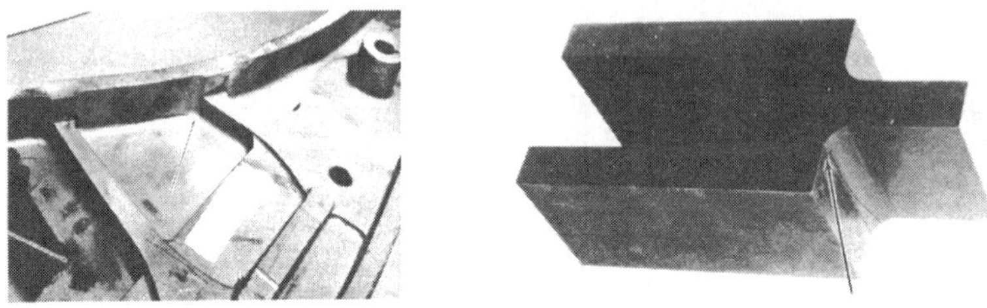

(a) (b)

[그림 1-9] (a) 필렛 균열, (b) 열영향 균열

(9) 핫 티어(hot tears)

재질 - 철 단조
검사방법 - 방사선 투과, 자분 탐상, 액체침투 탐상, 와류 탐상, 초음파 C-scan

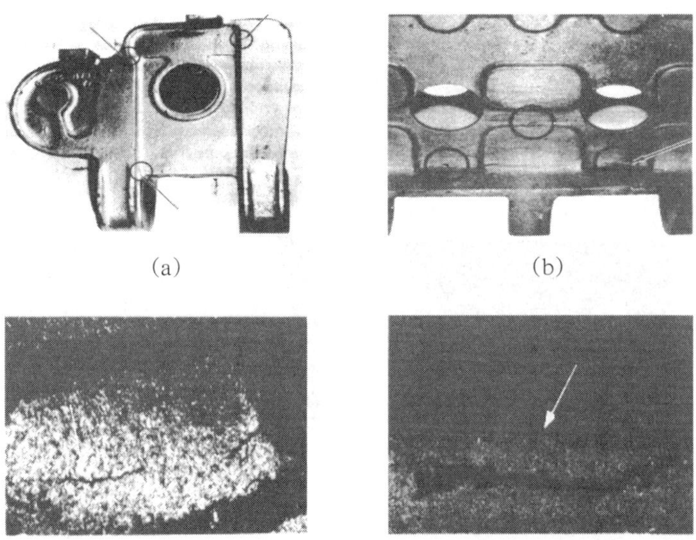

(a) (b) (c) (d)

[그림 1-10] (a) 단조 핫 티어, (b) 단조 핫 티어,
(c) 근접 핫 티어, (d) 근접 핫 티어

(10) 하이드롤릭 튜브(hydraulic tubing)

재질 - 알루미늄
검사방법 - 와류 탐상, 초음파 C-scan

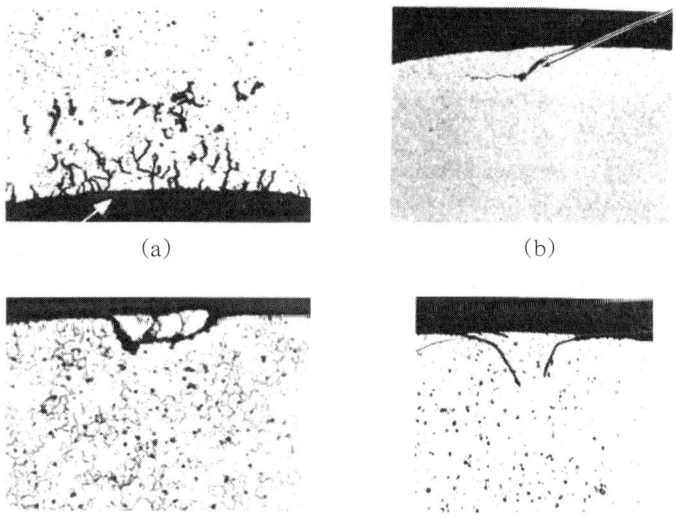

(a) (b) (c) (d)

[그림 1-11] (a) 부식, (b) 튜브의 lap, (c) 임베디드 재료, (d) 트윈 lap

(11) 수소 취성(hydrogen embrittlement)

재질 - 철
검사방법 - 자분 탐상, 초음파 탐상, 초음파 C-scan

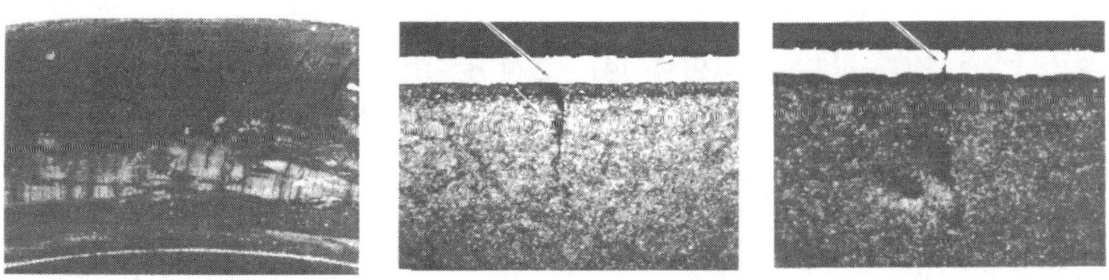

(a) (b) (c)

[그림 1-12] (a) 수소취성, (b) 크롬판 아래 수소취성,
(c) 크롬판을 통과한 수소취성

(12) 수소 플레이크(hydrogen flake)

재질 - 철

검사방법 - 초음파 탐상, 자분 탐상, 초음파 C-scan

(a)

(b)

[그림 1-13] (a) 수소 플레이크, (b) 재질 중심에 있는 플레이크 조건

(13) 경계 부식(intergranular corrosion)

재질 - 비철

검사방법 - 액체침투 탐상, 초음파 탐상, 와류 탐상, 방사선 투과, C-scan

(a)

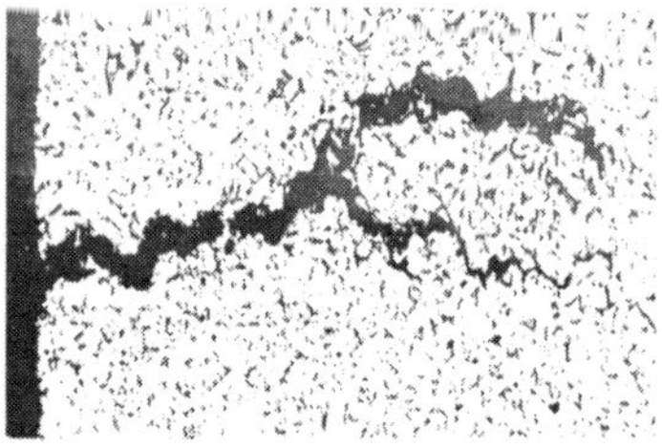

(b)

[그림 1-14] 경계 부식들

(14) 용입부족(lack of penetration)

재질 - 철과 비철 용접재

검사방법 - 방사선 투과, 초음파 탐상, 와류 탐상, 자분 탐상, 액체침투 탐상, 초음파 C-scan

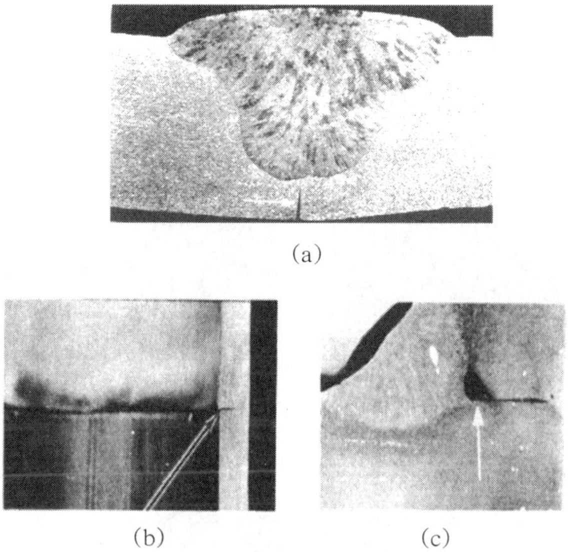

[그림 1-15] (a) 루트 침투, (b) 버트 용접 튜브의 루트 침투, (c) 필렛 용접 침투

(15) 적 층(laminations)

재질 - 철과 비철 연철 재질
검사방법 - 초음파 탐상, 자분 탐상, 액체침투 탐상, 초음파 C-scan

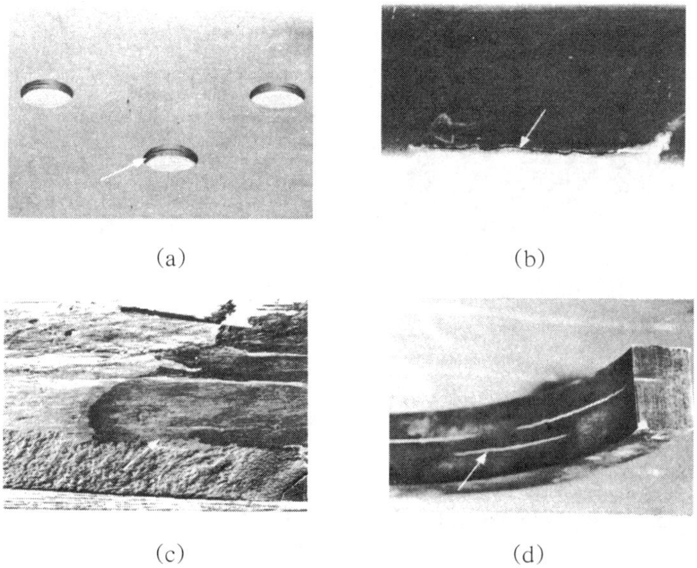

[그림 1-16] (a) 0.25 " 판, (b) 0.04 " 티타늄시트, (c) 판의 적층, (d) 바의 적층

(16) 랩과 심(laps and seams)

재질 - 철과 비철 rolled thread
검사방법 - 액체침투 탐상, 자분 탐상, 와류 탐상, 초음파 C-scan

(a)

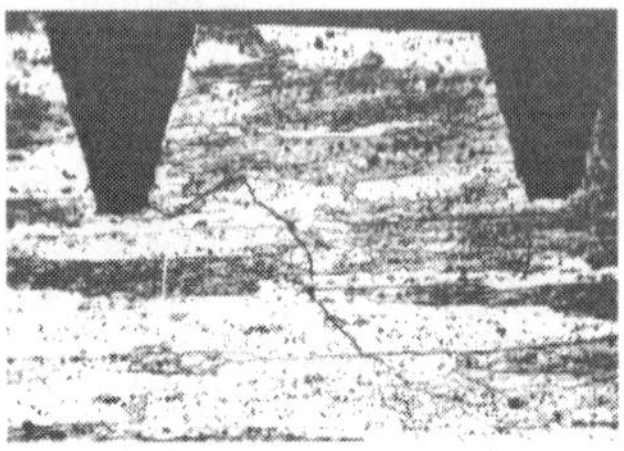

(b)

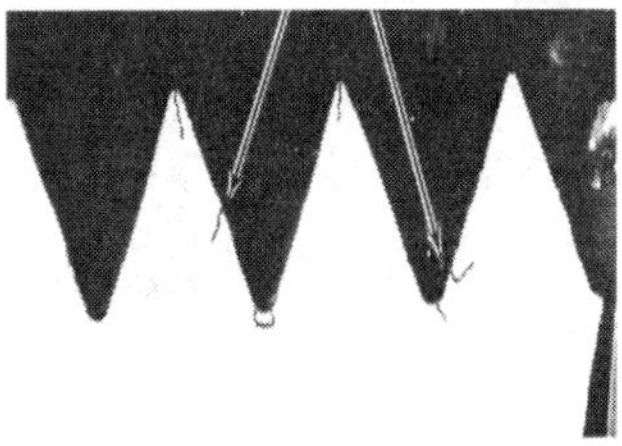

(c)

[그림 1-17] (a) 전형적인 랩과 심, (b) 나사산 스레드 루트부, (c) 랩과 심이 일어나는 곳

(a)

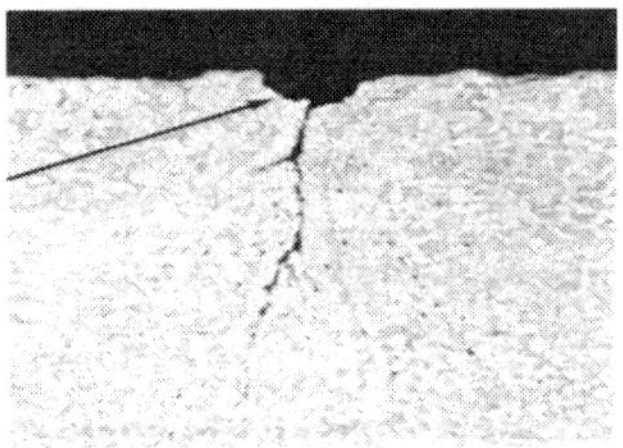

(b)

[그림 1-18] (a) 주조 랩, (b) 랩의 마이크로그래프

(17) 만드렐 드래그(mandrel drag)

재질 - 비철, 후판 심없는 튜브
검사방법 - 와류 탐상, 초음파 탐상, 초음파 C-scan

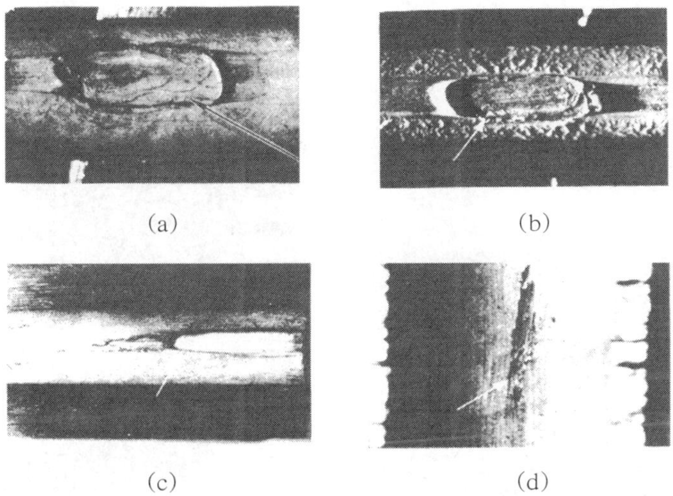

[그림 1-19] (a) deep gouge 마크, (b) 튜브,
(c) 전형적인 만드렐 드래그, (d) 파이프 내부표면의 gouge

(18) 미세한 수축공(microshrinkage)

재질 - 마그네슘 단조
검사방법 - 방사선 투과, 액체침투 탐상, 초음파 C-scan

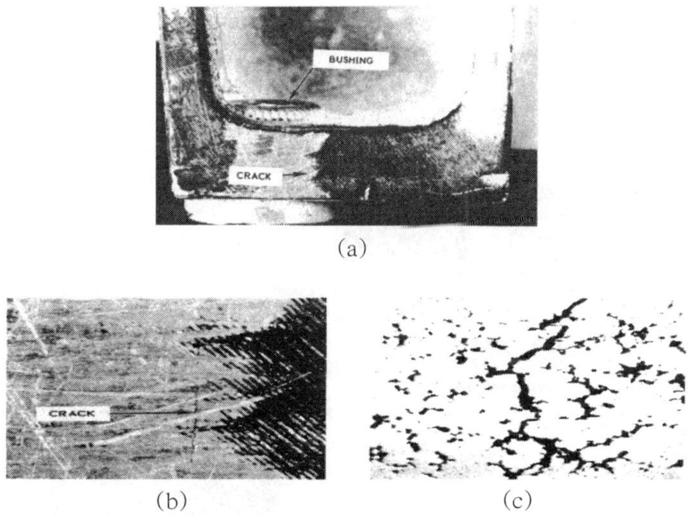

[그림 1-20] (a) 균열있는 마그네슘 하우징, (b) 앞의 근접보기,
(c) 균열 영역의 마이크로그래프

(19) 반도체 검사(semiconductors)

재질 - 하드웨어

검사방법 - 방사선 투과, 초음파 C-scan

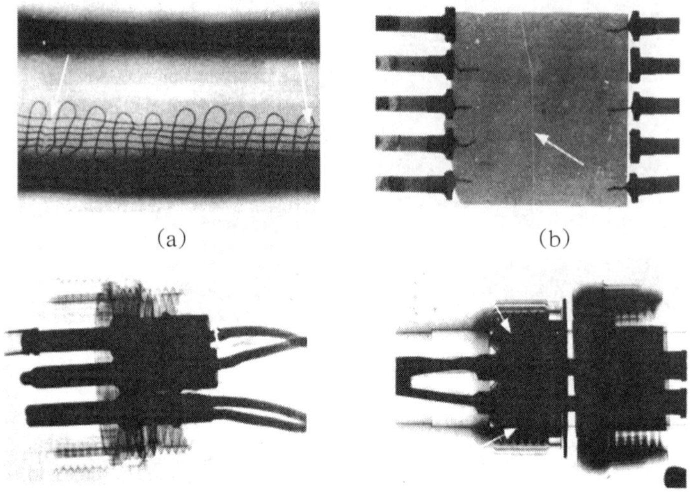

(a) (b) (c) (d)

[그림 1-21] (a) 히터 블랑켓, (b) 플라스틱 케이싱 재질, (c) 전선, (d) 반도체의 다른 재질

(20) 응력 부식(stress corrosion)

재질 - 철과 비철

검사방법 - 액체침투 탐상, 초음파 탐상, 와류 탐상, 초음파 C-scan

[그림 1-22] 응력 부식 때문에 깨진 알루미늄 합금 커플링

(21) 표면 수축 균열(surface shrink cracks)

재질 - 철과 비철

검사방법 - 액체침투 탐상, 자분 탐상, 와류 탐상, 초음파 C-scan

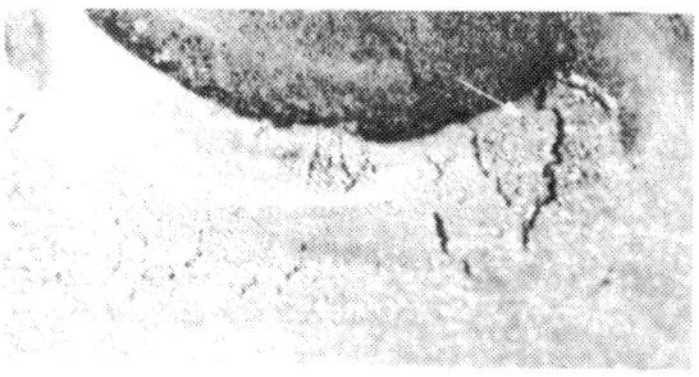

(a)

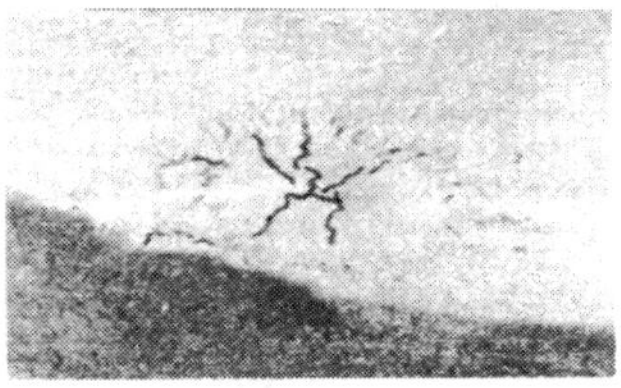

(b)

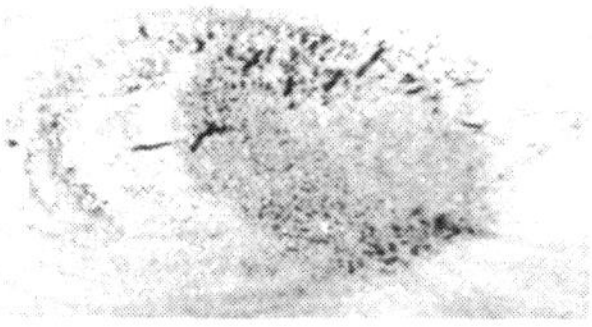

(c)

[그림 1-23] (a) 열영향부 안에서 횡균열, (b) 별 모양의 크래터 균열, (c) 용접 터미널에서 수축공 균열

(22) 나사산 균열(thread cracks)

재질 - 철과 비철 wrought 재질

검사방법 - 액체침투 탐상, 자분 탐상, 초음파 탐상, 와류 탐상, 초음파 C-scan

(a)

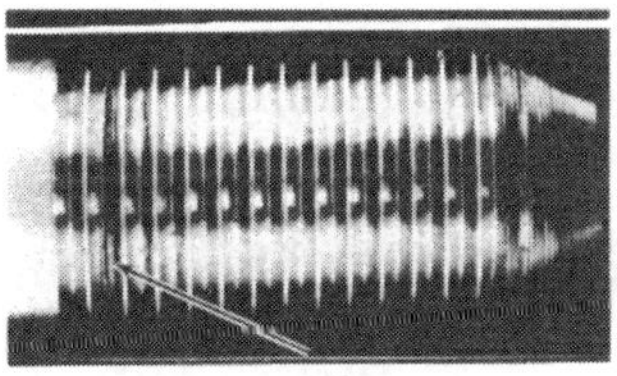

(b)

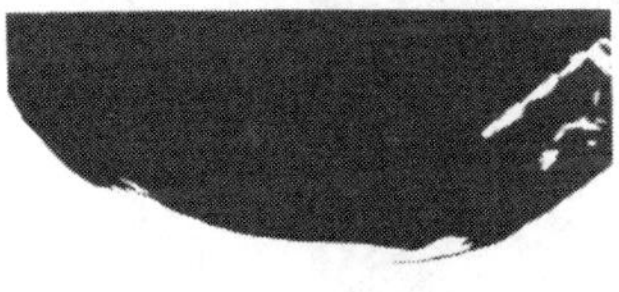

(c)

(d)

[그림 1-24] (a) 나사산 루트 불량, (b) 나사산 루트 불량, (c) 루트 부분, (d) 나사산 루트 부분

(23) 튜브 균열(tubing cracks)

재질 - 비철

검사방법 - 와류 탐상, 초음파 탐상, 초음파 C-scan

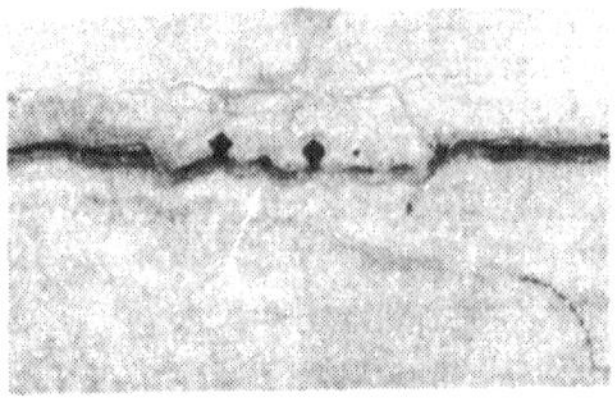

(a)

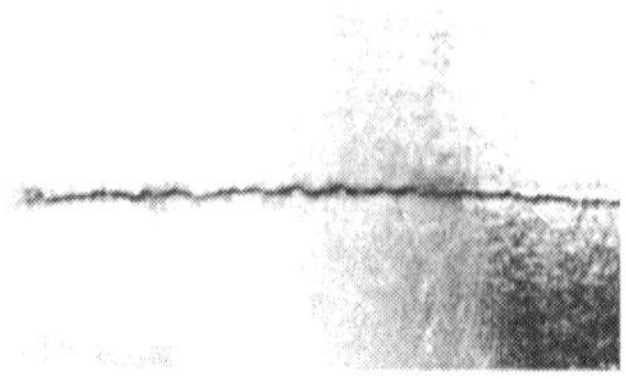

(b)

(c)

[그림 1-25] (a) 콜드 랩, (b) 다른 부분, (c) 그림 (b)의 마이크로그래프

(24) 언퓨즈드 기공(unfused porosity)

재질 - 알루미늄

검사방법 - 초음파 탐상, 액체침투 탐상, 초음파 C-scan

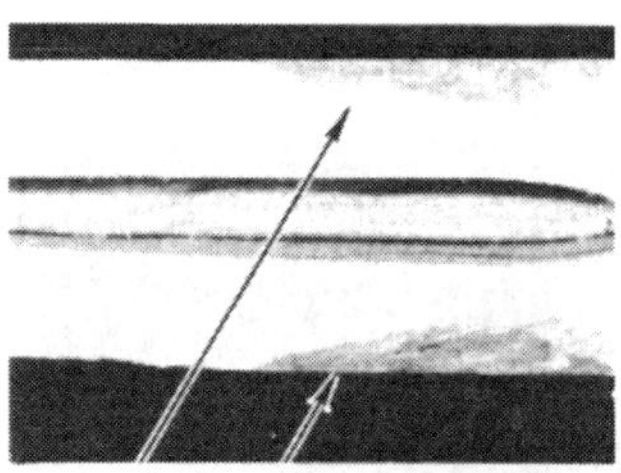

(a)

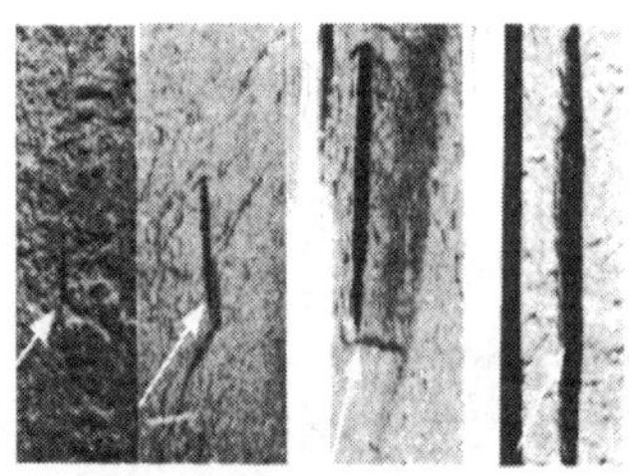

(b)

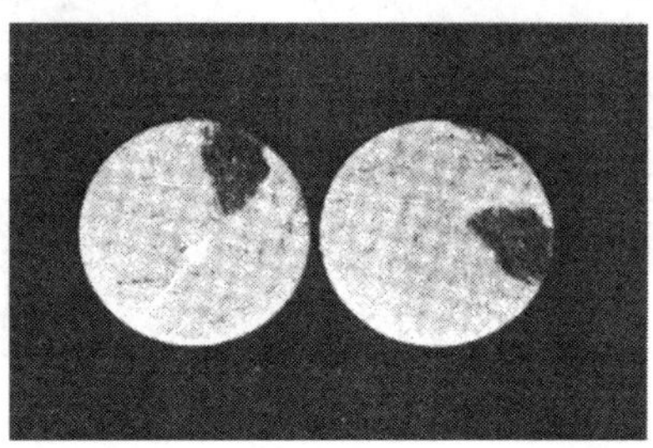

(c)

[그림 1-26] (a), (b) 언퓨즈드 기공, (c) 전형적인 언퓨즈드 기공

(25) 용접 개재물(weldment inclusions)

재질 - 철과 비철 용접재

검사방법 - 방사선 투과, 와류 탐상, 초음파 탐상, 초음파 C-scan

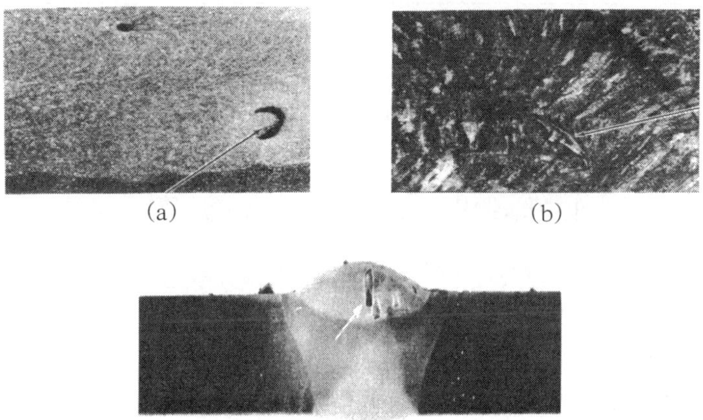

(a) (b) (c)

[그림 1-27] (a) 금속 개재물, (b) 용접 안 개재물, (c) 내부 개재물 단면도

(26) 로트 개재물(wrought inclusions)

재질 - 철과 비철 wrought 재질

검사방법 - 초음파 탐상, 와류 탐상, 자분 탐상, 초음파 C-scan

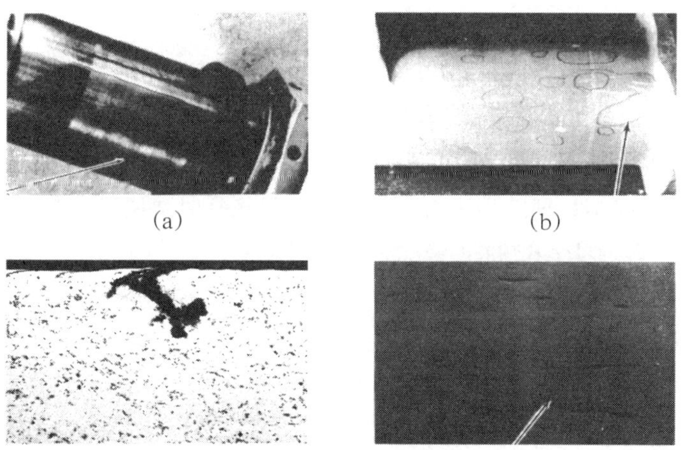

(a) (b) (c) (d)

[그림 1-28] (a) 전형적인 개재물, (b) 주조 개재물, (c) 개재물 마이크로그래프, (d) 개재물 오리엔테이션

제2절 표면 검사 기술

표면 검사 기술에는 다음과 같이 음향 방출(acoustic emission)법, 와전류(eddy current)법, 자분 탐상(magnetic particle)법, 침투 탐상(penetration)법, 적외선(infrared)법, 레이저(laser)법, 육안검사(vision)법 등 다양한 방법이 사용되고 있다.

1. 음향 방출법

재료가 하중상태일 때 재료 내부의 결함이 성장해 균열이 발생하면 변형에너지가 개방되고, 초음파 탄성파로 방출되는 것을 말한다. 금속 파괴에 있어서 금속에 부가된 응력이 증가하면 금속은 탄성력에서 소성력으로 이동하고, 소성변형이 일어나 축적된 에너지의 일부가 개방된다. 더구나 응력이 부가되면 미세 균열이 생기고, 그것이 성장해 결국에는 치명적인 파괴에 이른다. 이 단계마다 변형 에너지가 개방되지만 대부분은 탄성파로써 전파되는데 이것이 음향 방출이다.

음향 방출법(AET : Acoustic Emission Testing)이란 치명적인 파괴에 이르기 전에 방출되는 음향을 포착함으로써 재료의 현재 변형상태를 알 수 있는 비파괴 검사의 한 가지 방법이다. 파괴 메커니즘의 재료 연구, 용접 연구와 관리 등에도 응용되는데, 압력 용기와 같은 구조물의 안전성 평가에 응용되고 있다. 초음파 탐촉자(AE 센서)를 다수 배치해 각 탐촉자에서 AE의 시간차를 계측하고, 발생개소를 알아내는 다중 채널 장치도 개발되고 있다.

음향 방출 신호파형(waveform)은 돌발형과 연속형이 있다. 돌발형은 단단하고 저항력이 약한 고체의 파열이 진행되는 것과 같이 간헐적으로 파괴가 진행될 때에 발생하고, AE파형도 간헐적인 임펄스형이 된다. 돌발형 AE는 배경 잡음과의 판별이 비교적 용이하다.

연속형은 비교적 부드러운 연성 고체에서 소성 변형과 파열이 발생하여 진행되는 경우와 같이 변화가 연속적으로 진행되는 경우에 발생하고, 파형은 백

색 잡음과 같은 현상을 만든다. 연속형 AE는 주변의 각종 잡음과의 분리, 판별이 곤란하다.

음향 방출 대상은 금속은 물론 유리, 암석, 석탄, 콘크리트, 흑연, FRP, 토양, 각종 탄성체 등 여러 재질에 이용할 수 있다.

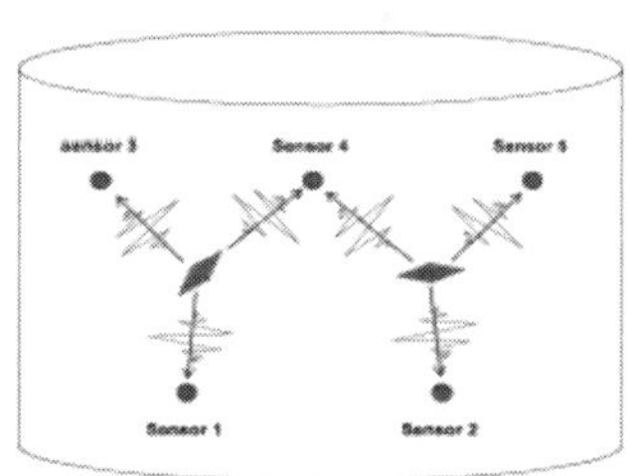

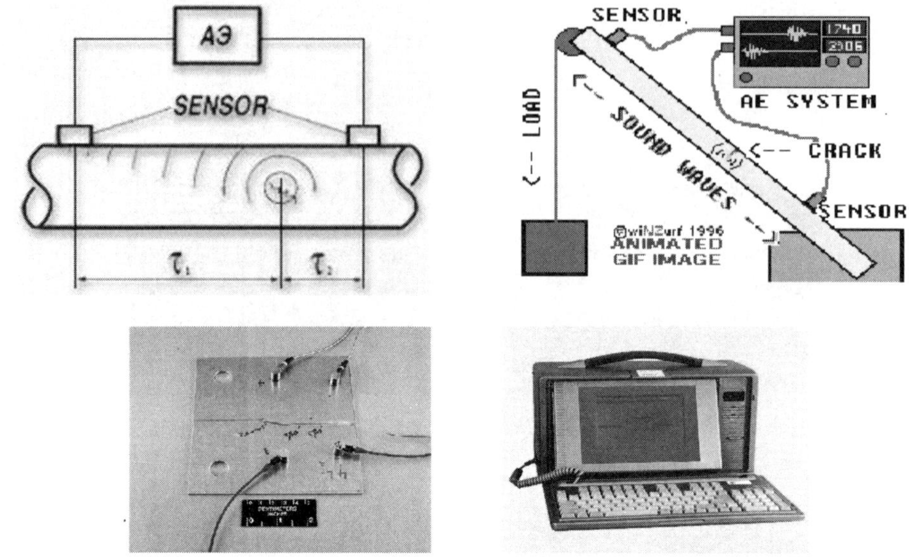

[그림 1-29] 음향 방출 적용 분야와 AE 장비

2. 와전류 탐상법(ECT : Eddy Current Testing)

(1) 원 리

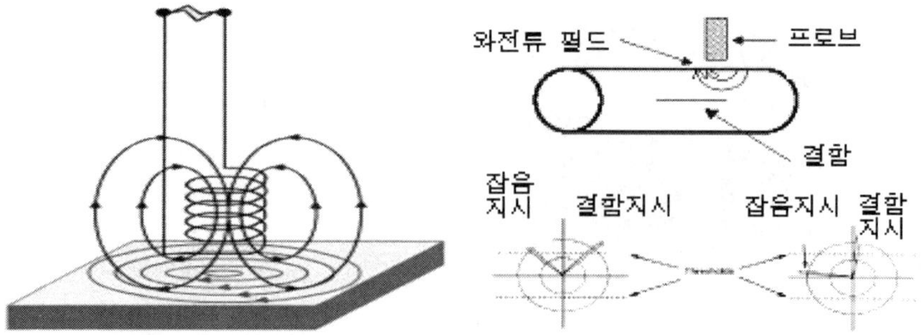

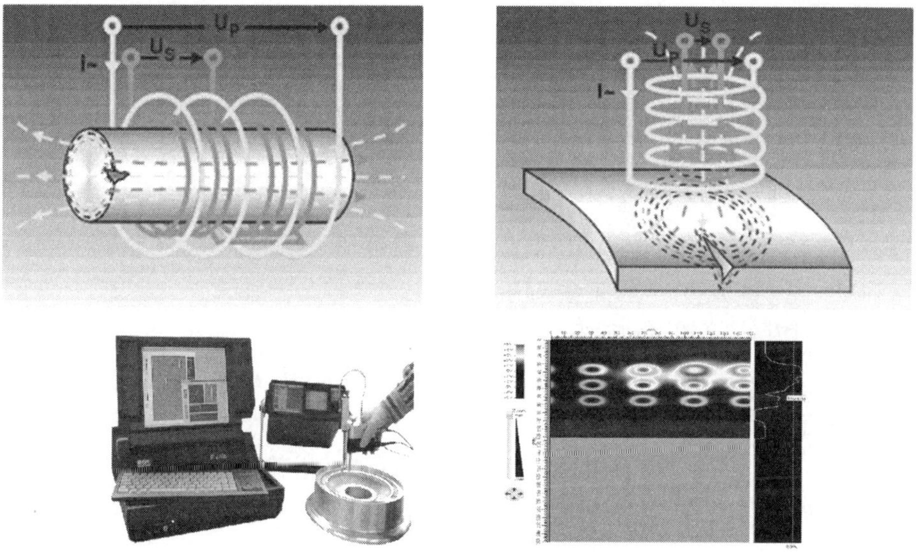

[그림 1-30] 와전류 탐상 원리와 C-scan

(2) 와전류 탐상으로 검출할 수 있는 것

- 균열 검출
- 재료 두께 측정
- 코팅 두께 측정
- 전도성 측정
- 재질 구별
- 열 손상 검출
- 경화 깊이 결정
- 열처리 모니터링

(3) 와전류 탐상의 장점

- 작은 결함과 다른 결함들에 대해 민감하다.
- 표면과 표면 근처 결함을 검출한다.
- 검사 결과를 즉시 알려 준다.
- 장비는 아주 이동하기 쉽다.
- 방법은 결함 검출보다 훨씬 더 많이 사용된다.
- 최소 부품 준비가 요구된다.

- 테스트할 프로브는 접촉할 필요가 없다.
- 복잡한 형상을 검사하고 전도체 재질을 사이징한다.

(4) 와전류 탐상의 제한점

- 전도체 재질만 검사할 수 있다.
- 표면은 프로브가 액세스할 수 있어야 한다.
- 다른 테크닉보다 스킬과 트레이닝이 훨씬 더 요구된다.
- 표면 처리와 표면 조도에 영향을 받는다.
- 셋업하기 위해 대비 시험편(reference standards)이 필요하다.
- 침투 깊이가 제한적이다.
- 프로브 코일이 감긴 방향과 프로브 스캔 방향과 평행으로 된 적층(lamination)과 같은 결함은 검출할 수가 없다.

(5) 와전류 탐상 프로브들

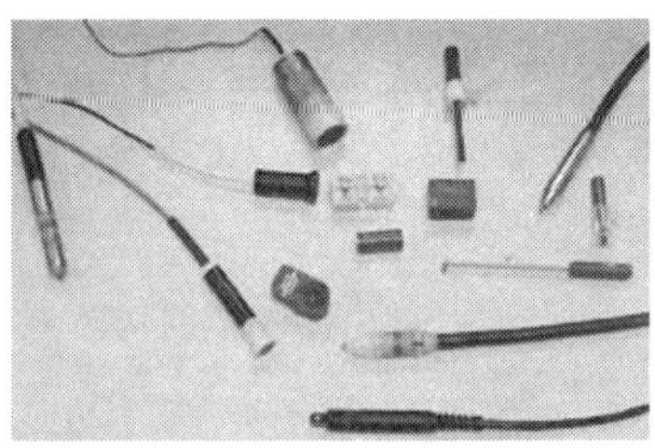

[그림 1-31] 와전류 탐상 프로브들

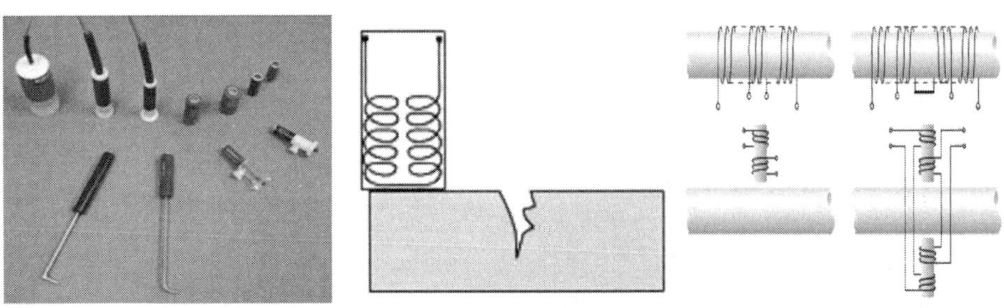

[그림 1-32] 앱설루트, 디퍼런셜과 리플렉션(반사) 프로브들

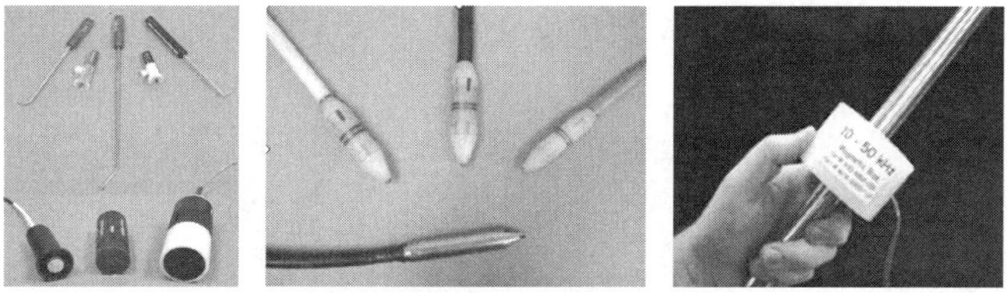

[그림 1-33] 표면과 ID 또는 보빈과 OD 또는 엔서클링 프로브들

(6) 와전류 탐상의 침투 깊이

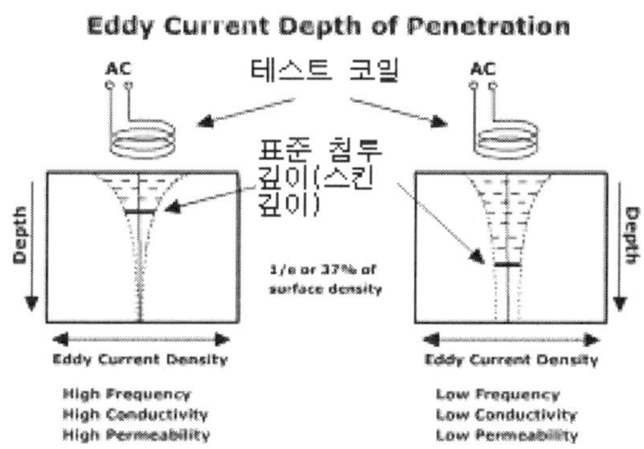

[그림 1-34] 와전류 탐상의 침투 깊이

(7) 와전류 탐상의 임피던스 플레인 반응

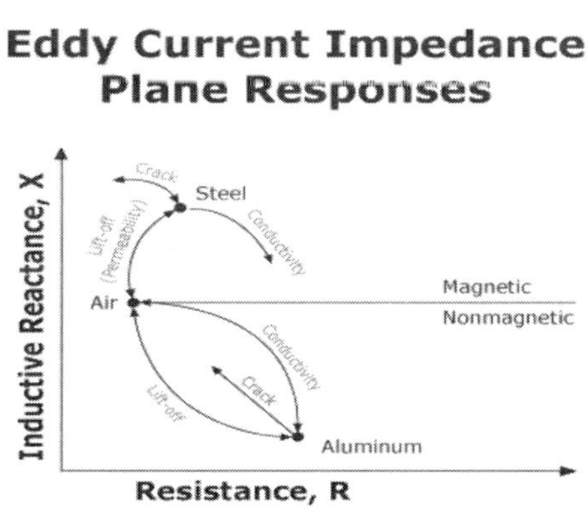

[그림 1-35] 와전류 탐상의 임피던스 플레인 반응

(8) 와전류 탐상 대비 시험편들

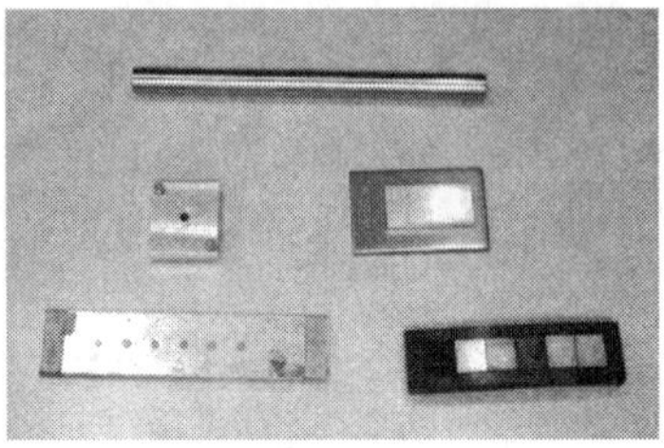

[그림 1-36] 대비 시험편들

와전류 탐상에 필요한 대비 시험편들은 다음과 같다.

- 전도성 시험편들
- 평판 불연속 시험편들
- 평판 금속 박판 시험편들(스텝 또는 웨지타입)
- 튜브 불연속 시험편들
- 튜브 금속 박판 시험편들
- 홀(파스너가 있는 것과 없는 것) 불연속 시험편들

(9) 주파수에 따른 와전류 탐상 결과

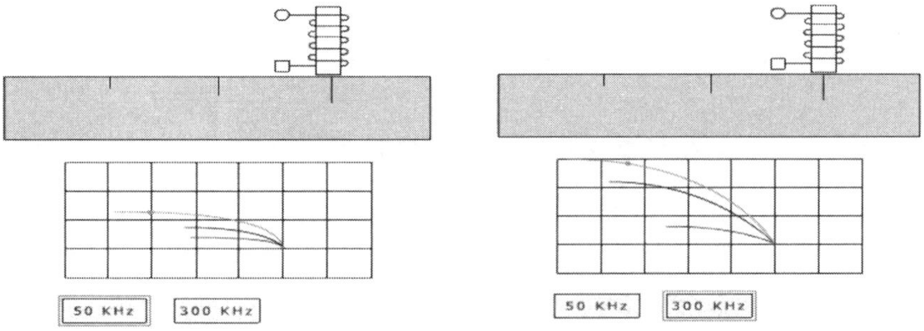

[그림 1-37] 50kHz와 300kHz로 탐상한 결과

(10) 와전류 탐상 장비의 lift off

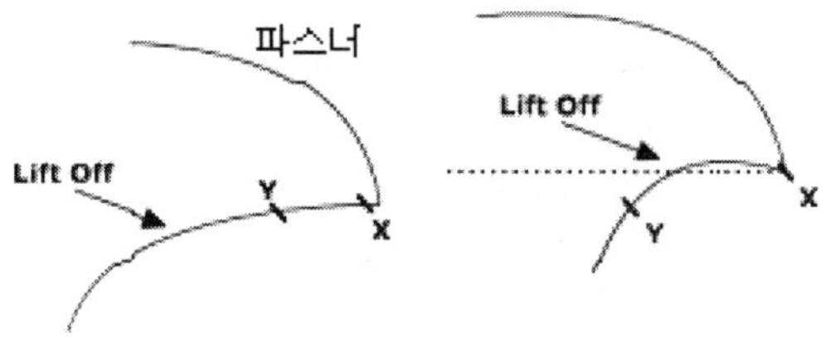

[그림 1-38] 장비의 lift off 영향

(11) 균열 검출 시그널

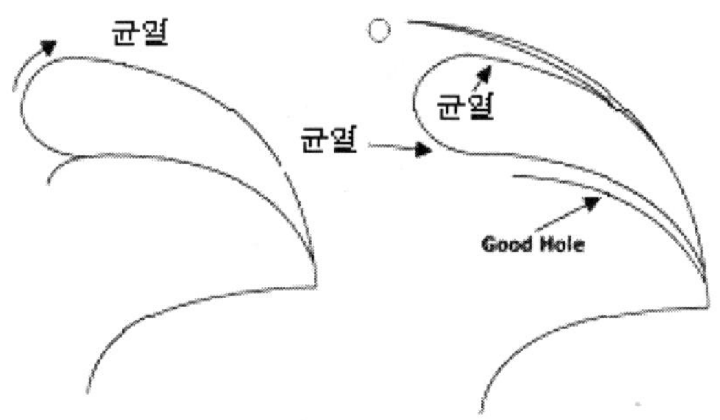

[그림 1-39] 균열 검출 시그널

(12) 프로브 스캔 편차와 균열 각도 편차

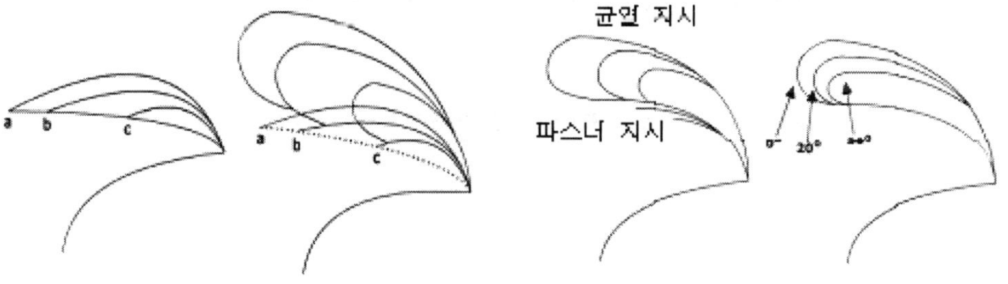

[그림 1-40] 프로브 스캔 편차와 균열 각도 편차

(13) 와전류 탐상

[그림 1-41] 열 교환기 검사

(14) 전도성 측정

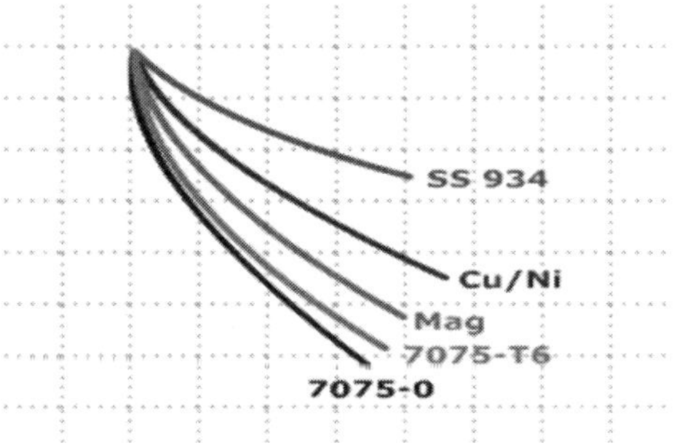

[그림 1-42] 전도성 측정

(15) 앱설루트, 디퍼런셜 프로브

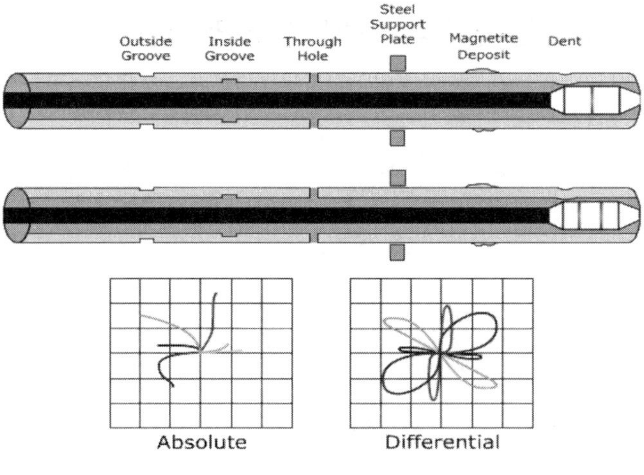

[그림 1-43] 앱설루트와 디퍼런셜 프로브로 각각 탐상한 결과

(16) 두께 측정

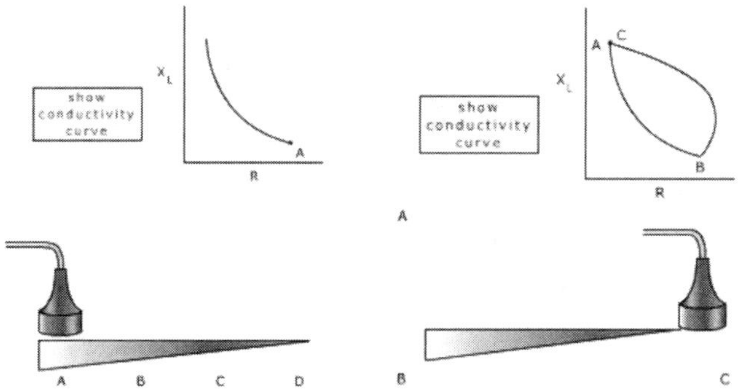

[그림 1-44] 박판 전도체 시트, 스트립, 포일의 두께 측정

전도성 재질 위에 비전도성 코팅된 경우의 두께를 측정한다.

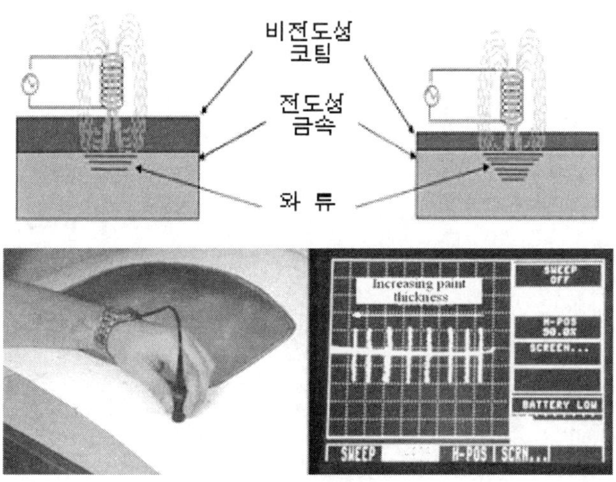

[그림 1-45] 코팅된 두께 측정

(17) 와전류 탐상 프로브 임피던스

와전류 탐상 프로브의 임피던스는 다음 요소에 의해 영향을 받는다.

- 사용 주파수의 변화에 영향을 받는다.
- 전자 전도성과 측정물 혹은 구조물의 마그네틱 permeability는 입자 구조, 워크 하드닝(work hardening), 열처리 등과 같은 변경에 영향을 받는다.

- 프로브의 wobble, 표면 그리고 제조상의 오류나 denting에 의해 발생하는 튜브의 편심으로 인하여 lift off 또는 fill 요소 안에서 변화가 일어난다.
- 균열과 같은 표면 결함들 그리고 기공과 비금속성 개재물과 같은 결함이 존재할 때 영향을 받는다.
- 치수의 변화, 예를 들면 부식으로 인해 얇아진 튜브, 금속 찌꺼기 혹은 슬러지나 denting의 영향을 받는다.
- supports, walls와 brackets이 존재할 때 영향을 받는다.
- edges처럼 불연속이 존재할 때 영향을 받는다.

(18) Swept-주파수 측정 데이터

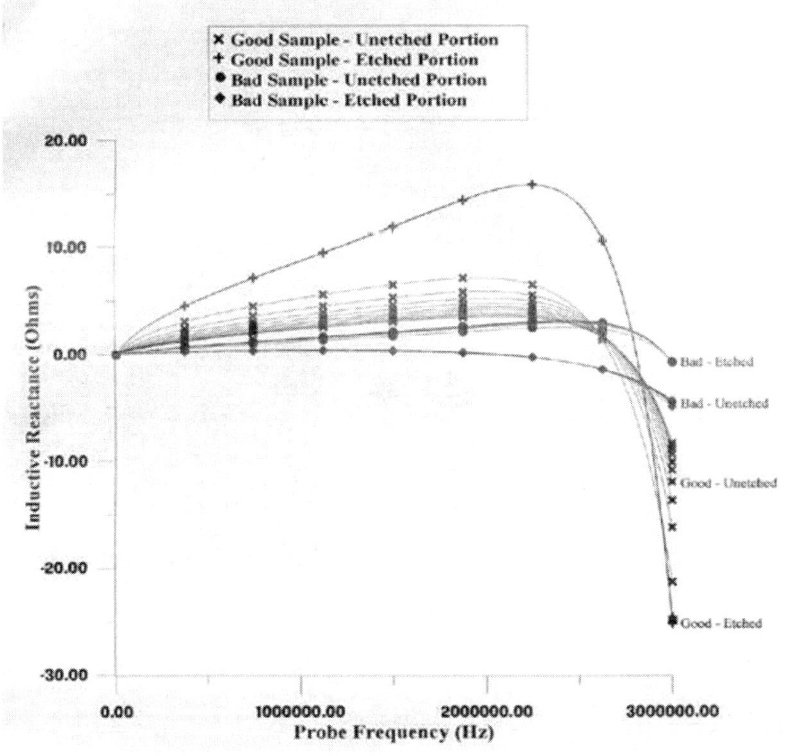

[그림 1-46] 열처리로 인한 두 재질의 swept-주파수 측정 데이터

3. 적외선법(IR : Infrared)

(1) 적외선 파장 영역

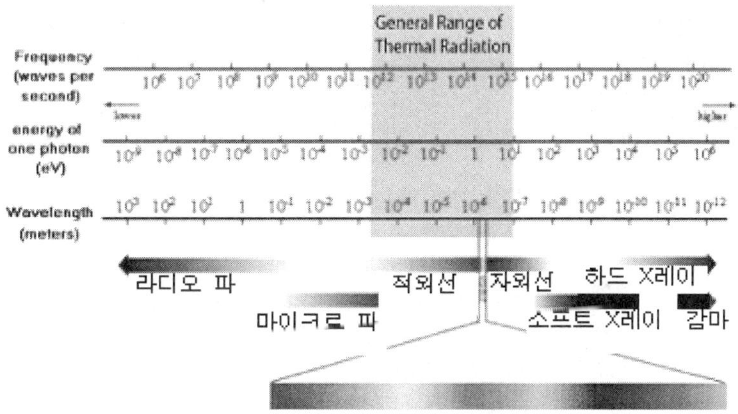

[그림 1-47] 적외선 파장 영역

(2) 적외선 탐상법과 이미지

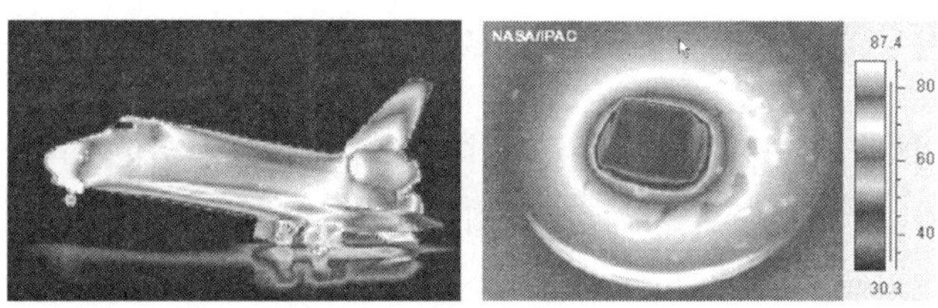

NASA 제공

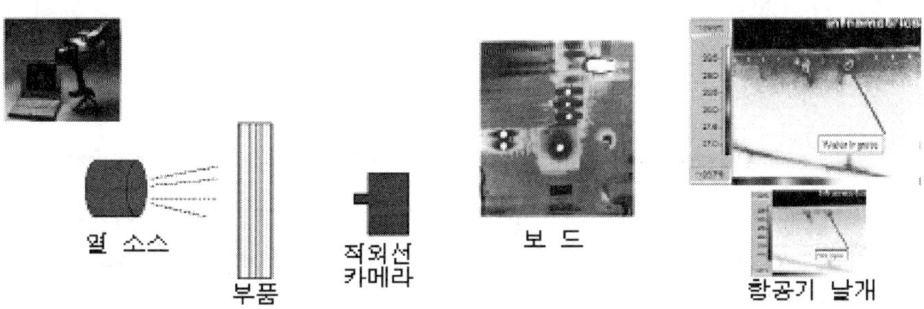

[그림 1-48] 적외선 탐상법과 이미지들

(3) 적용 분야

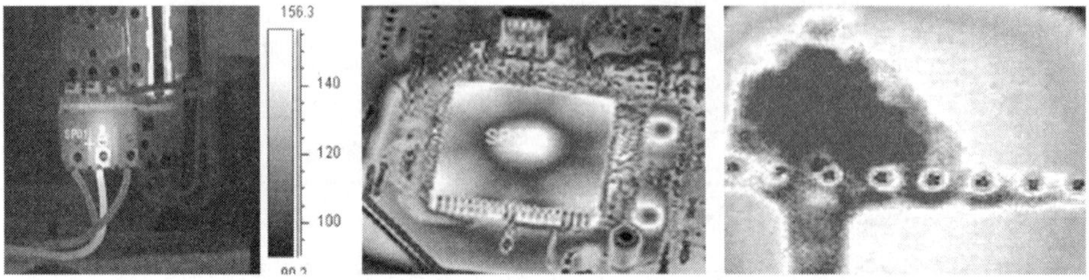

[그림 1-49] 전기/기계 시스템, 컴퓨터 칩, 부식 검사 등

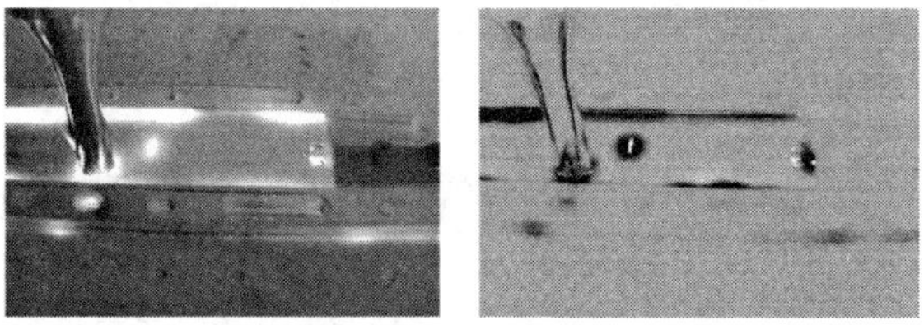

[그림 1-50] 결함 검출

4. 누설 탐상법(LT : Leak Testing)

압력을 받거나, 또는 진공상태에서 어느 부분에 누설(leak)이 생기면 공기의 흐름은 변화가 있게 된다. 이러한 변화를 초음파를 이용하여 증폭시켜서 누설되는 위치와 상태를 알아내는 방법이다.

흔히 타이어에 펑크가 났을 때 타이어의 펑크된 부분을 알아내기 위해서 일반적으로는 물에 담가서 누설되는 부분을 찾아내지만, 물을 사용하지 않고 초음파를 사용하면 현장에서 즉시 알아낼 수가 있다.

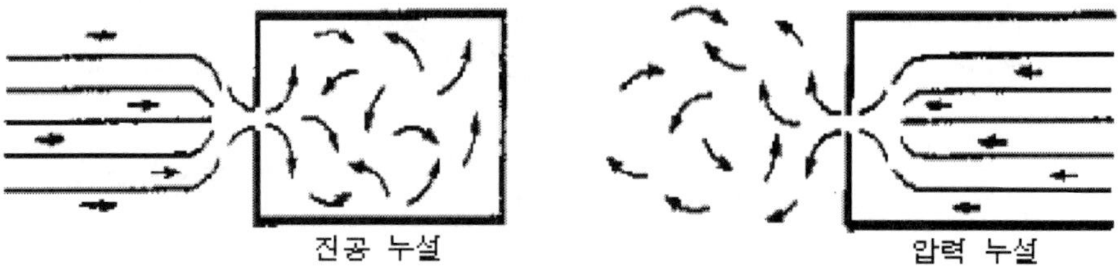

[그림 1-51] (압력과 진공)누설 탐상법

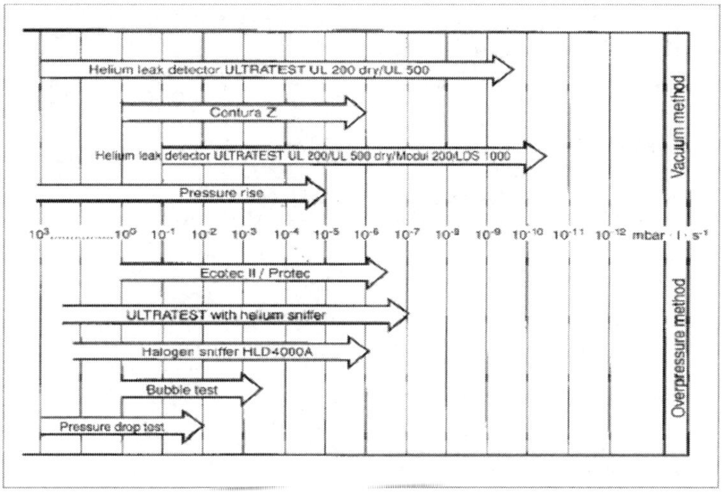

[그림 1-52] 압력 상태와 진공 상태에서의 검출 능력 비교표

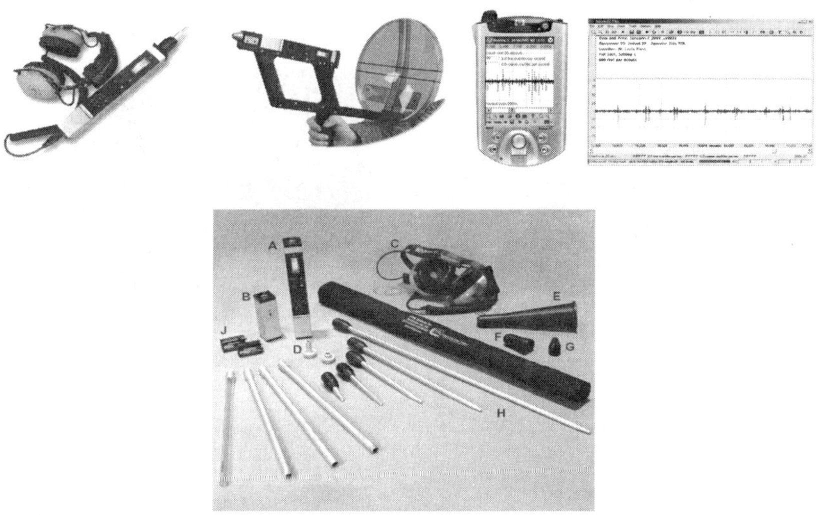

[그림 1-53] 초음파 누설 탐상 및 분석 장비

(1) 적용 분야

① 모터, 펌프, 항공기 엔진, 호퍼, 인젝션 몰드의 베어링 검사

[그림 1-54] 베어링 검사

② 기어 박스 및 스퍼, 랙과 피니언, 헬리컬 기어, 수직 베벨, 무한나사(worm), 하이포이드(hypoid) 검사

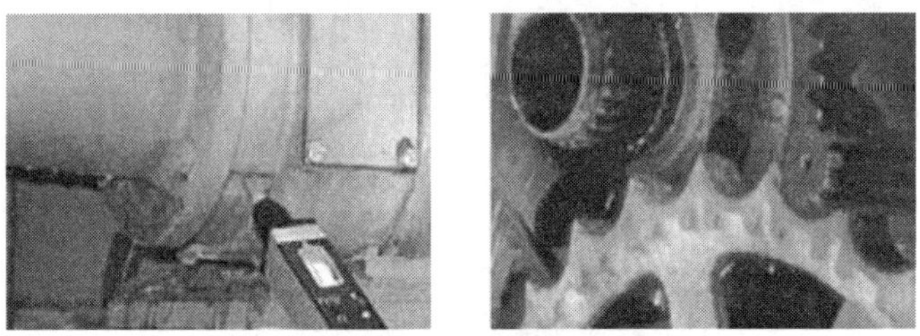

[그림 1-55] 기어 검사

③ 컴프레서 검사, 로터리 스크루, 원심 컴프레서(centrifugal compressor)

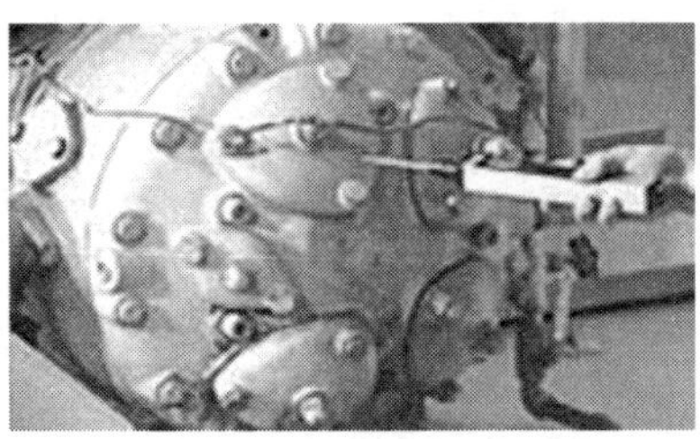

[그림 1-56] 컴프레서 검사

④ 압력 시스템 검사(산소 누설, 에어 브레이크, 하이드로릭)

[그림 1-57] 압력 시스템 검사

⑤ 공기, 가스 누설 검사

- 컴프레서 에어, 프레온, 에틸렌산소, 질소, 산소, 수소
- 프로판, 헬륨, 아르곤, 네온

[그림 1-58] 공기, 가스 누설 검사

⑥ 압력이 없는 곳의 누설 검사

- 저장 탱크
- 파이프
- 도어와 창 가스켓(door & window gaskets)
- 벌크헤드와 해치 실(bulkhead & hatch Seals).
- 윈드실과 날씨 스트리핑(windshields & weather stripping)
- 클린룸
- 철도 차량과 트럭 캡

[그림 1-59] 압력이 없는 곳의 누설 검사

⑦ 전기 관련 검사

- 트래킹
- 코로나 방전
- 아킹

[그림 1-60] 전기 관련 검사

5. 자분 탐상법(MT, MPI : Magnetic Particle Testing)

(1) 원 리

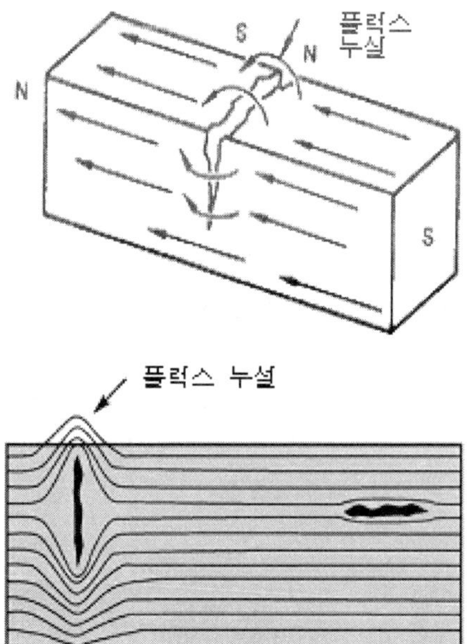

[그림 1-61] 플럭스 누설

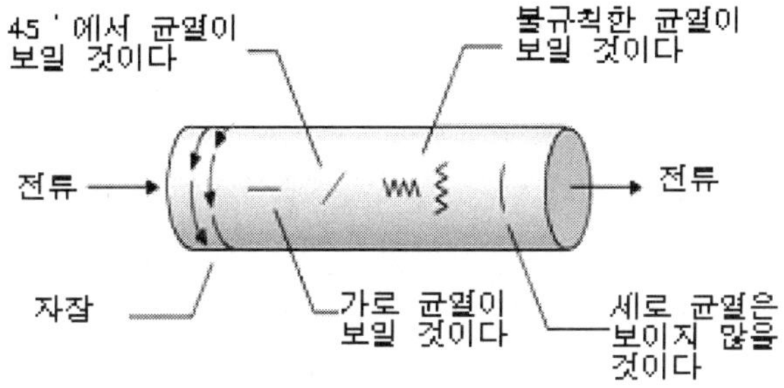

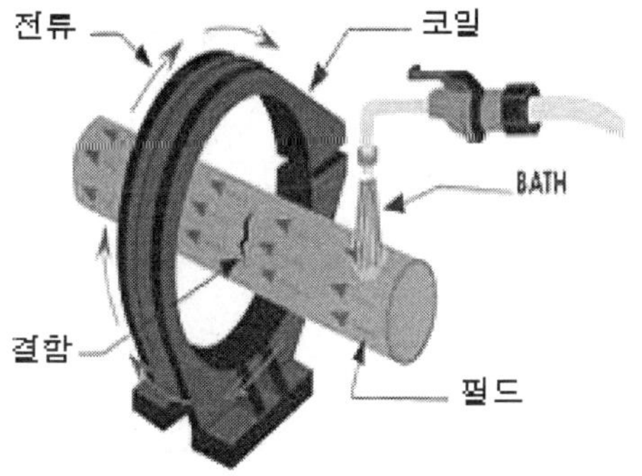

[그림 1-62] 자분 탐상 영향

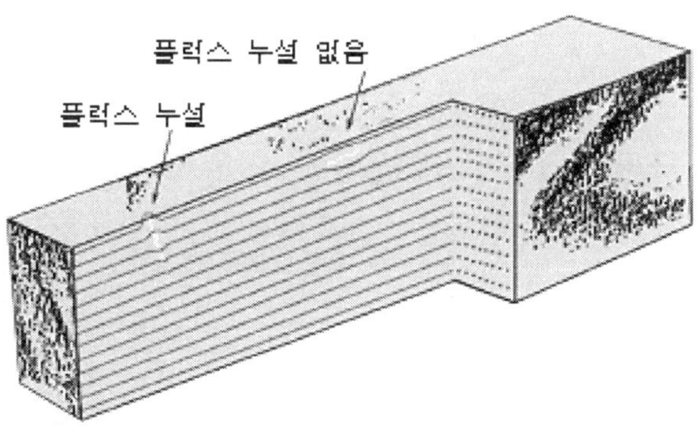

[그림 1-63] 플럭스 누설 유무

(2) 자분 탐상 종류

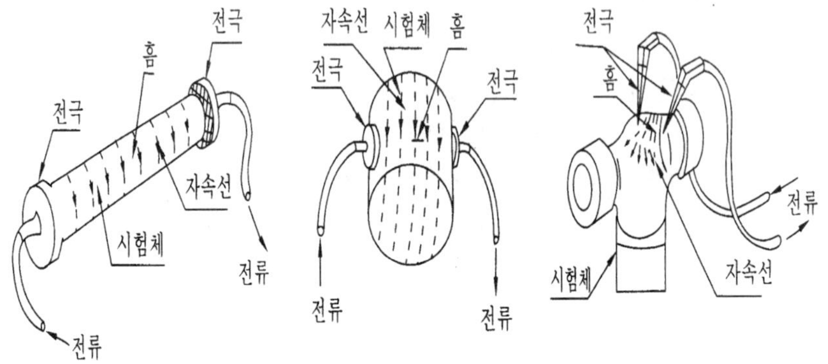

[그림 1-64] 자분 탐상법(축통전법, 직각통전법, 프로드법)

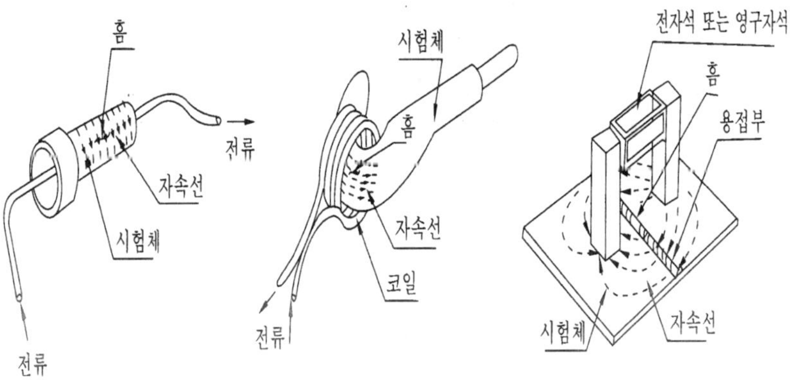

[그림 1-65] 전류관통법, 코일법, 극간(yoke)법

(3) 자분 탐상 순서

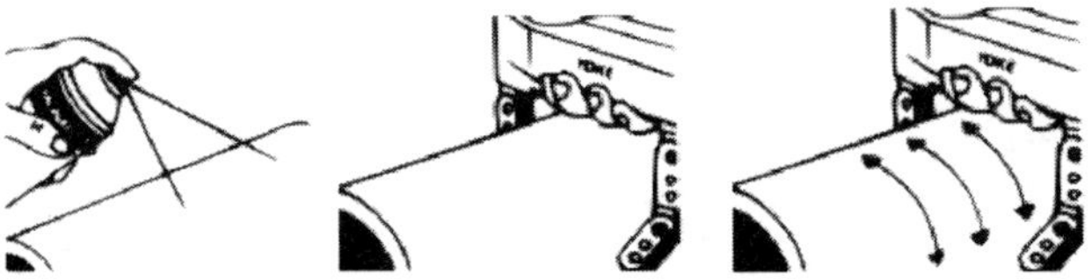

[그림 1-66] 자분 탐상 순서

(4) 자 분

[그림 1-67] 건식 자분과 습식(형광) 자분

(5) 자분 탐상 결과

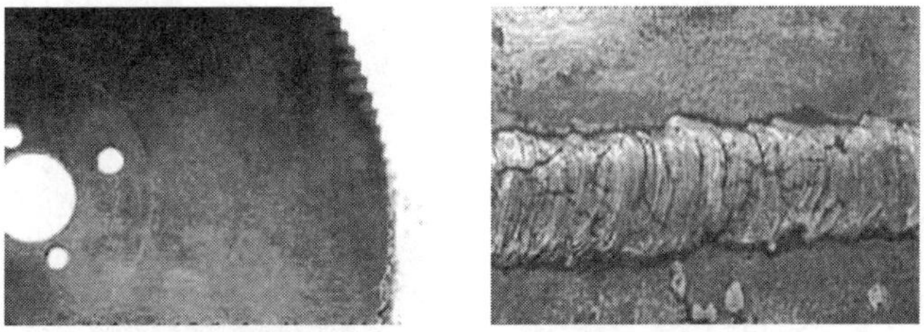

[그림 1-68] 톱날과 용접 균열 지시

[그림 1-69] 파스너 홀 균열과 표면 균열 지시

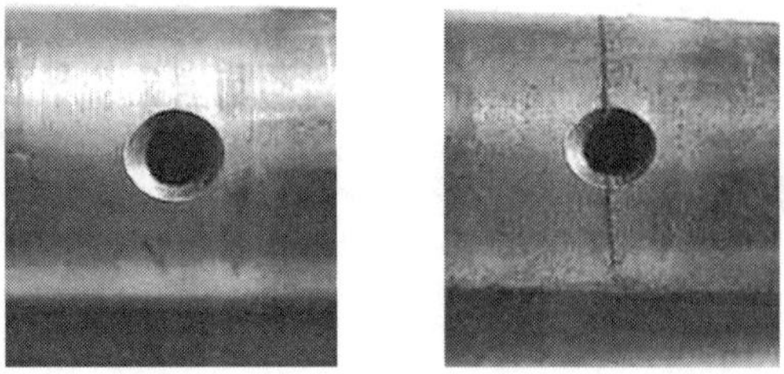

[그림 1-70] 균열 지시 전과 후의 사진

(6) 형광 자분 탐상 균열

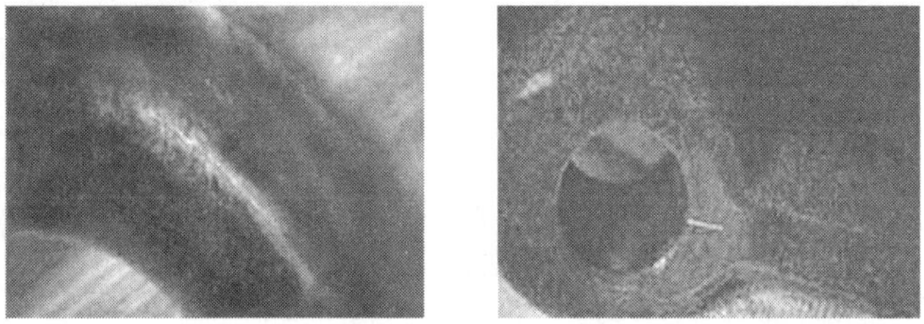

크레인 후크, 주강

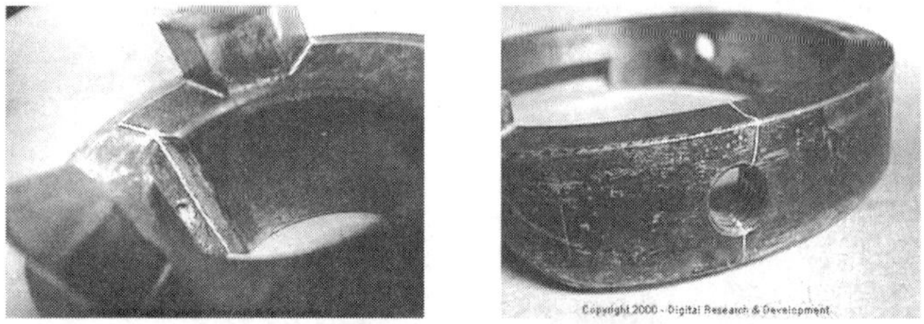

예각에서, 파스너 홀에서

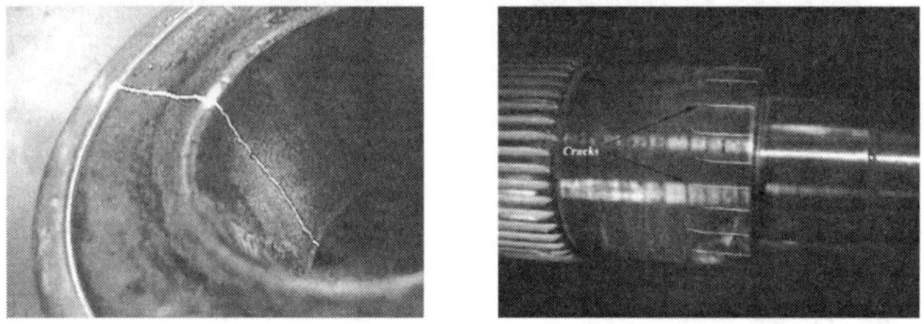

베어링, 드라이브 샤프트

[그림 1-71] 형광 자분 탐상 균열

6. 액체침투 탐상법(PT, LPT : Liquid Penetration Testing)

(1) 원 리

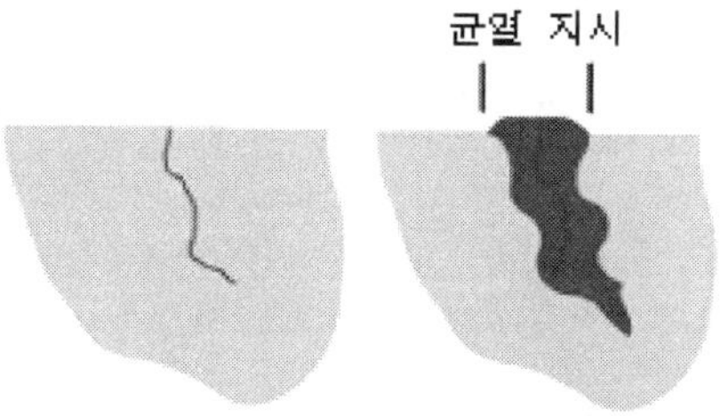

[그림 1-72] 균열 지시

(2) 액체침투 탐상 순서

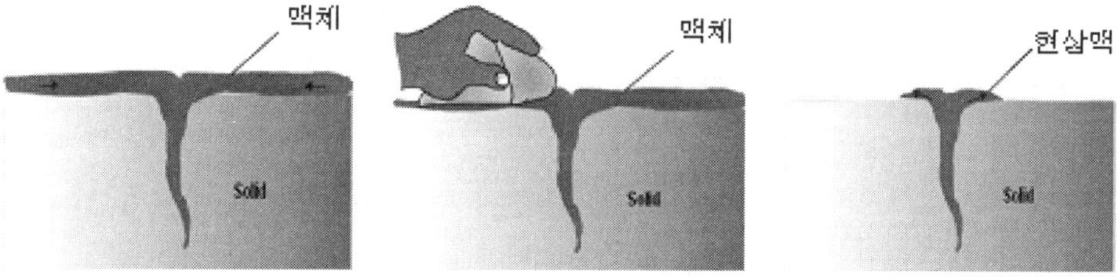

전처리 ⇨ 침투처리 ⇨ 제거/세정 처리 ⇨ 현상 처리

[그림 1-73] 액체침투 탐상 순서

(3) 적용 분야

- 금속(알루미늄, 구리, 강, 티타늄 등)
- 유리
- 세라믹 재질
- 고무류
- 플라스틱류

(4) 결 함

- 피로 균열
- 퀜칭 균열

- 그라인딩 균열
- 오버로드 및 임팩트 파손
- 다공성
- 랩
- 심
- 용접에서 핀홀
- 접합 라인의 에지를 따라 용입 혹은 브레이징 불량

(5) 액체침투 탐상의 장점

- 작은 표면 불연속에 대해 아주 민감한 방법이다.
- 재질에 대해 제한이 적다. 예를 들면, 금속과 비금속, 자성체와 비자성체, 전도체와 비전도체들도 검사가 가능하다.
- 넓은 영역과 큰 용량의 부분/재질을 빠르고 낮은 비용으로 검사할 수 있다.
- 복잡한 형상의 부품도 루틴하게 검사가 된다.
- 부품 표면에 결함이 직접 지시되고, 결함 표시를 볼 수 있다.
- 에이로졸 스프레이 캔은 매우 포터블하게 침투가 된다.
- 침투 재질과 관련된 장비는 상대적으로 비싸지 않다.

(6) 액체침투 탐상의 제한점

- 표면에서 깨진 결함만 검출된다.
- 관련된 다공성이 없는 표면을 가진 재질만 검사할 수 있다.
- 머시닝, 그라인딩 그리고 그리트 또는 증기 블라스팅으로 인한 금속물들은 사전에 제거해야 한다.
- 검사자는 검사할 표면에 직접 접근할 수 있어야 한다.
- 표면 처리와 표면 거칠기는 검사 감도에 영향을 준다.
- 중복으로 작업해야 하고 컨트롤해야 한다.
- 부품이나 재질은 후처리를 깨끗하게 해야 한다.
- 화학적 취급과 올바른 사용이 요구된다.

7. 육안 검사법(VT : Vision Testing)

(1) 적용 분야

군, 광업, HVAC, 항공 엔진 검사, 자동 엔진, 자물쇠 세공, 덕트 검사 등에 적용한다.

[그림 1-74] 기계/ 파이프/ 탱크/ 밸브/ 용접부위 검사, 와이어/ 실링 검사, 항공기 프레임/ 항공 엔진/ 항공계기 패널 검사, 자동차 대시 보드/ 스파크 플러그 검사, 자동차/ 범죄 장면 검사 등

(2) 스코프(scope)

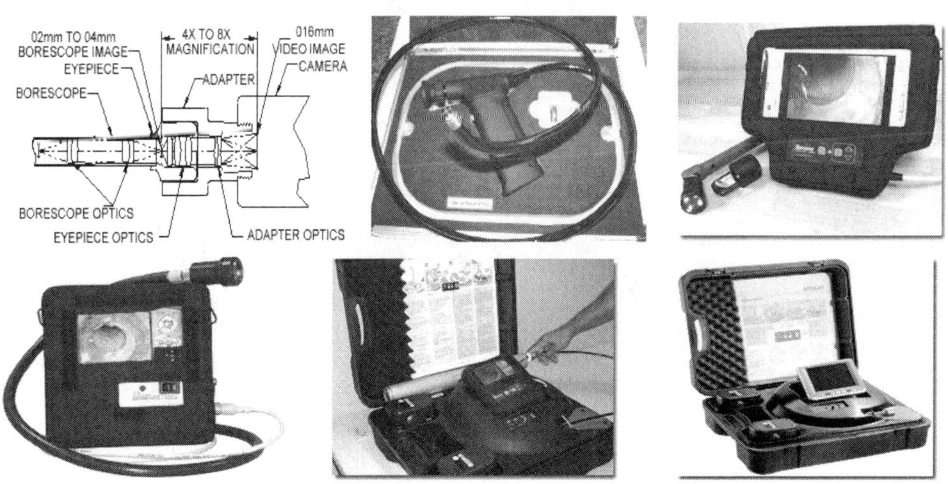

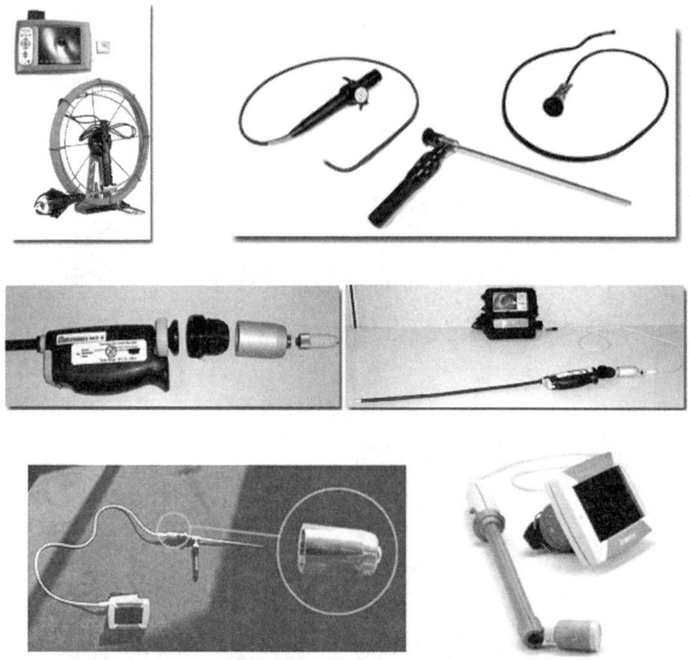

[그림 1-75] 보이스코프 장비들

[그림 1-76] 비디오 보어스코프

(3) 보어스코프 탐상 결과

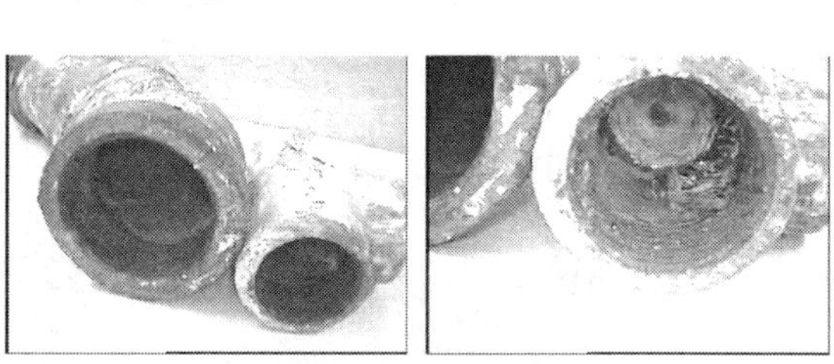

[그림 1-77] 보어스코프로 검사한 결과

(4) 전자현미경(SEM: Scanning Electron Microscope)

1) 원 리

보통의 투과형 전자현미경은 시료를 투과한 전자빔을 전자렌즈로 확대하여 상을 형광판 위에 투영하는 데 비해서 주사형 전자현미경에서는 시료에서 방출되는 2차 전자를 이용하여 상을 재현시키고 있다.

좀더 자세히 말하면, 우선 전자총으로부터 방출된 전자빔을 2개의 자기장형 전자렌즈를 이용하여 100Å정도의 미세한 빔으로 접속하고 이것을 시료에 주사시키면, 시료의 물질이나 형상에 따라 전자가 도달된 곳으로부터 2차 전자가 방출된다. 이 2차 전자를 신호로 관측용 브라운관에 주사시키면 시료의 미세한 구조가 브라운관 위에 나타난다.

주사형 전자현미경은 시료에 주사하는 전자빔이 미세하므로 초점심도가 깊고, 요철이 심한 시료면에서도 선명한 상을 만들 수 있다는 장점을 가지고 있다.

2) 개 요

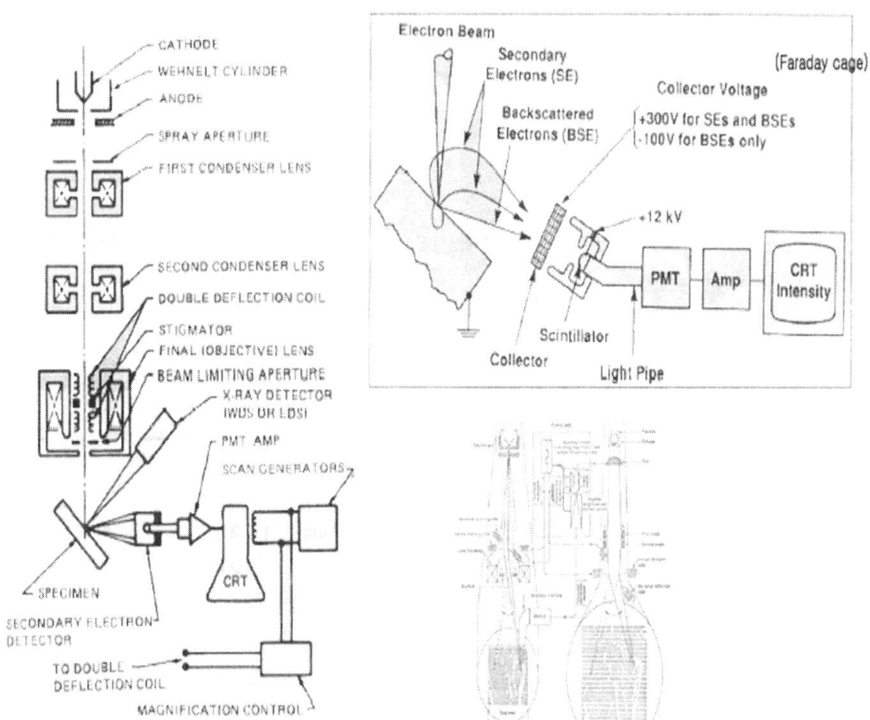

[그림 1-78] 전자현미경의 개요

전자현미경은 에너지가 큰 전자빔을 이용하여 작은 크기의 물체를 분석하는 기기로서 다음과 같은 정보들을 얻을 수 있다.

① Topography : 물체의 표면의 형상과 미세 구조 등의 물성과 연관성
② Morphology : 물체를 구성하는 입자들의 형상과 크기 등의 물성과의 직접적인 관계
③ Composition : 물체를 구성하는 원소와 화합물의 종류 및 상대적인 양 등 재료물성과 조성과의 관계를 규명
④ Crystallographic Information : 재료 내 원자들의 배열 상태의 재료 고유 물성과 원자배열과의 관계 연구

3) 주사 전자현미경의 장점

- 수 nm 분해능으로 시료 표면의 영상 관찰이 가능하다.
- 측정 웨이퍼 결함 분석이 가능하다(etch-pit).
- 단면 관찰이 용이하다.
- 초점 심도가 깊다.
- 시료 성분 분석(EDX, WDX 등), 불량 원인 분석 등이 가능하다.
- 시료에 손상이 거의 없다(비파괴 분석).

4) 광학현미경과 주사 전자현미경의 비교

	광학현미경	주사 전자현미경
광 원(Souce)	Light	Electron Beam
분해능(Resolution)	0.2㎛(단파장 0.4㎛), $\lambda=1.23/\sqrt{V}$nm	범용 3.5nm {~FE=SEM 1.5nm}
배율(Magnification)	~1,500X (이상은 Monitor배율)	300,000X~600,000X
용 도(Usage)	Macro scale Inspection Visual Inspection-파장	Sub-Micro Scale Inspection 표면(계면)특성 연구-Topology
응용도(Application)	Visual Inspection	Defect Analysis, Calibration, Cross-section
수요처(Needs)	전 산업분야 적용	반도체, 금속, 신소재, 의학, 나노기술(Core) 등
비교사례	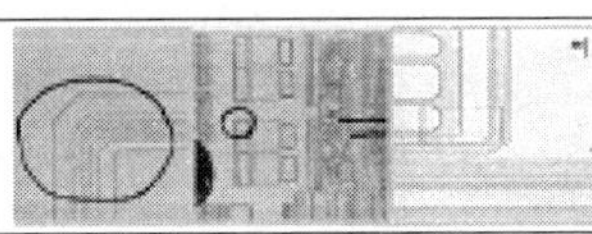	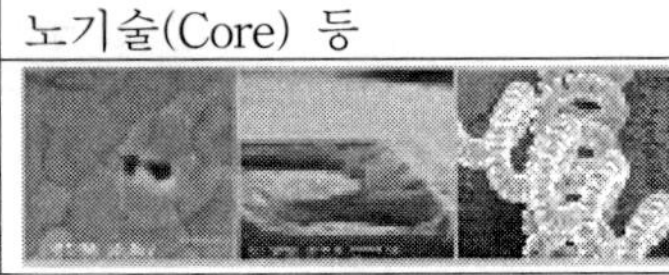

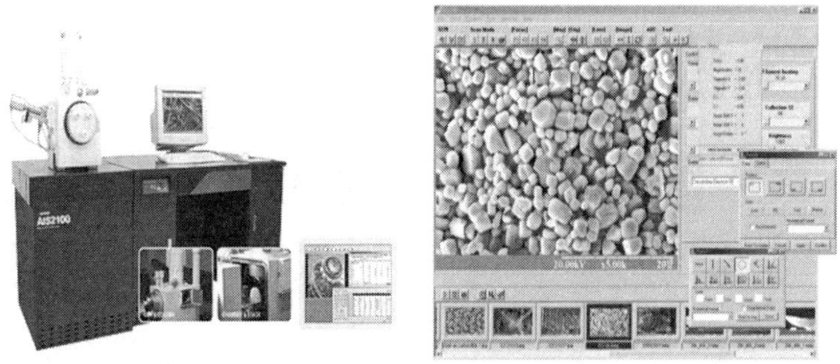

[그림 1-79] 국내에서 개발한 전자현미경(SEM)

제3절 내부 결함 검사 기술

비파괴 검사 기술 중에서 내부 결함을 검사하는 방법에는 초음파 탐상법과 방사선 투과법과 중성자 투과법이 있다.

1. 방사선 투과법(RT : Radiographic Testing)

(1) 원 리

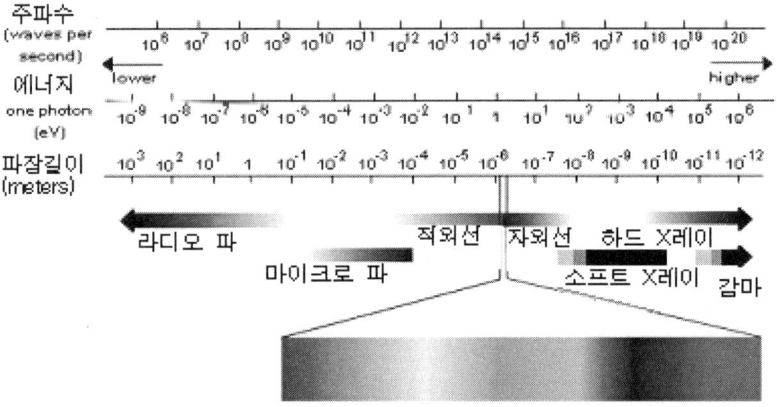

[그림 1-80] 전자기 스펙트럼

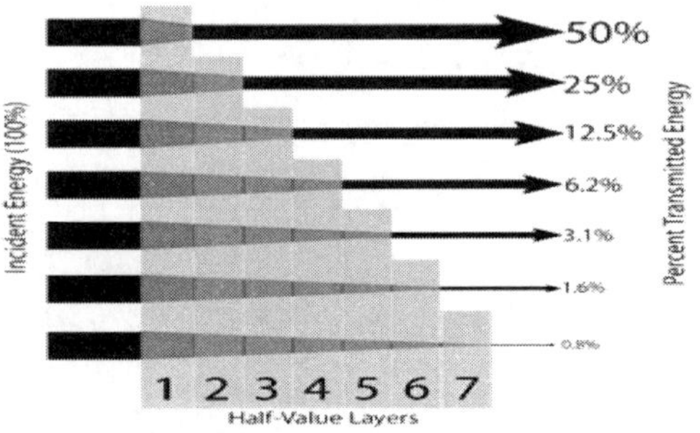

[그림 1-81] 입사 에너지와 투과 에너지 %

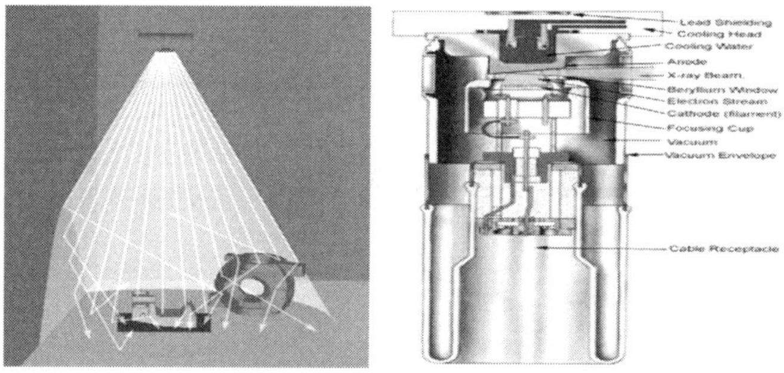

[그림 1-82] 산란되는 방사선과 X선 제너레이터(튜브)

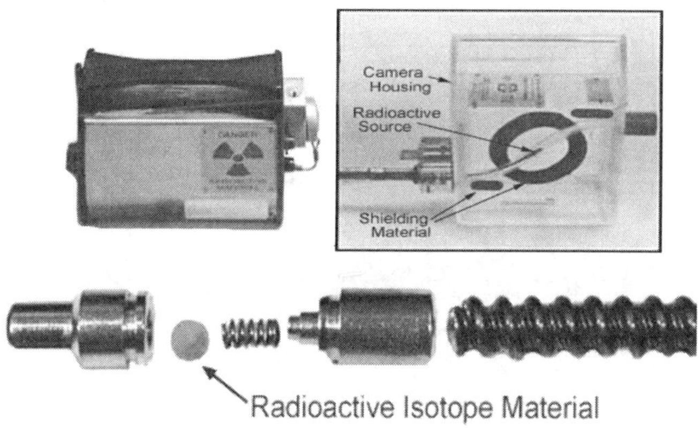

[그림 1-83] γ선과 장비

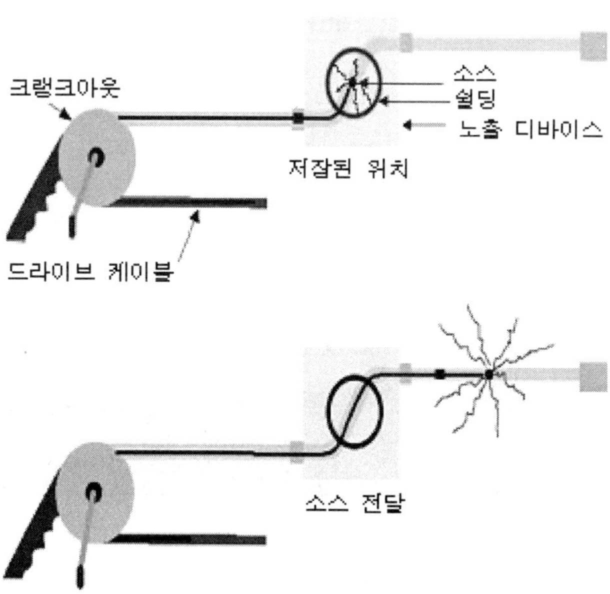

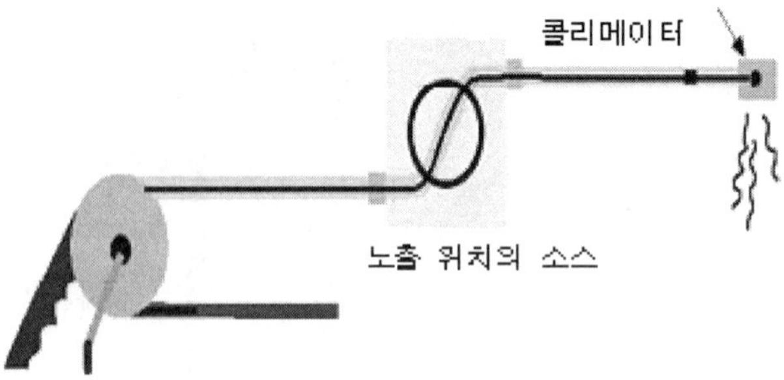

[그림 1-84] γ선으로 검사하는 방법

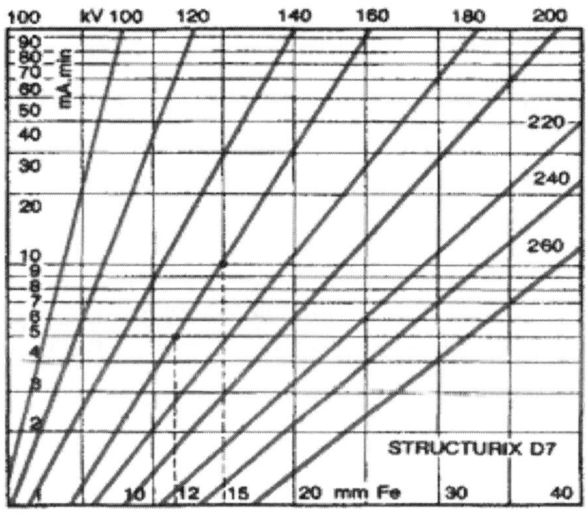

[그림 1-85] 필름 선택

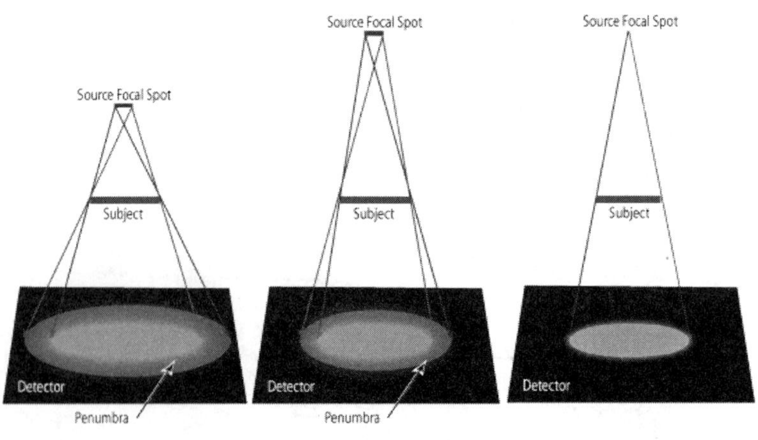

[그림 1-86] X선 검사

(2) X선과 γ선의 특성

- 인간 감각으로는 감지(보고, 듣고, 느끼고)할 수 없다.
- 빛의 속도로 직선으로 나아간다.
- 경로는 전자나 자장으로 변경되지 않는다.
- 2개의 다른 재질 사이에서 작은 각도로 굴절할 수 있다.
- 원자 입자로 변경될 때까지 투과한다.
- 침투 각도는 에너지와 투과한 재질에 따라 달라진다.
- 이온화시키는 충분한 에너지를 가지고 있어서 살아 있는 세포를 손상시키거나 파괴할 수 있다.

(3) X선 투괴 결과

[그림 1-87] 전자회로 브레이커

(4) 용접 검사

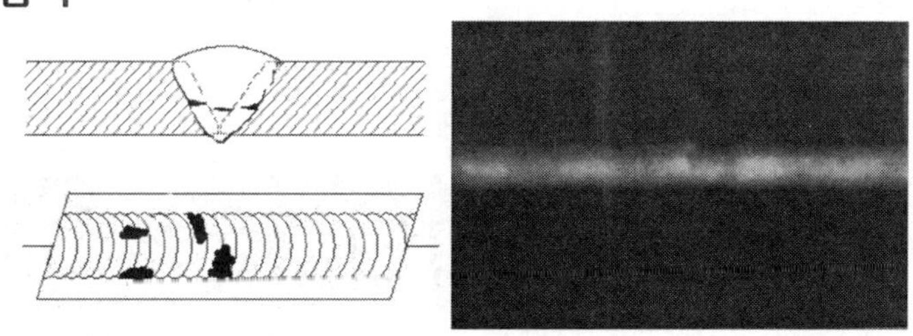

[그림 1-88] 인터패스 콜드 랩

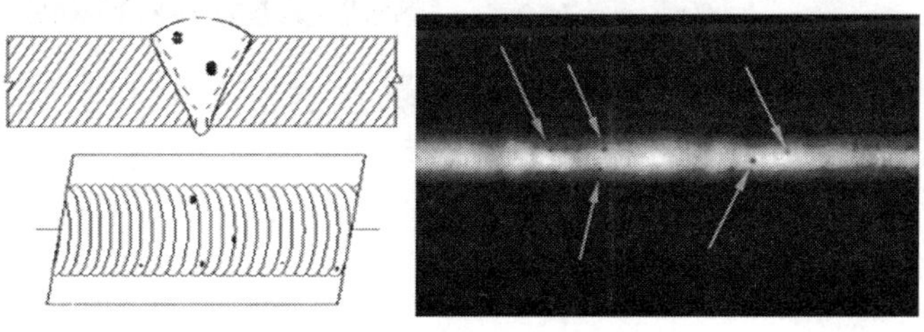

[그림 1-89] 다공성

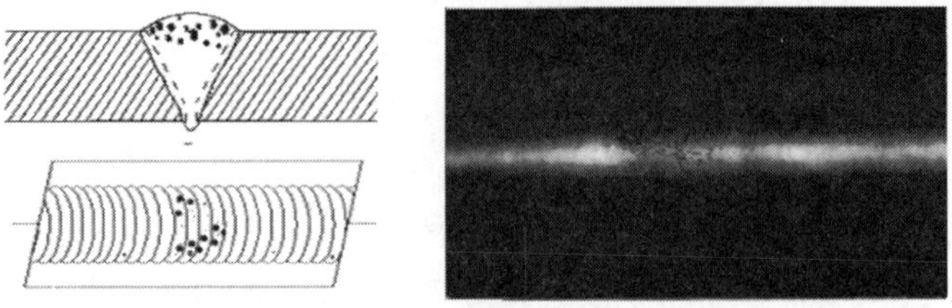

[그림 1-90] 클러스터 다공성

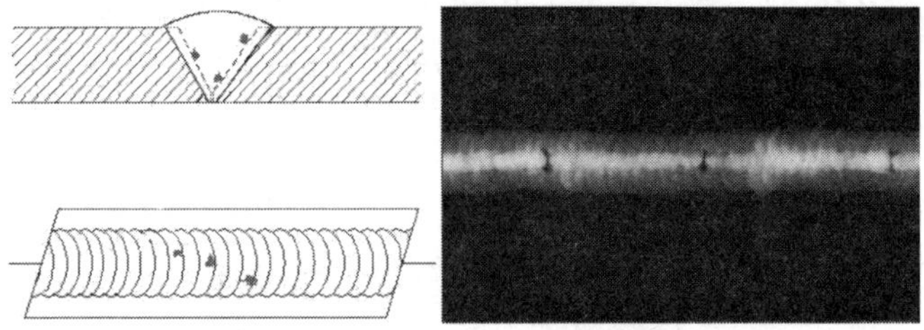

[그림 1-91] 슬래그 개재물

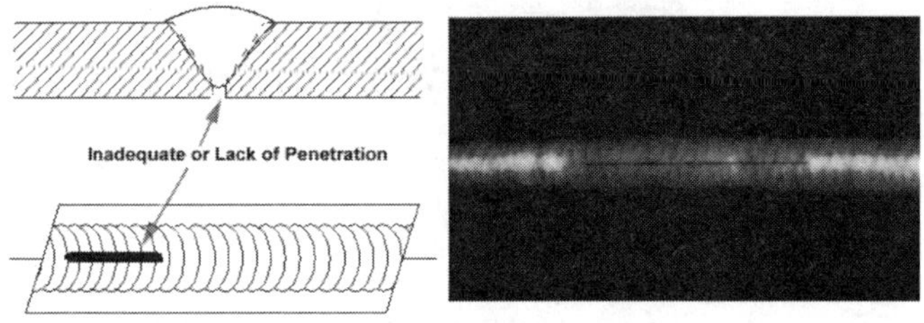

[그림 1-92] 용입 불량

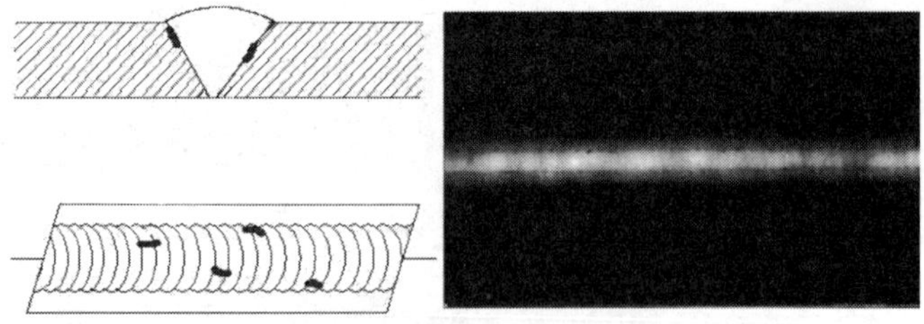

[그림 1-93] 용융 불량

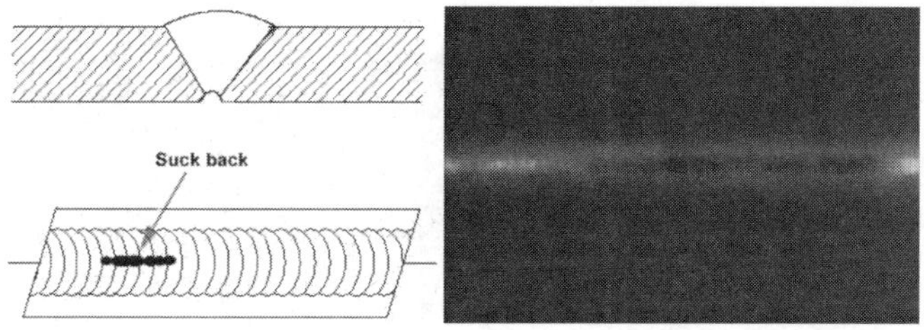

[그림 1-94] 내부 요상 또는 suck back

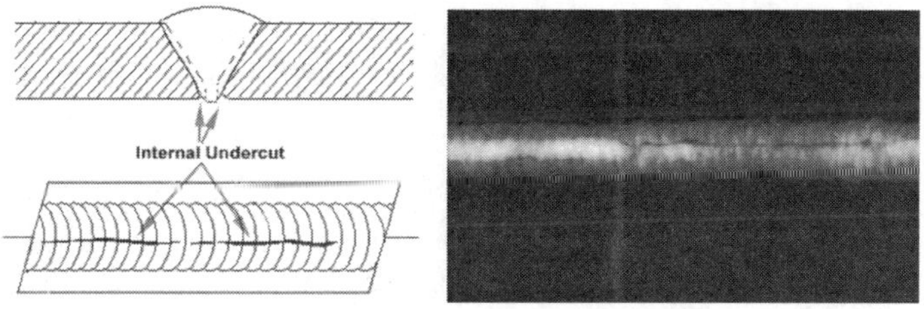

[그림 1-95] 내부 또는 루트 언더컷

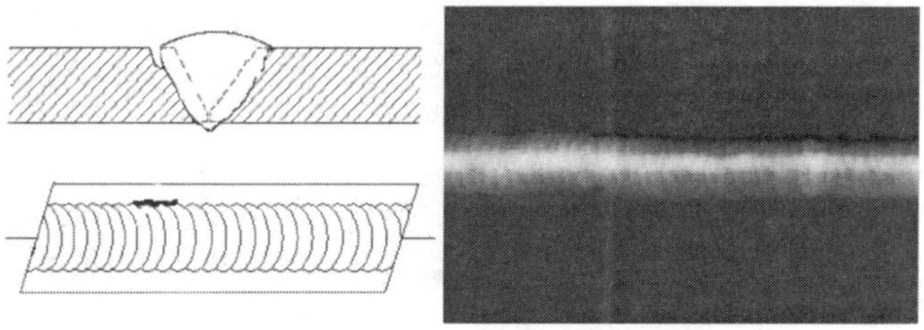

[그림 1-96] 외부 또는 크라운 언더컷

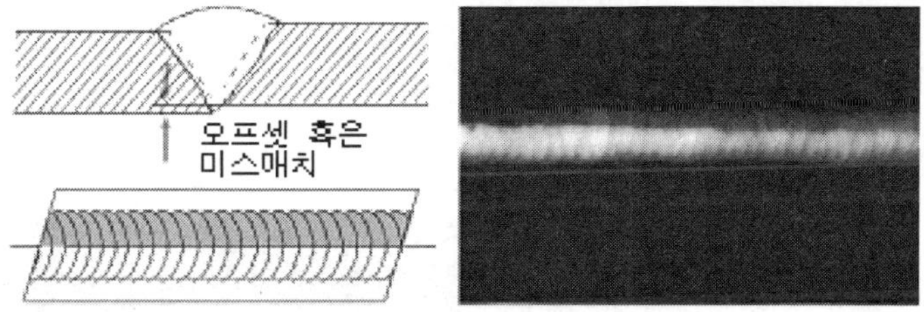

[그림 1-97] 오프셋 또는 미스매치

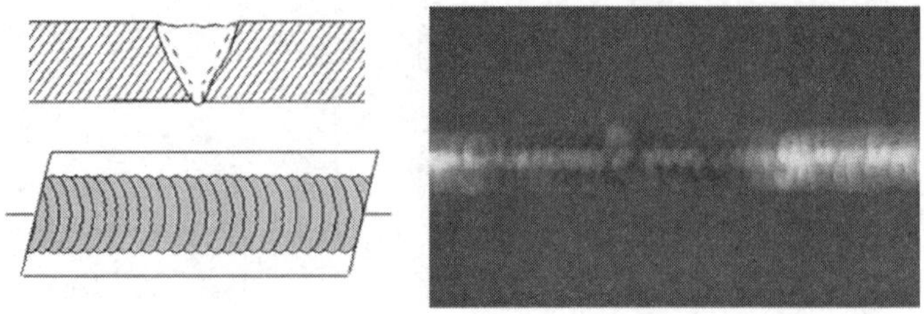

[그림 1–98] inadequate 용접 reinforcement

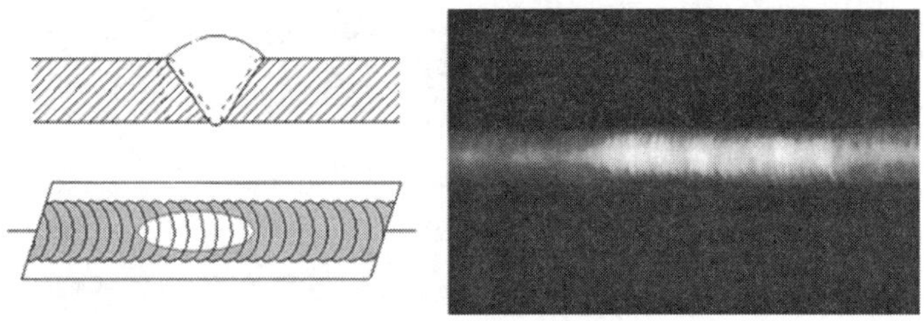

[그림 1–99] 과도한 용접 reinforcement

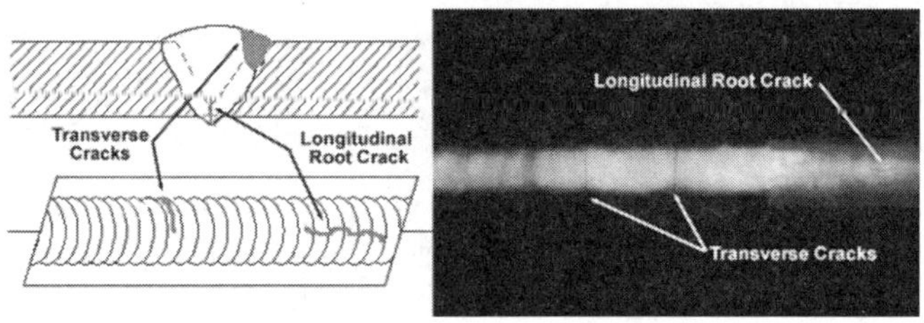

[그림 1–100] 가로, 세로 균열

(5) TIG 용접 불연속들

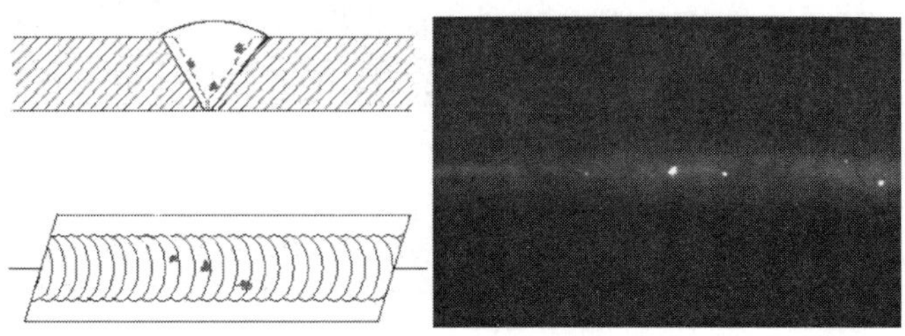

[그림 1–101] 텅스텐 개재물

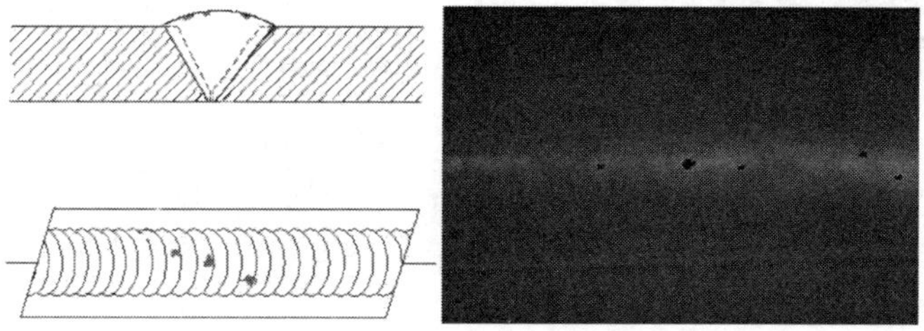

[그림 1-102] 산화 개재물

(6) 가스 금속 아크 용접에서 불연속

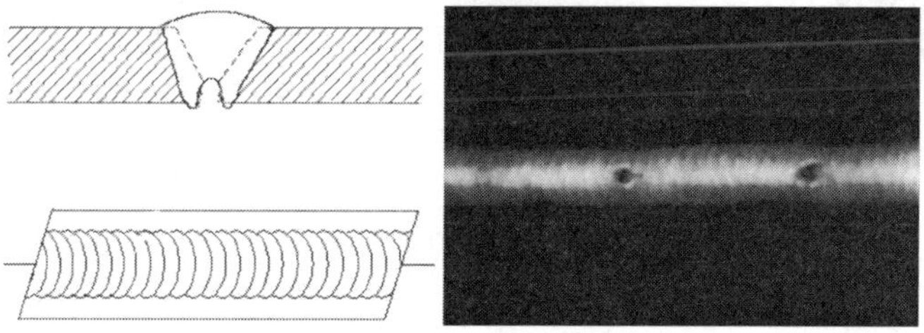

[그림 1-103] burn-through

(7) 주강 검사

주강(casting)에서는 다음과 같은 결함들이 발생한다.

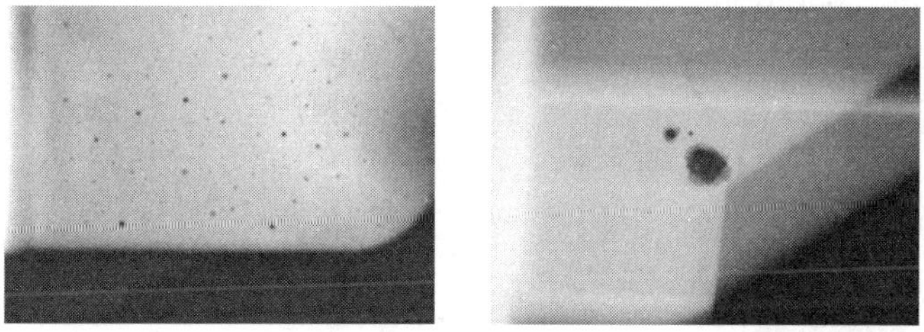

[그림 1-104] 가스 다공성 또는 블로 홀, 모래 개재물과 불순물

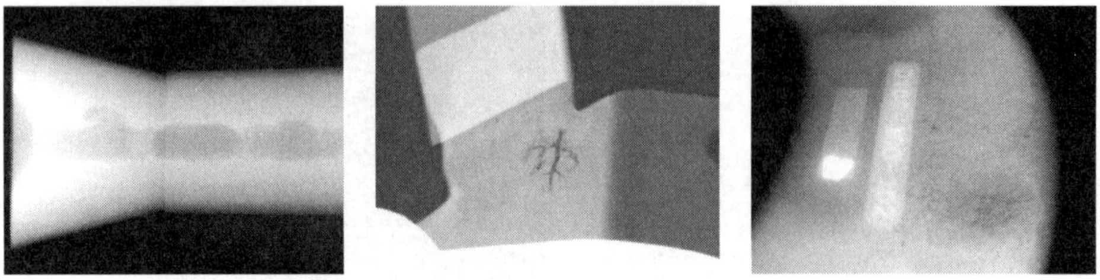

[그림 1-105] 캐비티, 나뭇가지 모양과 섬유 모양, 스폰지 시링케이지

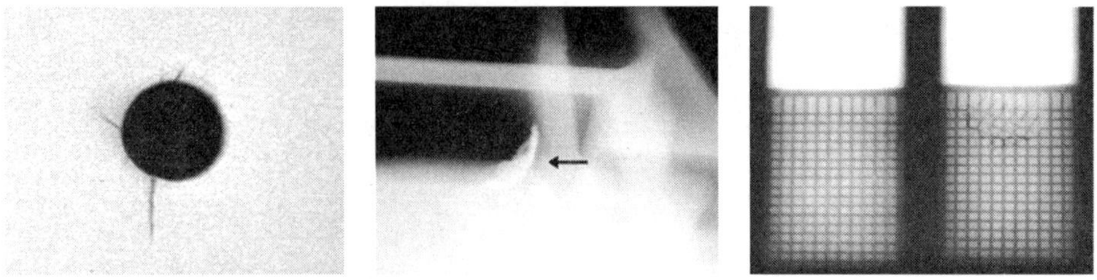

[그림 1-106] 균열과 콜드셧, 개재물, 코어 시프트

그 밖에 핫 티어(hot tears), 미스런(misruns), 얼룩형성(mottling)이 있다.

(8) 주강 수선 용접 결함

주강 수선 용접 결함은 슬래그, 다공성, 언더컷, 불완전 침투, 불완전 퓨전, melt-through, burn-through, 아크 스트라이크, 용접 스패터, 텅스텐 개재물, 산화물, root edge condition, 루트 언더컷 등이 나타난다.

(9) 리얼 타임 검사

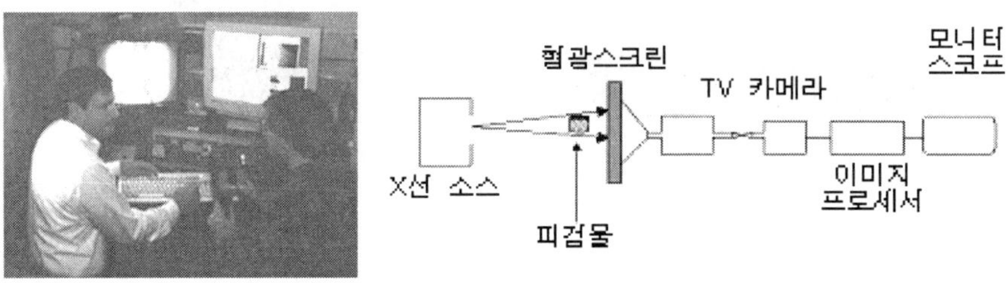

[그림 1-107] 리얼 타임

(10) CT(Computer Tomography)

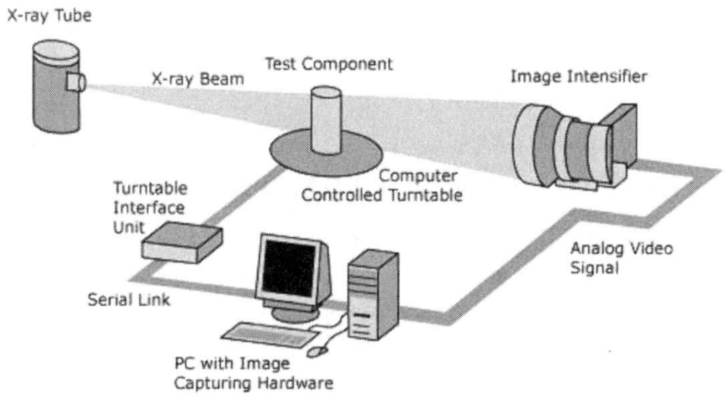

[그림 1-108] 컴퓨터 토모그래피(CT) 원리

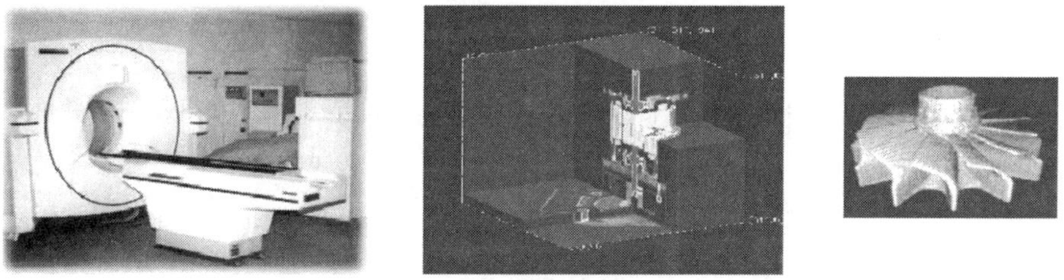

[그림 1-109] CT 스캐너와 CT 이미지

2. 중성자 투과법(NR : Neutron Testing)

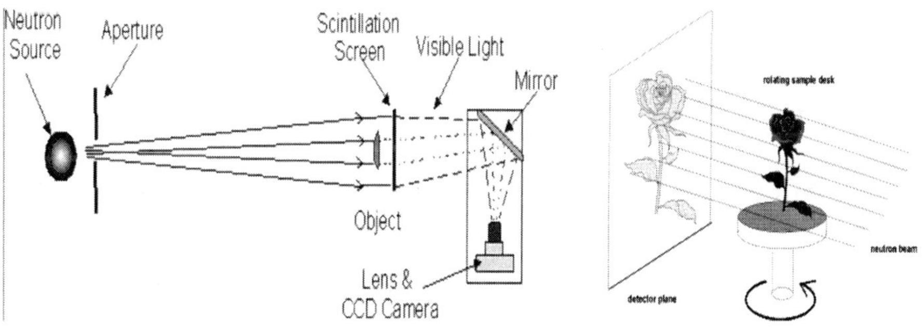

[그림 1-110] 중성자(neutron) 투과법

3. 초음파 탐상법(UT : Ultrasonic Testing)

초기에 사용해온 초음파법으로는 방사선법에 비하여 그 실험 결과가 실로 많이 떨어져서 신뢰성을 주지 못한 것이 사실이었다. 하지만 그 이후로 컴퓨터의 개발로 인하여 많은 소프트웨어의 기술을 접목시킨 결과 현재는 초음파법이 훌륭한 결과를 얻을 수가 있게 되었다. 또한, 종래의 초음파법으로는 측정한 결과를 손쉽게 얻기 힘들고 판독하기가 상당히 어려웠다. 또한 재현성이 방사선에 비하여 많이 뒤떨어졌었다. 그러나 이러한 문제점들은 최근에 상당히 보완이 되어 초음파법이 신뢰성을 주게 되었다.

뿐만 아니라 방사선이나 중성자법은 인체에 심각한 손상을 주므로, 최근에는 초음파 탐상법으로 대체하여 사용되고 있다.

(1) 원 리

초음파를 측정물 내부에 발신하여 피검물의 내부에서 반사하거나 내부를 통과한 결과로 내부의 결함 및 상태를 알아내는 방법이다.

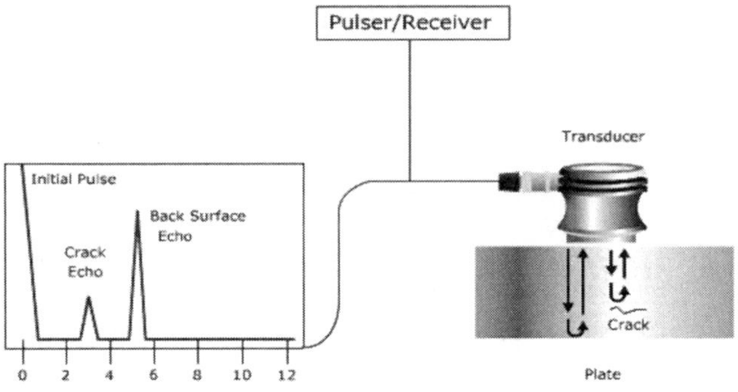

[그림 1-111] 초음파 탐상 원리

(2) 표시 방법

A-scan, MA-scan(multi A-scan), B-scan(time domain), C-scan, D-scan, P-scan 등 다양하게 표시되고 있다.

초음파법과 방사선법은 서로 장점과 단점이 있고, 서로 보완되는 점이 있기 때문에 이 둘은 불가분의 관계를 이루어서 검사에 이용된다.

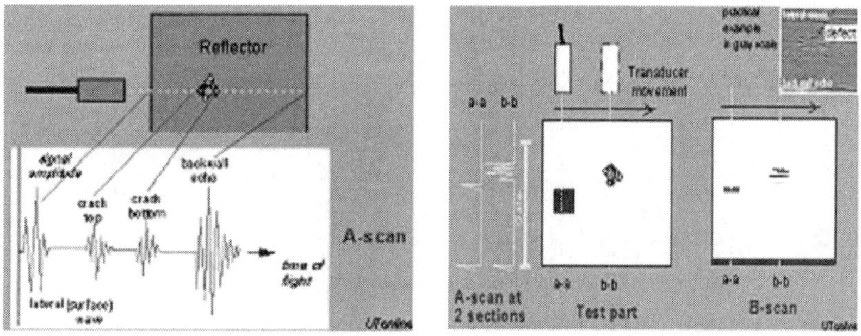

[그림 1-112] A-scan과 B-scan

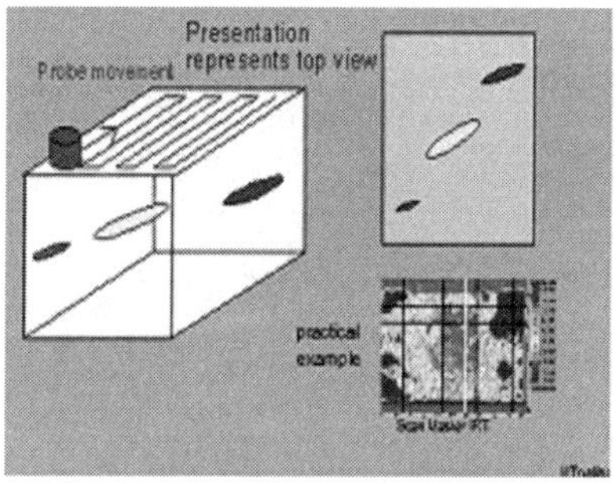

[그림 1-113] C-scan

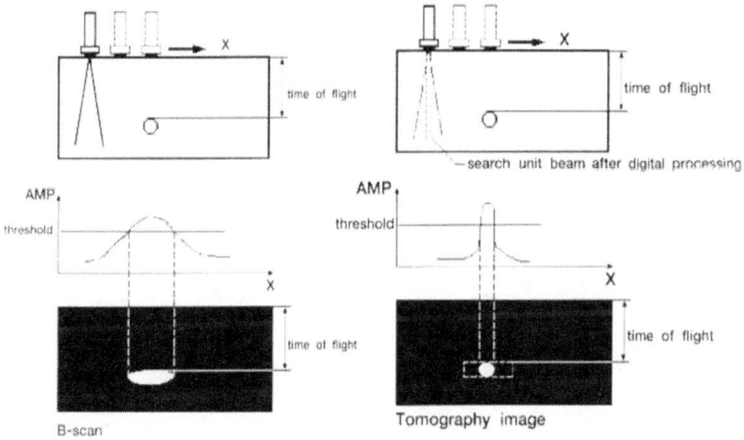

[그림 1-114] B-scan과 토모그래피

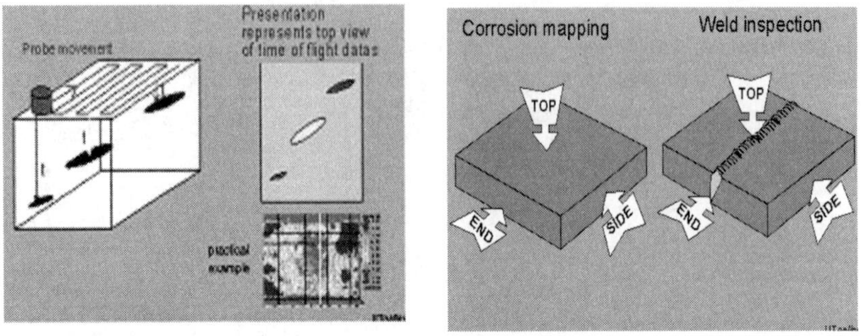

[그림 1-115] D-scan과 P-scan 초음파 탐상법

제4절 특수 검사 기술

비파괴 검사 기술 중에서 특수 검사란 앞에서 언급한 방법 이외의 방법을 말한다. 앞에서 언급한 방법을 사용하였는데도 해결되지 않는다면, 특수한 방법을 사용하여 해결할 수가 있다.

1. 스포트 용접 탐상

종래의 초음파 탐상기로는 스포트 용접을 탐상하기가 아주 어려웠다. 설사 측정이 된다고 해도, A-scan을 보고 판단하여 여러가지 조건을 손쉽게 알아내기가 아주 어려웠다. 이러한 문제점을 해결하기 위해 2006년에 쉽게 C-scan으로 스포트 용접 탐상결과를 보여주는 미니 스캐너 시스템 장비가 개발되었다.

(1) 적용 분야

- 자동차의 스폿 용접 검사
- 자동차와 항공분야에서 리베팅 조인트 검사
- 자동차와 산업체의 기계 부품의 기하학적(geometric) 검사
- 항공 및 로터 블레이드의 컴퍼지트 재질의 레이어 컨트롤
- 자동차 산업 및 항공 분야에서 글루드(glued) 조인트 컨트롤
- 발전 플랜트, 산업체의 판과 파이프의 두께 검사

(2) 특 징

- 휴대용
- 스캔(수직 및 사각) 헤드를 손쉽게 교환 가능
- 스캔 영역 10×20mm
- 스캔 시간은 약 5초, 직접 C-scan으로 보여줌

- 스캔 분해능은 0.1mm
- 적용되는 주파수는 20~35MHz
- 스캐너에 있는 버튼만 누르면 바로 작동
- 커플런트는 약간의 젤만 필요
- 젤 인젝터가 붙은 스캐너는 옵션
- 각 스캔 포인트에 대한 A-scan 표시
- TOF(Time Of Flight) 표시
- 독립된 게이트 세팅, TOF와 앰플리튜드 조절로 2개의 C-scan 표시
- 두께를 수치로 표시
- C-scan 안에서 커서 컨트롤러 크기(예 : 스포트 용접 지름) 측정
- 게이트를 움직여 이벤트 데이터 평가
- 초음파 컨트롤러는 8인치 터치 스크린 패널, 스크롤 휠, 윈도우 XP
- 전형적인 적용을 위한 초음파 세팅은 저장 가능
- 부가적인 USB 키패드 또는 마우스도 가능
- 데이터는 USB와 WiFi로 교환이 가능
- 표준 데스크탑 PC용 데이터 평가 소프트웨어도 가능
- 전원은 120~240V AC, 50~60Hz, 150W
- 튼튼한 운반용 케이스

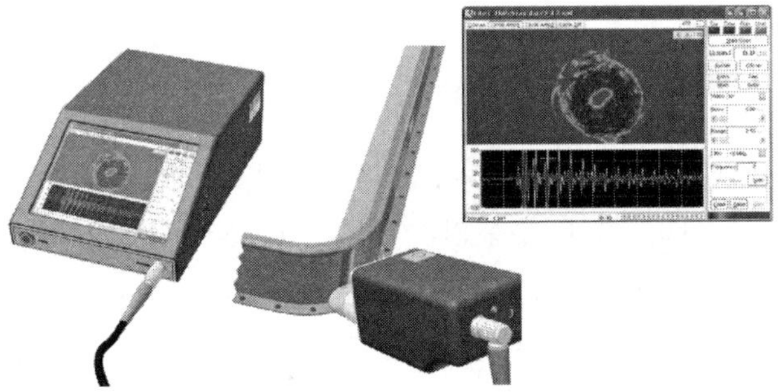

[그림 1-116] 미니 스캐너 시스템

2. 초음파 카메라

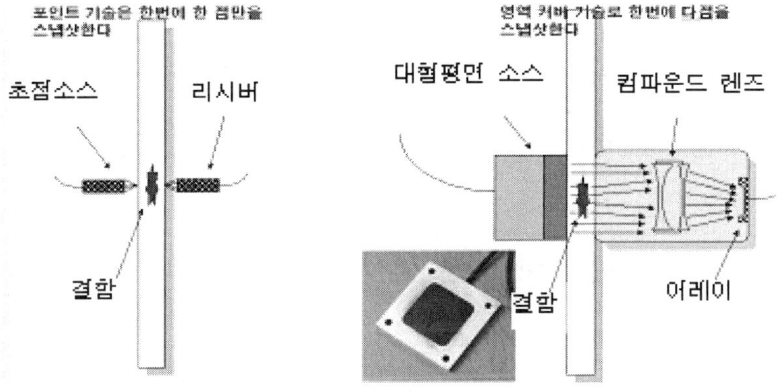

[그림 1-117] DAV(Digital Acoustic Video) 측정 원리

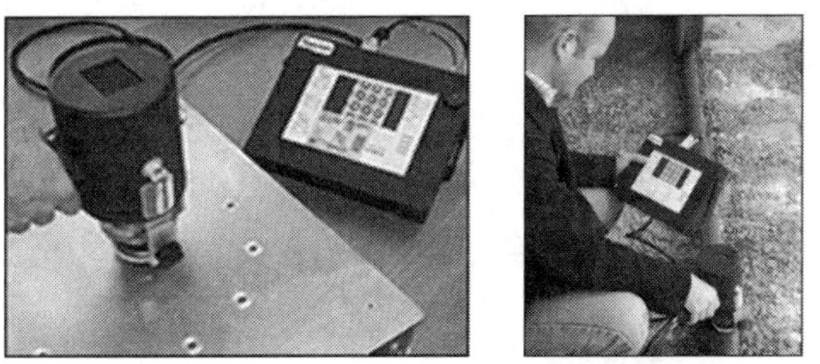

[그림 1-118] DAV C-scan 이미지 카메라

3. 페이즈드 어레이 탐상

페이즈드 어레이(phased array) 탐상은 한 개의 탐촉자 안에 많은 엘레멘트를 장착하여 각각의 엘레멘트를 페이즈드 어레이 탐상기 본체에서 조절하여 초음파 빔을 자유자재로 변경시켜가면서 스캔하는 장비다. 따라서 종래의 초음파 탐상기에서 각각의 탐촉자를 바꾸어 가면서 측정해야만 하였던 것을 손쉽게 간단한 조작으로 훨씬 더 많은 정보를 얻을 수가 있다. 또한 한 번에 여러 개의 엘레멘트를 사용하기 때문에 손쉽게 B-scan과 C-scan을 A-scan과 동시에 얻을 수 있다는 장점이 있고, 종래의 탐촉자로는 접근하기 어려운 곳에 적용하기에 아주 적합하다.

(1) 페이즈드 어레이 탐상 원리

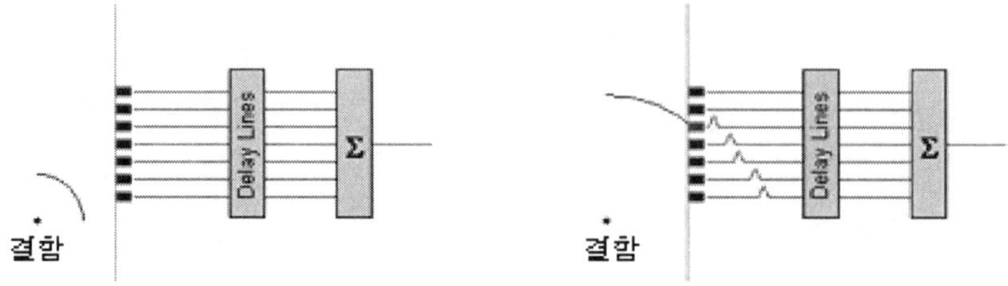

[그림 1-119] 페이즈드 어레이 탐상 원리

(2) 빔 포커싱

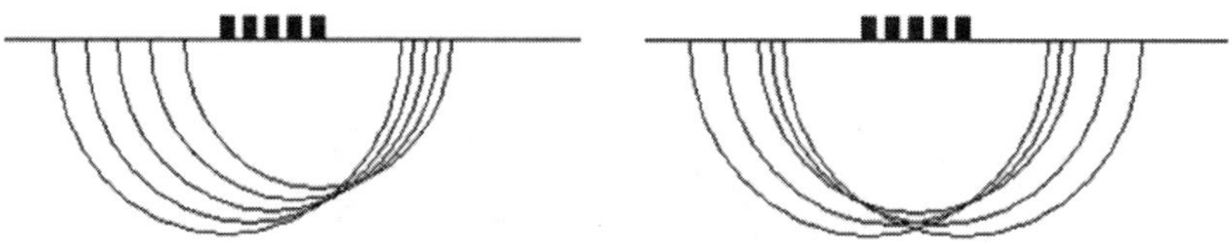

[그림 1-120] 빔 스티어링(steering)과 빔 포커싱(focusing)

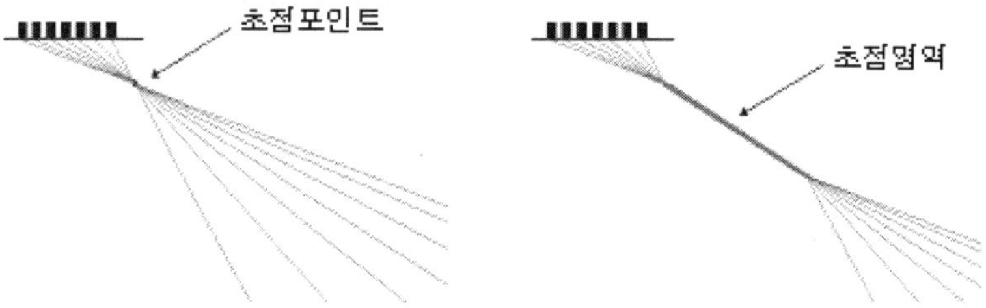

[그림 1-121] 포커싱 영역

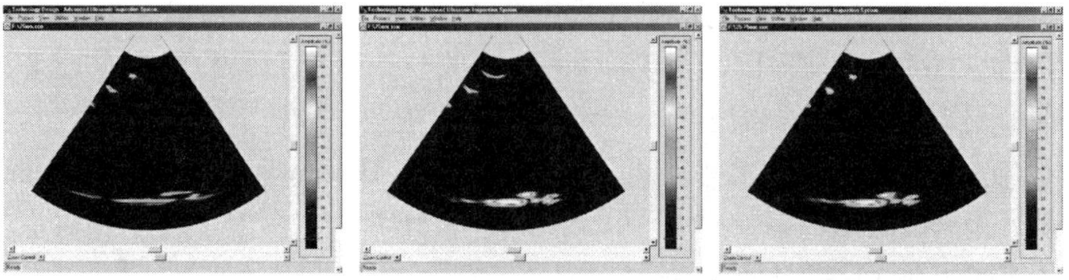

[그림 1-122] 다이내믹 깊이 포커싱(DDF)

(3) 페이즈드 어레이 장비와 탐촉자

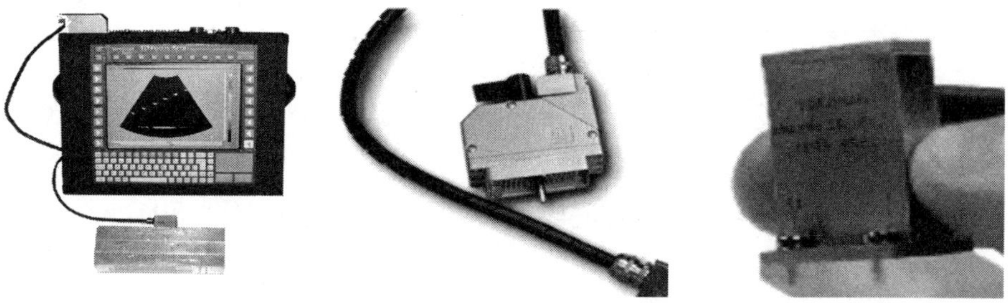

[그림 1-123] 페이즈드 어레이 탐상기 및 탐촉자

(4) 페이즈드 이레이 직용 예

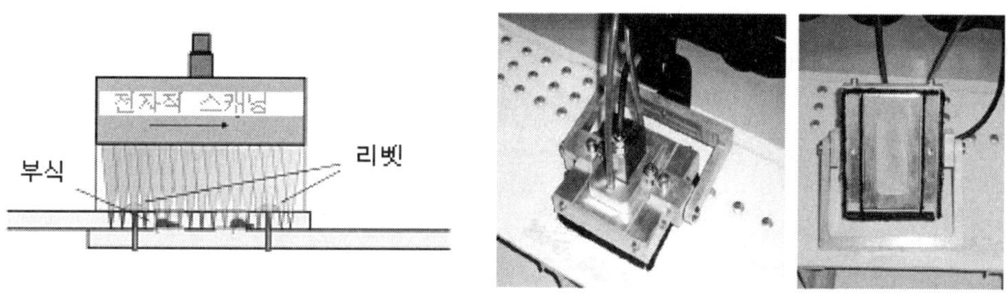

[그림 1-124] 항공기 동체 랩 조인트의 부식 매핑

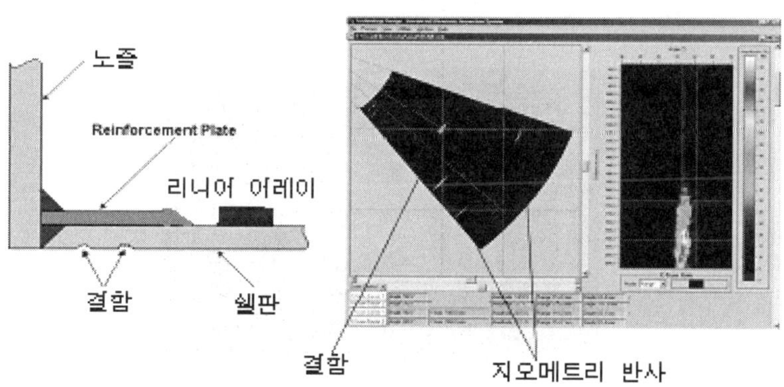

[그림 1-125] 접근하기 어려운 용접부위 검사

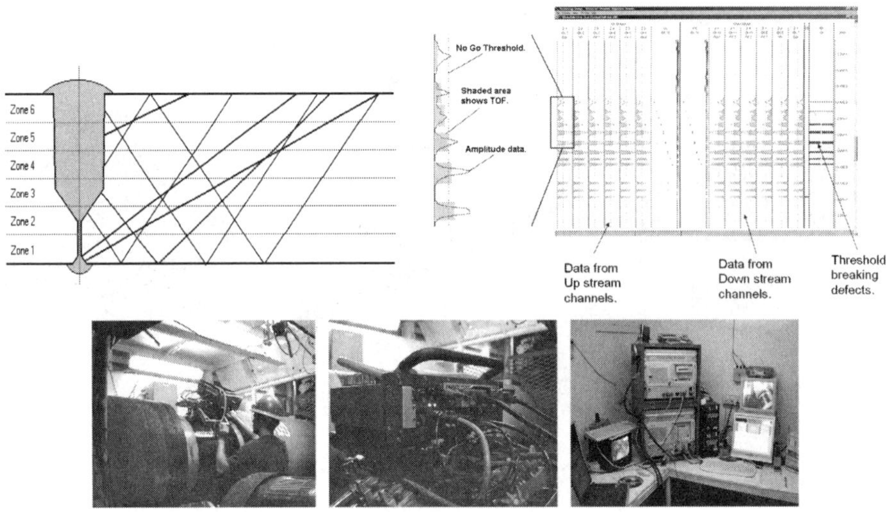

[그림 1-126] 파이프 라인 검사

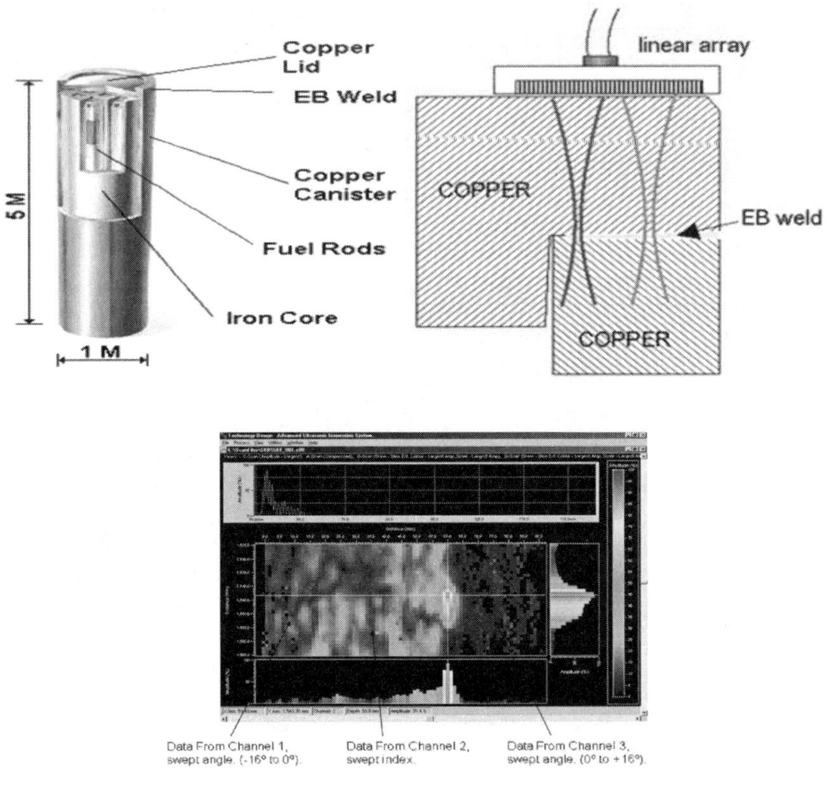

[그림 1-127] 전자 빔 용접 검사

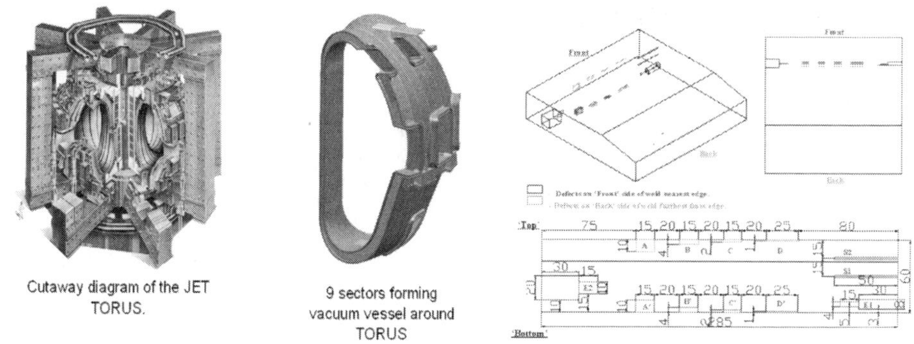

[그림 1-128] 오스테나이트계 용접 검사

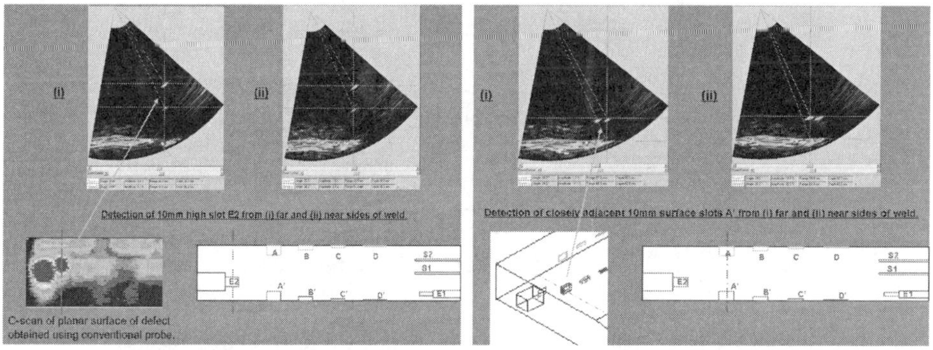

[그림 1-129] 오스테나이트계 용접 검사

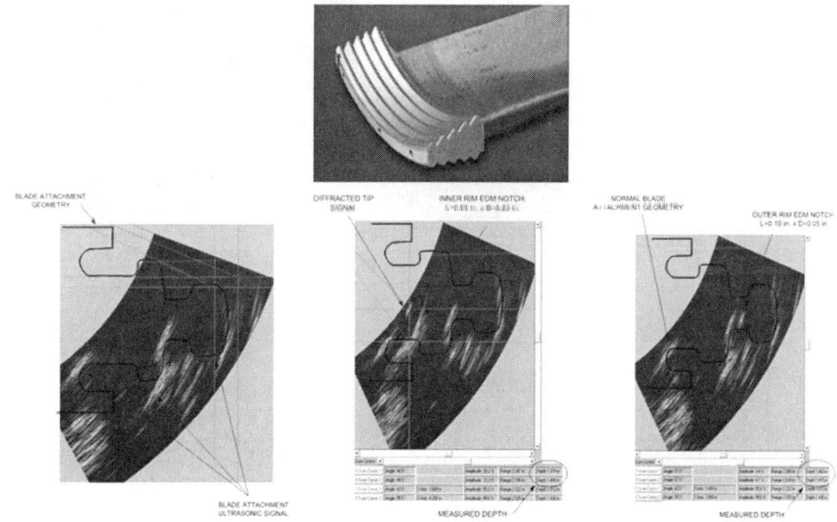

[그림 1-130] 터빈 블레이드 검사

4. 초음파 경화 깊이 측정

초음파로 경화 깊이(case depth)를 측정하기 위해서는 먼저 경화층, 재질, 경화 방법, 형상 등을 미리 알아야 한다.

(1) 측정 원리

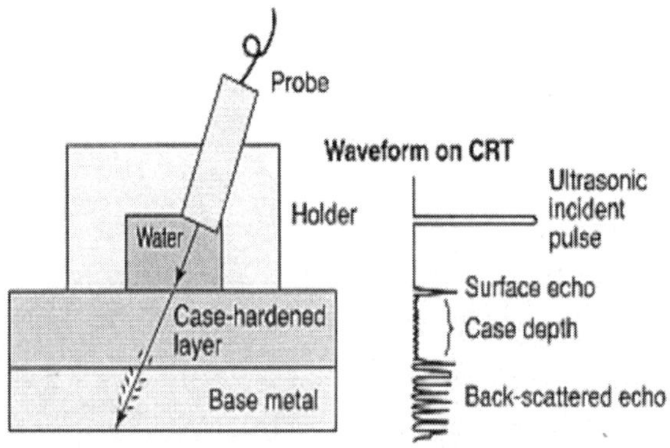

[그림 1-131] 경화 깊이 측정 원리

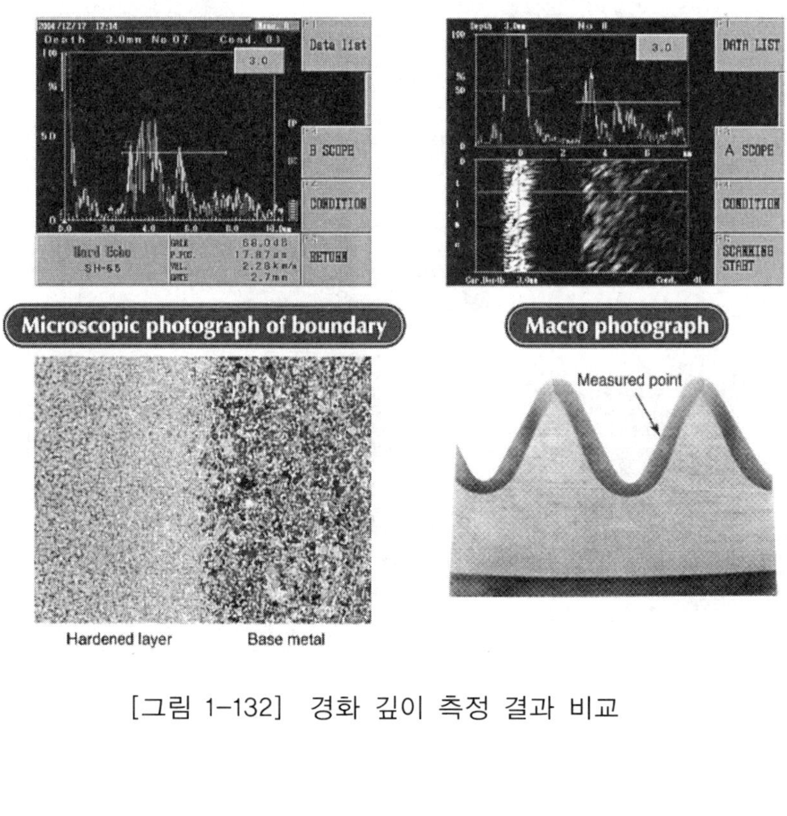

[그림 1-132] 경화 깊이 측정 결과 비교

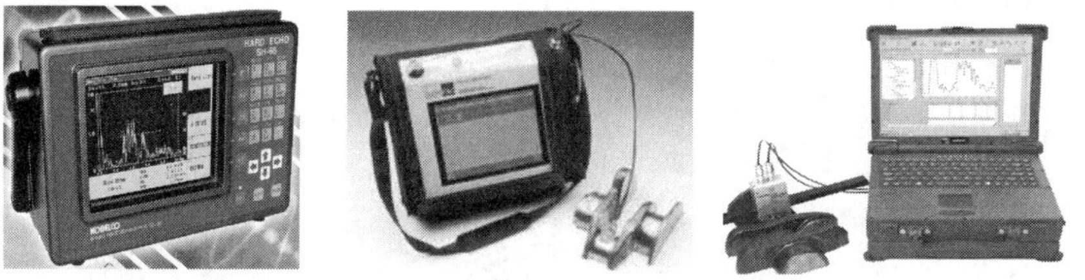

[그림 1-133] 초음파 경화 깊이 측정기

5. 초음파 경도 측정

【주의】 (1) 초음파 경도계는 초음파가 발생되지 않는다.

(2) 초음파 경도계는 비커스용 다이아몬드 인덴터를 사용하기 때문에 표면 상태가 매우 좋아야 하고, 누르는 힘에 따라서 경도값이 달라질 수 있기 때문에 취급에 주의해야 한다.

(1) 측정 원리

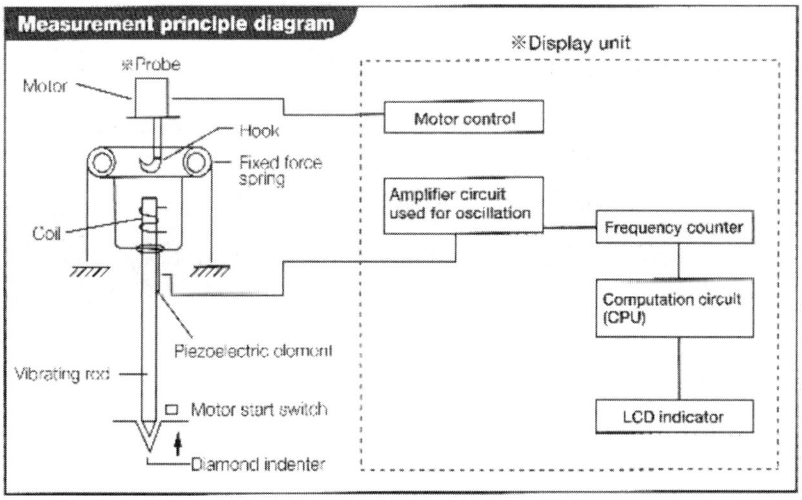

[그림 1-134] 초음파 경도계의 원리

(2) 적용 분야

[그림 1-135] 초음파 경도계의 적용 예

(3) 초음파 경도계

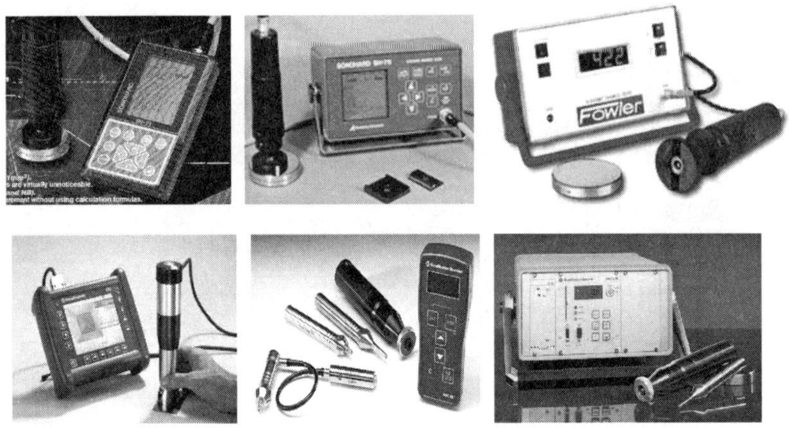

[그림 1-136] 각종 초음파 경도계(ultrasonic hardness tester)

(4) 초음파 경도계 액세서리

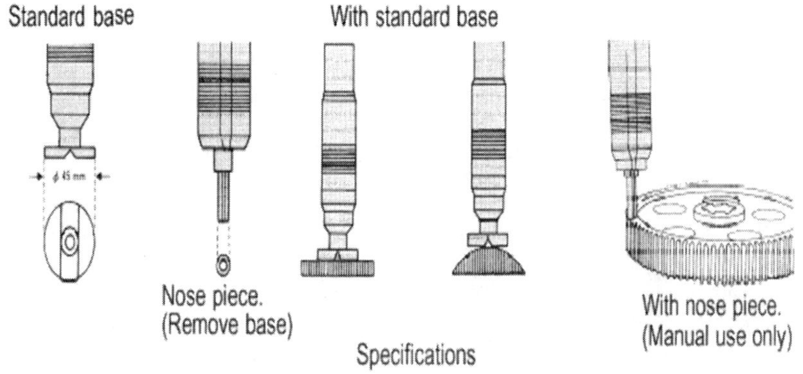

[그림 1-137] 액세서리

6. 초음파 볼트 축력 측정

(1) 측정 원리

장력이 증가할 때처럼 볼트 몸체(bolt body) 부분 안에서 일어나는 재질 음속이 감쇠되는 것을 초음파로 측정하여 가장 신뢰할 만하고 비용이 절감되는 솔루션을 제공한다.

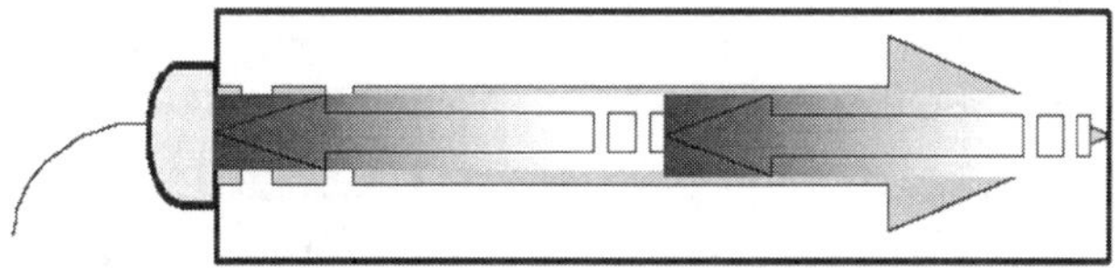

[그림 1-138] 볼트내의 음속 변화

(2) 측정시 주의사항

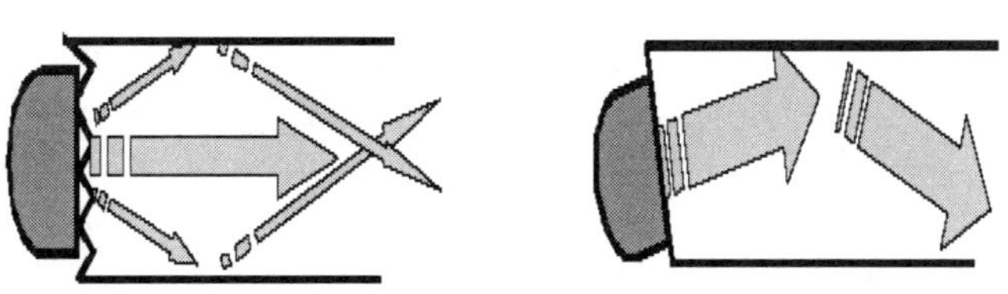

[그림 1-139] 거칠고 기울어진 경우

[그림 1-140] 그레이드 마크의 영향

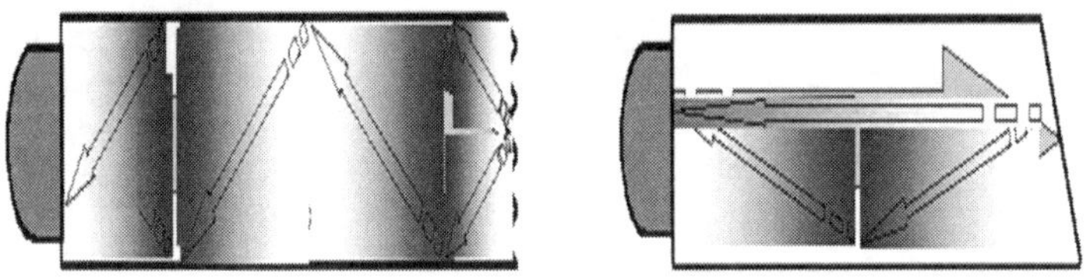

[그림 1-141] 이면이 거칠거나 평행이 아닌 경우

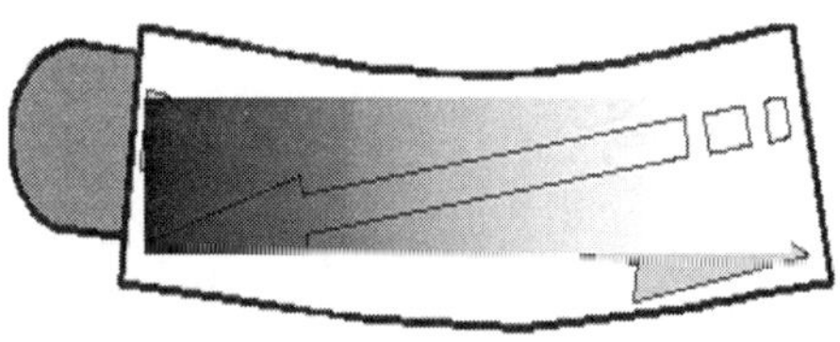

[그림 1-142] 볼트가 벤딩되었을 경우

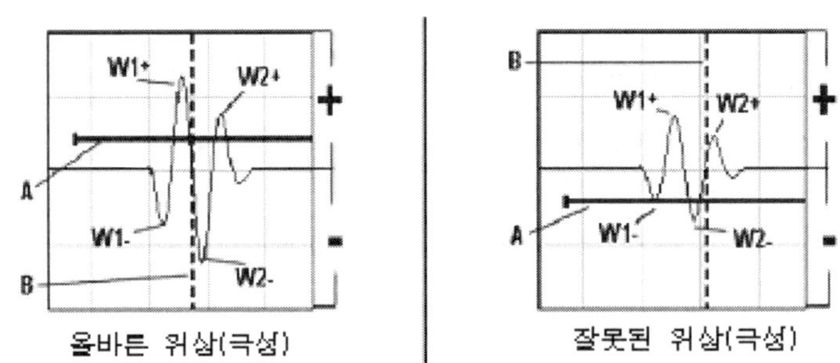

[그림 1-143] 올바른 극성과 잘못된 극성

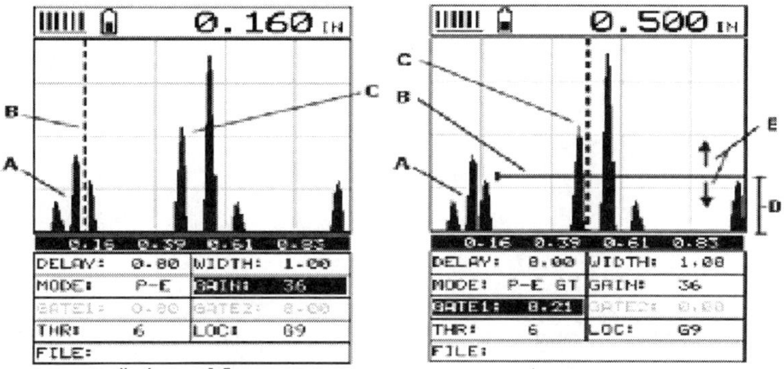

게이트 없음　　　　게이트 있음

[그림 1-144] 표면 잡음 문제

(3) 관련 공식

① 로드 측정 공식

$$L_F = \frac{A_\sigma E}{(C_L + D)} \times 10^{-3}$$

로드 요소

A_σ = 볼트의 교차 영역
E = 탄성계수
C_L = 볼트의 클램프 길이
D = 볼트 지름

② 후크의 법칙

$$P = \frac{\Delta l \times AE}{L_E}$$

후크의 법칙

P = 로드
L_E = 스트레스받은 평균 길이
ΔL = 길이변화(신율) (ELONGATION)
A = 볼트의 교차영역
E = 탄성계수

③ elongation과 load를 구하는 공식

$$X_E = [(S_F)(V_0)]\Delta T$$

신 율

X_E = 신율
S_F = 소닉 스트레스 요소
V_0 = 재질 음속
ΔT = 시간변화

$$P = (X_E)(L_F) + L_0$$

로 드

P = 로드
X_E = 신율
L_F = 로드 요소
L_0 = 로드 옵셋

④ 스트레스와 %스트레인을 구하는 공식

$$S = \left(\frac{P}{A}\right)$$

스트레스

S = 스트레스

P = 로드

A = 교차 에러

$$S_V = \left(\frac{X_E}{L_E}\right) \times 100$$

% 스트레인

S_V = % 스트레인

X_E = 신율

L_E = 명향 길이

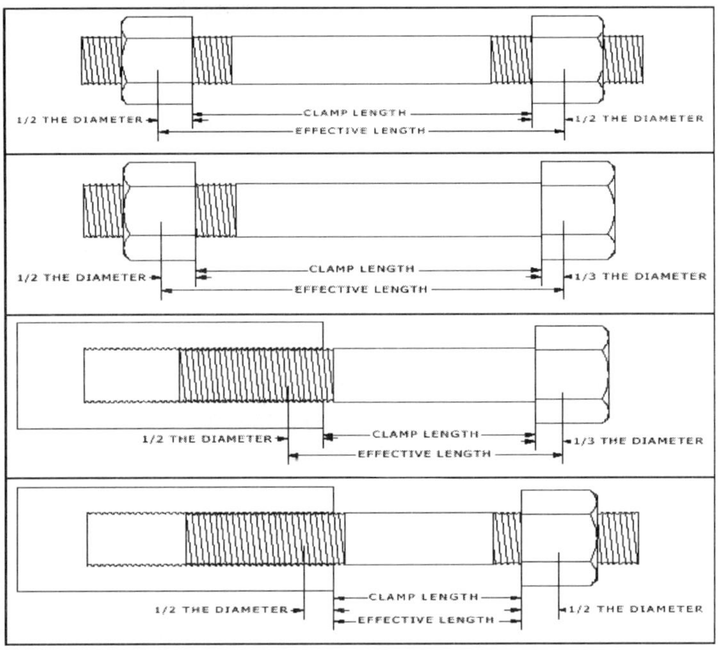

[그림 1-145] 클램프 길이와 유효 길이

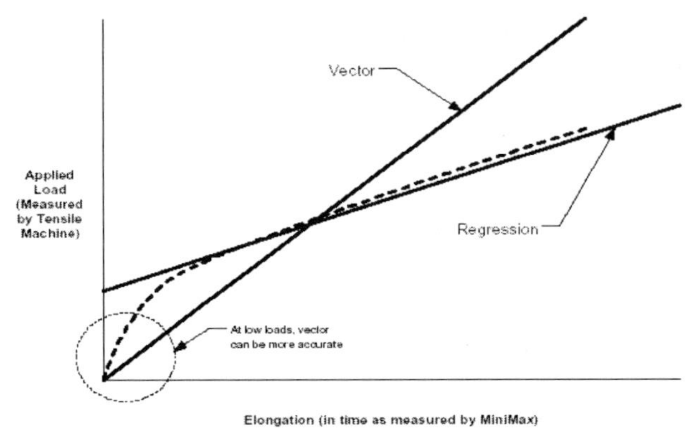

[그림 1-146] 인장(tensile) 기계로 측정한 값과 초음파로 측정한 값의 비교

(4) 초음파 볼트 축력계

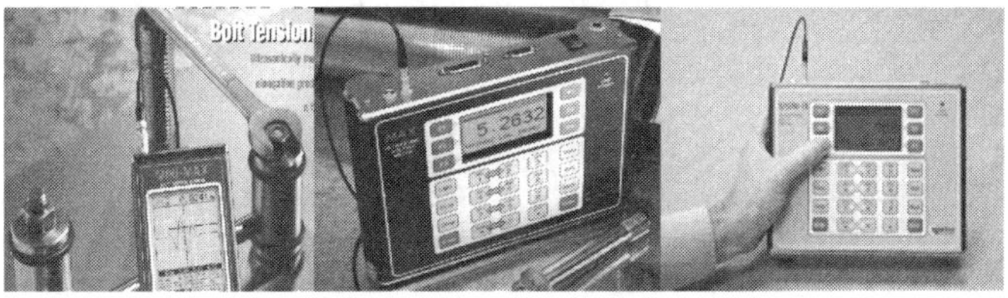

[그림 1-147] 초음파 볼트 축력계

(5) 초음파 볼트 축력계 화면

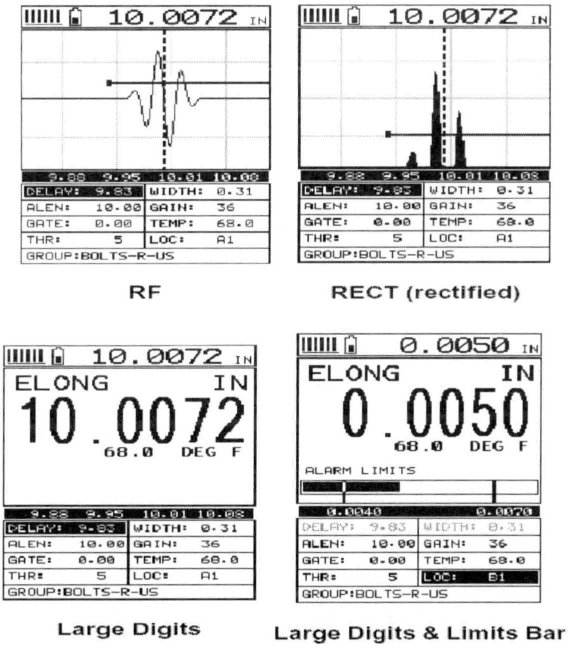

[그림 1-148] 초음파 볼트 축력계 화면

연습문제

1. 다음 중 비파괴 검사법에 대해 설명이 잘못된 것은?

가. 내부 결함의 검출에 적당한 방법은 방사선 투과법과 초음파 탐상법이다.
나. 초음파 탐상법에서는 초음파의 진행방향에 평행한 방향의 결함을 검출하기 쉽다.
다. 표층부 결함의 검출에 적당한 것은 자분 탐상법과 와전류 탐상법이 있다.
라. 용접부의 기공을 검출하기에 가장 좋은 방법은 방사선 투과법이다.

정답 ☞ 나

2. 다음은 결함의 유해성에 대해 기술한 것이다. 올바른 것은?

가. 결함을 가지고 있는 구조물의 강도가 저하하는 양상은 그 결함의 형상과 방향에 따라 다르다.
나. 곡면이 있는 결함은 주로 단면적의 감소에 기인하여 강도가 증가한다.
다. 가늘고 긴 결함은 단면적의 감소 이외에 결함부의 지시길이에 기인하여 강도가 증가한다.
라. 표면 결함과 내부 결함에서 동일종류, 동일치수의 결함이면 내부 결함의 경우가 표면결함보다 유해하다.

정답 ☞ 가

제 2 장

초음파 탐상 기술

제1절 초음파 탐상 이론

초음파 탐상법을 올바로 사용하기 위해서는 필수적인 이론을 이해하면 훨씬 빠르고 정확하게 검사할 수가 있다.

1. 파의 종류

초음파의 파는 종파, 횡파, 판파, 표면파 등이 있다.

(1) 종 파

종파는 L파(longitudinal wave), 혹은 C파(compress wave)라고도 한다. 일반적으로 수직 빔(straight beam) 탐촉자를 사용할 때에 적용되며, 음속은 일반강의 경우 5900m/s가 된다.

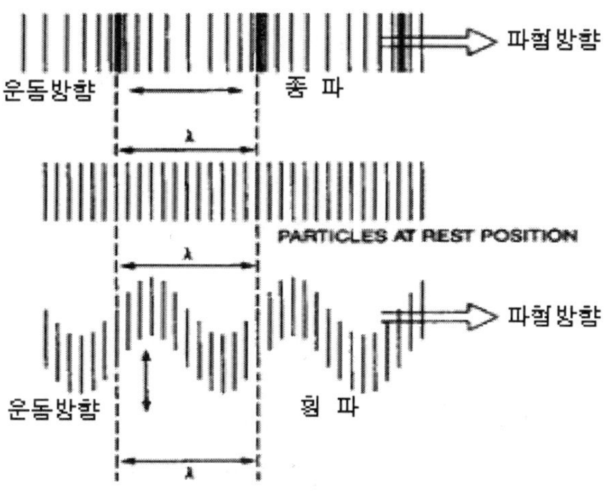

[그림 2-1] 종파와 횡파

(2) 횡 파

횡파는 S파(shear wave)라고도 한다. 일반적으로 경사각(angle beam) 탐촉자를 사용할 때에 적용되며, 음속은 일반 강에서 3200m/s가 된다.

(3) 표면파

R파(rayleigh wave)라고도 하며, 재질의 표면을 따라서 진동하는 것을 말한다. 표면파는 사각 빔(angle beam) 탐촉자를 사용할 경우 90° 웨지(wedge)를 이용하면 표면파를 사용할 수 있다. 표면파를 이용할 경우에는 음속은 횡파 음속의 90%를 적용한다.

[그림 2-2] 표면파형

2. 파장, 음속과 주파수의 관계

$$\text{파 장}(\lambda) = \frac{\text{음 속}(v)}{\text{주파수}(f)}$$

파장은 재질의 음속을 주파수로 나눈 값이다. 따라서 주파수가 높으면 높을수록 파장의 길이는 짧아져서 더 작은 결함도 검출할 수 있는 장점이 있지만, 반면에 침투력은 상대적으로 떨어진다는 단점이 있다. 따라서 높은 주파수를 사용할 경우에는 두꺼운 재질에는 사용하는 데 한계가 있을 수 있게 된다.

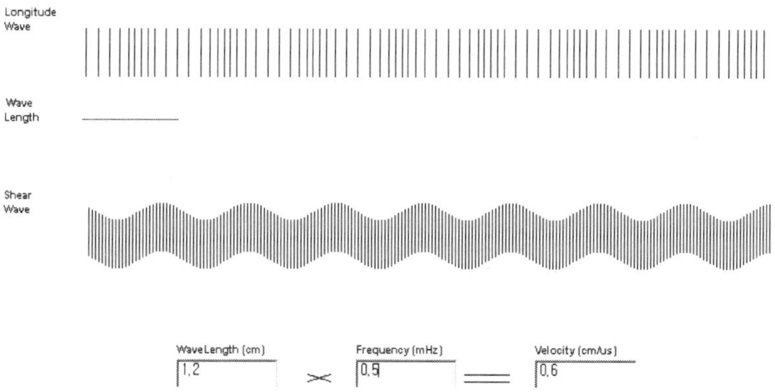

[그림 2-3] 0.5MHz 탐촉자의 파장(강에서), 파장 길이=12mm

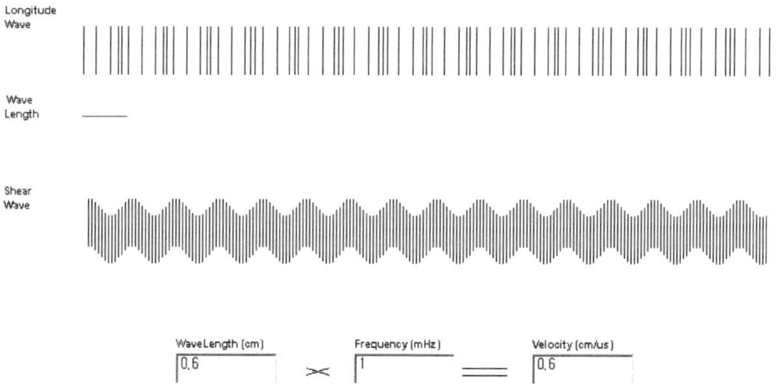

[그림 2-4] 1MHz 탐촉자의 파장(강에서), 파장 길이=6mm

3. 파장 길이와 결함 검출 능력

검출할 수 있는 결함일 경우에는 1/2λ 파장 이상일 경우에 검출할 수가 있으며, 두께 측정일 경우에는 1λ 파장 이상일 경우의 두께를 측정할 수가 있다.

예를 들면, 1MHz 주파수를 가진 탐상용 탐촉자로, 음속이 5900m/s인 일반강의 결함을 검출하기 위해서 검출할 수 있는 결함의 크기를 알아내기 위해 먼저 파장의 길이를 계산한다.

$$\text{파장}(\lambda) = \text{음속}(5900\text{m/s}) \;/\; \text{주파수}(1\text{MHz}) = 5.9\text{mm}$$

따라서 1MHz 탐촉자로 검출할 수 있는 결함의 크기는 약 3mm가 된다.

만일 검출하고자 원하는 결함의 크기가 1mm라면, 파장은 더욱 짧아야 되므로 사용하고자 하는 탐촉자의 주파수는 더욱 높아져야 한다. 위의 공식에서 알 수 있듯이 적어도 3MHz 이상의 주파수를 가진 탐촉자를 사용해야 함을 의미한다.

4. 음속에 영향을 주는 재질의 특성

$$V = \sqrt{\frac{C_{ij}}{\rho}}$$

(여기서 V는 음속, C는 탄성계수, ρ는 재질의 밀도이다.)

이 공식에서 알 수 있듯이 파형의 타입(종파 또는 횡파)과 사용된 탄성계수에 따라서 다른 형태를 가지게 된다.

전형적으로 재질의 탄성계수는 다음과 같다.

① 영률(young's modulus) E : 단축 스트레스와 스트레인 사이의 계수이다.
② 푸아송 비(poisson's ratio) n : 축 스트레인에 대한 방사(radial) 스트레인의 비율이다.
③ 벌크 상수(bulk modulus) K : hydrostatic pressure에 따른 incompressibility한 측정
④ 전단계수(shear modulus) G : rigidity하게 불리며, 횡파에 대해 저항상수를 의미한다.
⑤ Lame's 상수 L과 M : 영률(young's modulus)과 푸아송비(poisson's ratio)에 의한 재질의 상수이다.

이러한 공식에 의해 구해진 재질에 대한 종파(compressional sound velocities) 음속은 다음과 같다.

알루미늄 6,320m/sec
1020 스틸(steel) 5,890m/sec
주강(cast iron) 4,800m/sec

이러한 공식에 의해 구해진 재질에 대한 횡파(shear sound velocities) 음속은 다음과 같다.

알루미늄 3,130m/sec
1020 스틸(steel) 3,240m/sec
주강(cast iron) 2,400m/sec

5. 사운드 파의 감쇠

사운드 파는 시간이 지남에 따라서 감쇠가 일어난다.

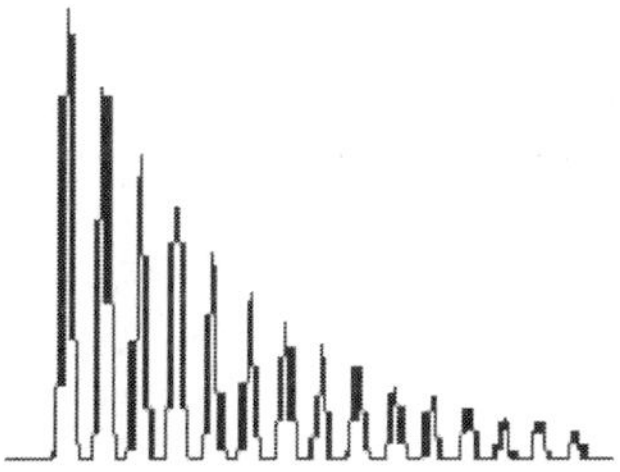

[그림 2-5] 사운드의 감쇠

6. 음향 임피던스

$$Z = pV$$

여기에서 음향 임피던스(acoustic impedance : Z)는 재질의 밀도(p)에 음속(V)을 곱한 값이다.

7. 반 사

$$R = \left(\frac{Z_2 - Z_1}{Z_2 + Z_1}\right)^2$$

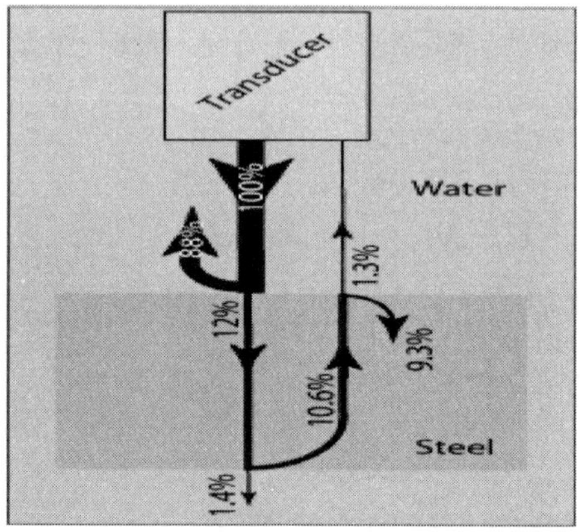

[그림 2-6] 반 사

8. 굴절과 스넬의 법칙

(1) 굴절(refraction)

[그림 2-7] 굴 절

(2) 스넬의 법칙(snell's law)

$$\frac{\sin\theta_1}{V_{L_1}} = \frac{\sin\theta_2}{V_{L_2}}$$

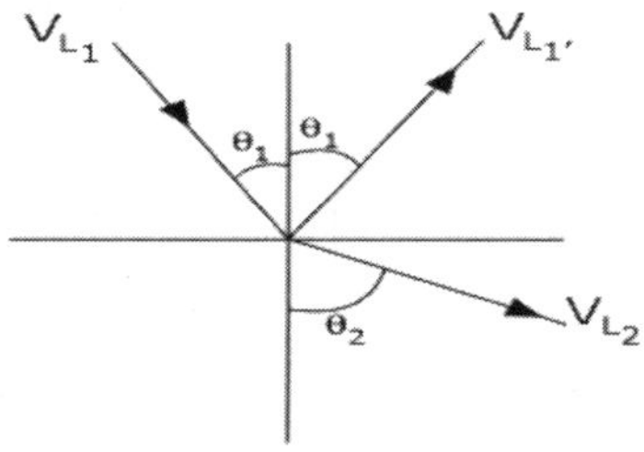

[그림 2-8] 스넬의 법칙

여기서, V_{L1}은 재질 1의 종파 음속(longitudinal wave velocity)이고, V_{L2}는 재질 2의 종파 음속(longitudinal wave velocity)이다.

$$\frac{\sin\theta_1}{V_{L_1}} = \frac{\sin\theta_2}{V_{L_2}} = \frac{\sin\theta_3}{V_{S_1}} = \frac{\sin\theta_4}{V_{S_2}}$$

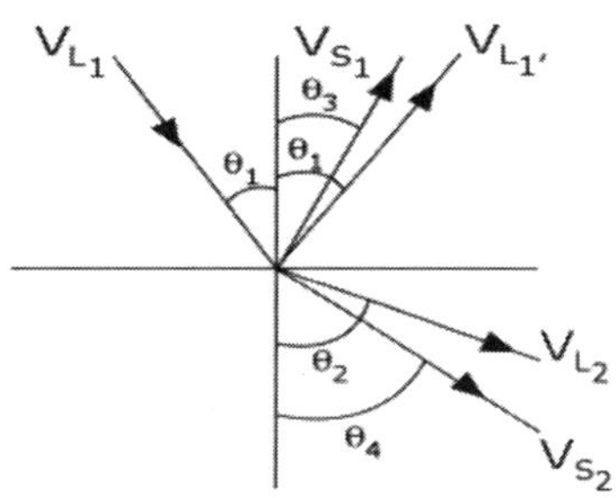

[그림 2-9] 스넬의 법칙

9. 모드 변환

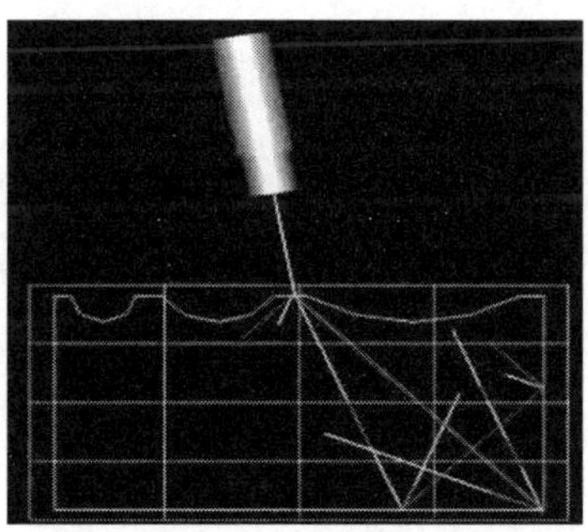

[그림 2-10] 모드 변환(mode conversion)

10. 신호대 잡음 비

다음의 요소들이 신호대 잡음비(signal-to-noise ratio)에 영향을 준다.

- 탐촉자의 주파수, 밴드폭과 영향
- 검사경로와 거리(물 그리고/또는 고체)
- 인터페이스(표면곡면과 거칠기)
- 입사빔에 대한 결함 위치(flaw location)
- 재질 마이크로 구조로 인한 잡음(inherent noisiness)
- 어쿠스틱 임피던스, 사이즈, 형상 그리고 오리엔테이션으로 결함의 inherent reflectivity
- 균열들과 용적 결함들도 초음파에 영향을 준다. 많은 균열들은 한 방향에서는 '보이지 않으며' 또 다른 쪽에서 강하게 반사한다.
- 다면 결함들은 탐촉자에서 사운드가 분산될 수 있다.

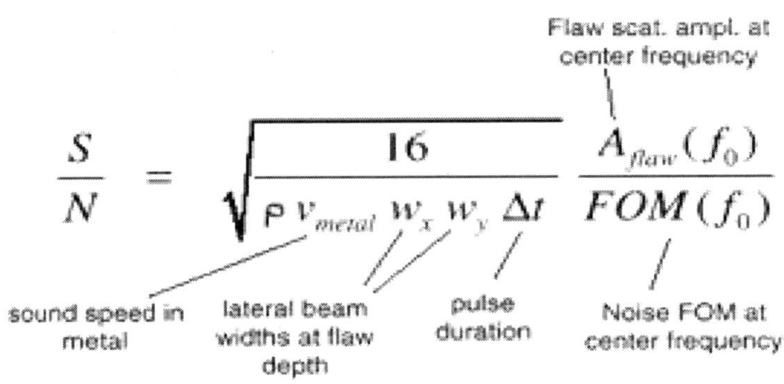

[그림 2-11] 신호대 잡음비 공식

11. 파형 간섭

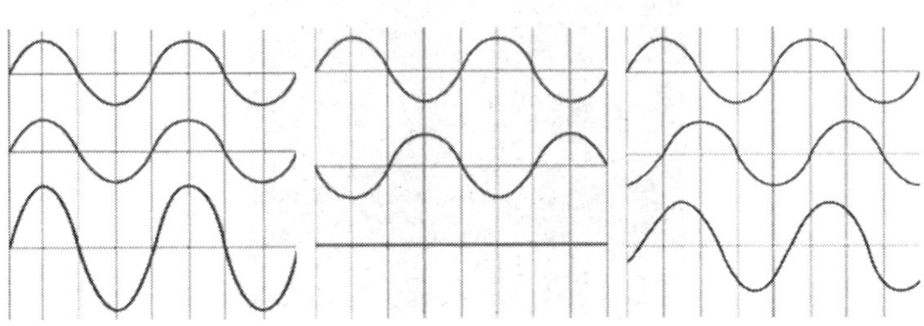

[그림 2-12] 파형 간섭

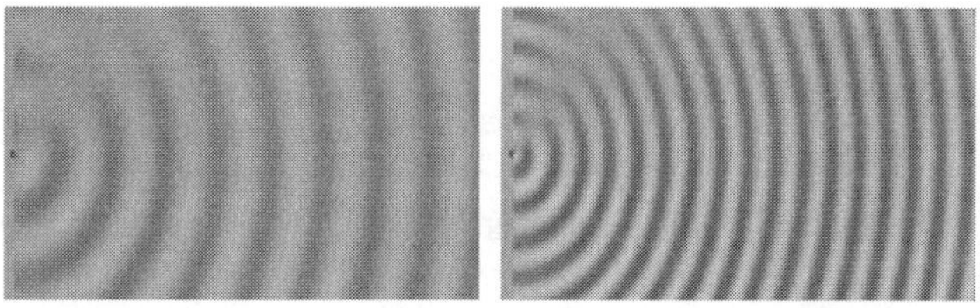

[그림 2-13] 2MHz, 13mm와 25mm dia, 1node, 강에서 파형

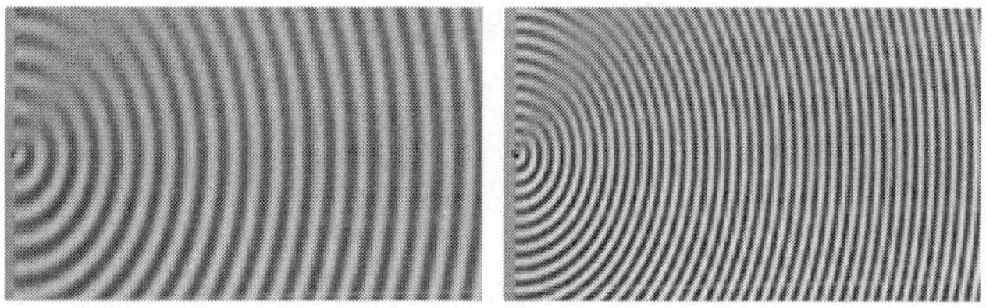

[그림 2-14] 5MHz, 13mm와 25mm dia, 1node, 강에서 파형

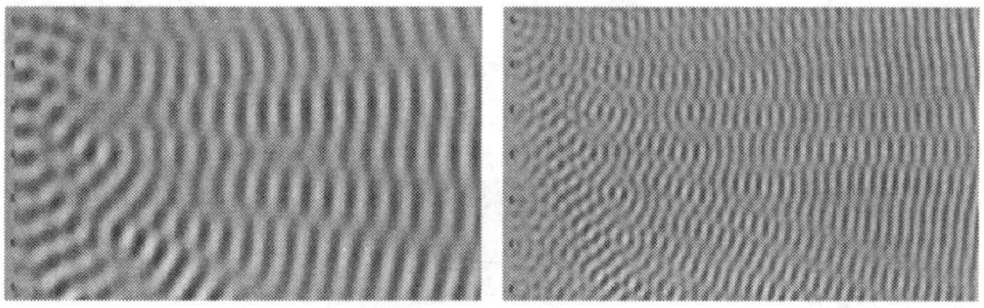

[그림 2-15] 5MHz, 13mm와 25mm, 7nodes, 강에서 파형

12. 각종 시험편

IIW, Type Ⅰ

IIW, Type Ⅱ

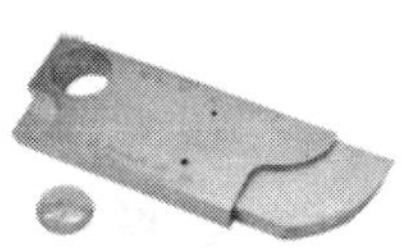

Mini IIW-2

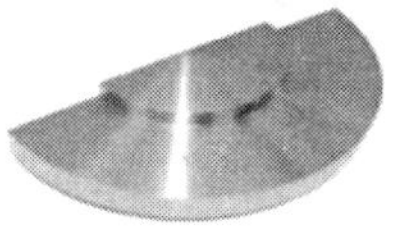

DC 블록

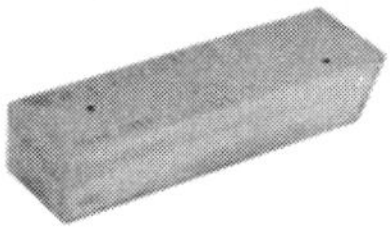

SC 블록

DS 블록

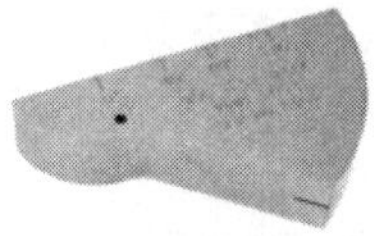
DSC 블록

4 스텝 블록

5 스텝 블록

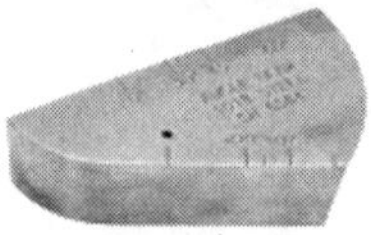
MAB(미니 사각 빔)

IOW(빔 프로파일 블록)

AWS 대비 블록

NAVSHIP 테스트 블록

미니 분해능 블록

30 분해능 블록

ASME B-625 대비판

ASME Sec. V 교정 블록

ASTM Area Amp. (8 set)

ASTM Dist./Area Amp.(10)

ASTM Dist. Amp.(19)

ASTM 317 블록

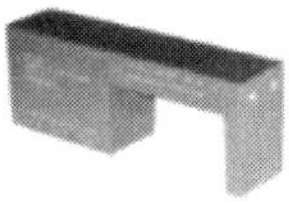
ASTM E 317

V1/5(A2) 교정 블록

V2(A4) 교정 블록

VW 8스텝 블록

박용 스텝 블록

10 스텝 블록

Tipsy 스텝 블록

3노치 ET 표준

EDM 슬롯 사이징 블록

JIS 테스트 블록

시험편 보관용 케이스

[그림 2-16] 각종 표준 시험편

제2절 탐상용 탐촉자

초음파 탐상법을 올바로 사용하기 위해서는 초음파 탐상 장비를 올바로 이해하고 사용해야 한다. 각 메이커는 여러 종류의 초음파 탐상 장비를 제조하고 있는데, 그 장비의 목적은 각기 다르기 때문에 검사하고자 하는 목적에 가장 알맞은 장비를 올바로 선정하는 것은 아주 중요하다.

각 모델별로 초음파 탐상 장비는 다른 특성을 가지고 있으므로 자신의 장비가 어떤 특성을 가지고 있는지 먼저 이해하고 사용해야 한다. 구입하고자 하는 장비가 다른 곳에서 가지고 있는 동일한 기종이라고 해도 자신의 검사 목적에 가장 알맞은 장비라고 볼 수는 없다.

1. 트랜스듀서

초음파 탐상 시험에서 시스템의 '눈'과 '귀' 역할을 하는 것이 초음파 트랜스듀서다. 초음파 에너지를 송신한 후에 재질의 조건에 따라서 결과를 수신한다. 이것을 초음파 탐상기에 정보를 주어 디스플레이한다. 각 트랜스듀서의 특성에 따라서 자세한 평가를 하는 것이 중요하다. 대부분의 초음파 탐상에 있어서 2가지 중요한 용어는 감도(sensitivity)와 분해능(resolution)이다.

기본적으로 5,000종 이상의 초음파 트랜스듀서가 있다. 이는 측정하기에 가장 적합한 초음파 트랜스듀서를 공급하기 위해서이다. 자신이 측정하고자 하는 목적에 가장 알맞은 초음파 트랜스듀서를 사용하는 것이 가장 중요하기 때문에 올바른 초음파 트랜스듀서를 선택하는 것이 필수적이다.

2. 트랜스듀서의 특성

트랜스듀서의 특성에는 기본적으로 감도용과 분해능용이 있지만, 이 이외에도 감도와 분해능만으로는 해결할 수 없는 문제가 있을 경우에는 특수 목적용으로 만든 것들이 많이 있다.

(1) 감도(sensitivity)

트랜스듀서의 감도는 주어진 거리에서 얼마나 적은 결함(discontinuities)을 검출해 내는지의 능력을 말한다. 정밀한 트랜스듀서의 감도는 특수한 트랜스듀서에 독특하다. 동일한 회사에서 동일한 사이즈, 동일한 주파수 그리고 동일한 재질로 만든 트랜스듀서라고 해도 항상 동일한 지시를 나타내는 것은 아니다.

따라서, 트랜스듀서의 감도는 대비 시험편에서 특수한 사운드패스 거리에서 주어진 사이즈의 불연속에서 반사되는 에너지를 검출해 내고 진행하는 능력을 말한다.

일반적으로 감도가 좋으면 분해능은 떨어지게 된다.

(2) 분해능(resolution)

트랜스듀서의 분해능이란 어떤 위치 혹은 깊이(예를 들면, 표면 지시와 표면 바로 밑에 있는 작은 결함까지)에서 인접한 2개 이상의 목표물로부터의 지시를 분리해 내는 능력을 말한다.

트랜스듀서에서 큰 전압 펄스로 공급된 후에 생긴 'ringing' 혹은 진동을 멈추기 위해 요구된 시간은 그 전압을 측정하는 것이다. ringing 트랜스듀서로부터 사운드 에너지의 긴 'tails' 혹은 송신은 표면 지시에서부터 폭 넓고, 높은 진폭(amplitude)을 만들어낸다. 이러한 경우에 표면 바로 밑에 있는 작은 결함은 ringing 시그널에 의해 가려지게 된다.

일반적으로 분해능이 좋으면 감도는 떨어지게 된다.

3. 초음파 트랜스듀서의 구조

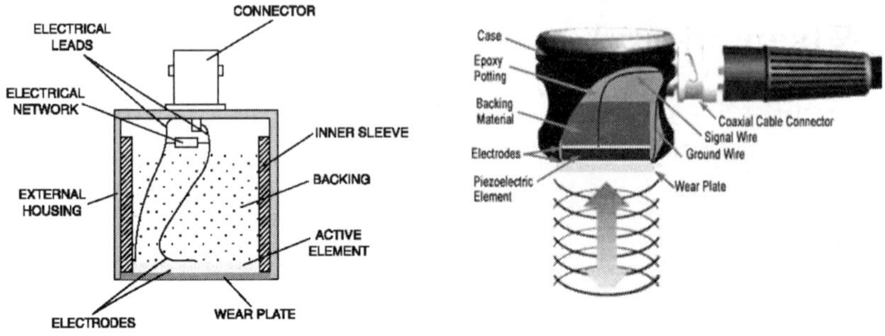

[그림 2-17] 트랜스듀서 구조

(1) 실 엘레멘트(active element)

피에조(piezo) 혹은 페로일렉트릭(ferroelectric) 재질이 초음파 탐상기에서 여기(excitation) 펄스와 같은 전자적인 에너지를 초음파 에너지로 변환한다.

가장 일반적인 재질로는 다른 파 모드로 만들기 위해 다양한 모양으로 자를 수 있는 극싱(polarized) 세라믹을 사용한다. 피에조 폴리머(polymers)와 컴퍼지트(composites) 같은 새로운 재질은 트랜스듀서와 시스템 수행을 위해 제공되는 곳에 사용된다.

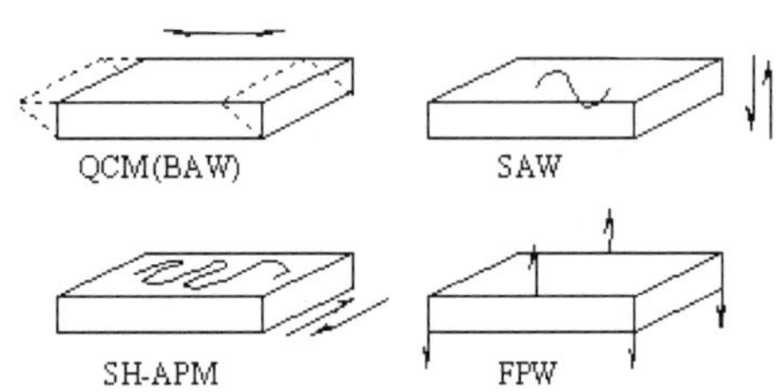

[그림 2-18] 피에조 효과

1950년대 초기에는 초음파 에너지를 적용하기 위한 가장 효과적인 수정 크리스탈(quartz crystals)에서 피에조세라믹을 만들어냈다. 이들은 낮은 전압에서도 작동하고 수분에도 영향을 적게 받으며, 600℃의 높은 온도에서도 사용할 수 있다. 그러나 관련된 기계적인 강도에 약하고, 모드 변환되기 쉽고 그리고 에이징(극성을 상실하고 깨지기 쉬운 경향)하는 제한점도 가지고 있다.

일반적으로 가장 많이 사용되는 피에조세라믹(piezoceramic)은 티탄산나트륨

(sodium bismuth titanate), 납 메타니오베이트(lead metaniobate), 납 티타늄(lead titanate)과 납 지르콘 티타늄 가족 안에 있는 다양한 것이 포함되어 있다. 여기에는 PZT4, PZT5H, PZT7A와 PZT8이 포함된다. 이들 PZT (Pie-ZoelecTricity) 재질들의 특수한 특성 때문에 따라 적용에 알맞은 재질을 선택한다. 부가한다면 PZT는 컴퍼지트의 형태다.

'피에조(piezo)'라는 말은 '누르다(squeeze, press)'를 의미하는 그리스어 'piezein'에서 나왔다.

<표 2-1>은 이들 크리스탈의 특성을 설명한 것이다.

〈표 2-1〉 크리스탈 재질별 특성과 적용

크리스탈 재질	특성과 적용
납 metaniobate #1	파워가 좋다, 수신이 크다, 광대역이다, 높은 온도에 적용된다.
납 metaniobate #2	송신과 수신이 좋다, 협대역이다, 접촉 트랜스듀서는 2㎒ 이상이다.
PZT4	송신과 수신이 좋다, 더 낮은 주파수에서 가장 좋다, 거친 입자인 재질 침투력이 좋다, 높은 전압에 적용된다.
PZT5H	훌륭한 침투력, 수신이 좋다, 다중 주파수용, 가속미터용
납 티타늄	훌륭한 수신, 좋은 침투력, 높은 주파수에 좋다, 의학용 진단에 사용된다.
티탄산나트륨	아주 안정적이다, 아주 높은 온도에 적용된다.

그밖에 재질별 장점과 단점은 <표 2-2>와 같다.

〈표 2-2〉 재질별 장·단점

재 질	장 점	단 점
수정(Quartz)	안정(회학적, 진기직, 열적), 수명이 길고, 내마모성이 우수하다	음향 에너지 발생효율 낮음, 낮은 주파수에서 고전압 요구
세라믹(PZT)	가장 좋은 초음파 발생 효율, 낮은 전압에서 작동 가능	기계적 강도 낮아 진동 양식의 간섭, 짧은 수명 300℃ 이하 사용
lithium sulphate (황산리튬)	가장 좋은 초음파 수신 효율, 진동 양식의 간섭 적음	깨지기 쉽고 수용성, 74℃ 이하에서 사용
barium titanate (티탄산바륨)	불용성, 높은 송신 효율, 수침법에서 높은 분해능	가장 낮은 수신 효율, 충격에 약함, 노화, 모드 변환의 영향

(2) 흡음재(backing material)

트랜스듀서의 진동을 조절하기 위해 높은 감쇠, 높은 밀도 재질이 사용된다. 실제 엘레멘트의 후면에서 에너지를 흡수한다. backing의 음향 임피던스가 실제 엘레멘트의 음향 임피던스와 조화가 될 때, 그 결과는 heavily damped 트랜스듀서가 되어 좋은 범위의 분해능을 디스플레이할 것이지만, 시그널 진폭은 더 낮아질 것이다. 만일 엘레멘트와 backing 사이의 음향 임피던스가 조화되지 않는다면, 더 많은 사운드 에너지가 피검물(test material) 안쪽으로 반사할 것이다. 마지막 결과는 더 긴 파형 기간 때문에 트랜스듀서가 분해능에서는 더 낮아질 것이지만, 시그널 진폭에서는 더 높게, 또는 감도에서는 더 크게 될 것이다.

(3) 보호판(wear plate)

트랜스듀서의 기본 목적은 트랜스듀서 엘레멘트를 테스트 환경에서 보호하는 것이다. 접촉 탐촉자인 경우에는 강과 같은 재질 위에서 사용하여 입게 되는 마모를 견디기 위해 보호판이 튼튼해야 하고 부식 방지가 되어야 한다.

수침(immersion), 경사각과 지연 트랜스듀서에서는 보호판이 실제 엘레멘트의 높은 음향 임피던스와 더 낮은 음향 임피던스인 물, 웨지 혹은 지연 사이의 음향 임피던스와 같은 역할을 하는 부가적인 목적을 가지고 있다. 이는 조화 층(matching layer)을 1/4파장길이, 두께(λ/4) 그리고 원하는 음향 임피던스(실제 엘레멘트는 일반적으로 1/2파장길이)를 선택하여 이루어진다. 마모 표면 두께의 선택은 조화 층 안에서 wave reverberating하는 상(phase) 안에서 실제 엘레멘트로 만들어지는 superposition에 근거로 한다.

시그널이 상 안에 있을 때 이들의 진폭은 부가되고 그래서 더 많은 진폭파가 피검물 안으로 들어간다. 다음 그림은 실제 엘레멘트와 보호판이 상 안에 있을 때를 보여 준다. 만일 트랜스듀서가 단단히 제어되지 않거나 혹은 주의 깊이 디자인하지 않고 올바른 재질을 사용하지 않거나 음파가 상 안에 없다면 wavefront 안에서 방해될 것이다.

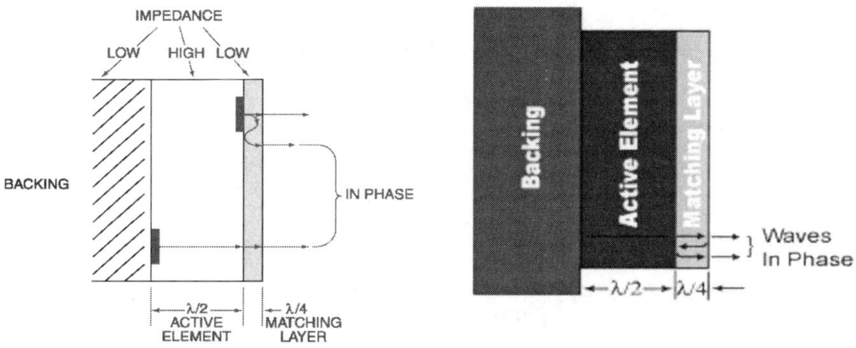

[그림 2-19] 흡음재, 실제 엘레멘트와 보호판과의 관계

4. 트랜스듀서의 종류

〈표 2-3〉 트랜스듀서(transducer)의 종류

구 분	용 도	형 식	
수직용	직접 접촉용	1진동자	보호막 붙음
			보호막 없음
			지연재 붙음
		2진동자 (분할형)	지연재 붙음
			지연재 없음
	부분 침수용	막 붙음 막 없음	
	침수용	-	
	기타	1진동자 타이어 접촉자 1진동자 집속 탐촉자	
경사각용	직접 접촉용	고정각형 가변각형 2진동자형	
	부분 침수용	-	
	기타	1진동자 타이어 탐촉자	고정각형, 가변각형
		1진동자 집속 탐촉자	고정각형, 가변각형

KS B 0535

표시의 순서	내 용	종류 · 기호
1	주파수 대역폭	보통 : N(1) 광대역 : B
2	공칭 주파수	수치는 그대로(단위 MHz)
3	진동자 재료	수정 : Q, 지르콘티탄산납계 자기 : Z, 압전 자기 일반 : C, 압전 소자 일반 : M
4	진동자의 공칭 치수	원형 : 지름(단위 : ㎜) 2진동자의 것은 각각의 진동자 치수로 한다. 각형 : 높이×폭(단위 : ㎜)
5	형식	수직 : N, 경사각 : A, 종파 경사각 : LA, 표면파 : S, 가변각 : VA, 침수(부분침수 포함) : I, 타이어 : 2진동자형 : D를 더한다. 두께 측정용 : T를 더한다.
6	굴절각	저탄소강 안에서의 굴절각으로 표시하고 단위는 ° 로 표시한다. 알루미늄용의 것에는 굴절각 뒤에 AL을 붙인다.
7	공칭 집속 범위	집속형의 것은 F를 붙이고 그 범위를 ㎜ 단위로 표시한다.

※ 1의 N은 생략할 수 있다.

(1) 수직용 트랜스듀서(straight beam transducers)

일반적으로 가장 많이 사용하는 트랜스듀서는 수직용 트랜스듀서이다. 수직용 트랜스듀서는 초음파 빔이 수직으로 진행한다. 따라서 종파(longitudinal wave) 시험에 주로 사용한다. 또한 다용도 수동 초음파 검사용으로 많이 사용한다.

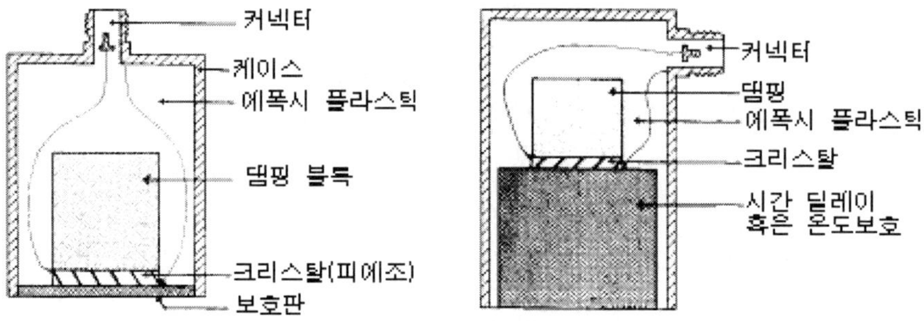

[그림 2-20] 수직용 트랜스듀서와 shoe가 있는 구조

수직용 트랜스듀서에서는 직접 접촉(contact)용, 보호막(protected)형, 분할(2진동자, dual element)형, 지연재(delay line)형이 있다.

1) 직접 접촉(contact)용

직접 접촉용에는 일반적으로 크기에 따라서 표준(standard) 타입과 미니(fingertip) 타입이 있다.

표준 접촉 트랜스듀서의 커넥터는 직각(right angle) 타입이나 수직 타입으로 되어 있고, 커넥터 타입은 BNC나 Lemo 1을 주로 사용한다. 물론 요구에 따라서 다른 타입의 커넥터로 만들 수가 있다.

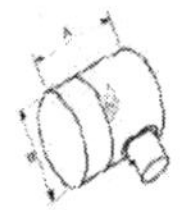

Element Size	A	B
1.125	1.30"	1.35"
1.00	1.30"	1.23"
0.75	1.30"	0.96"
0.50	1.30"	0.78"

주파수	엘레멘트		주문번호		
(MHz)	(인치)	mm	G 시리즈	R 시리즈	S 시리즈
0.5	1.125	29	NSCG05-11	NSCR05-11	NSCS05-11
	1.00	25	NSCG05-10	NSCR05-10	NSCS05-10
1.0	1.125	29	NSCG1-11	NSCR1-11	NSCS1-11
	1.00	25	NSCG1-10	NSCR1-10	NSCS1-10
	0.75	19	NSCG1-07	NSCR1-07	NSCS1-07
	0.50	13	NSCG1-05	NSCR1-05	NSCS1-05
2.25	1.125	29	NSCG2-11	NSCR2-11	NSCS2-11
	1.00	25	NSCG2-10	NSCR2-10	NSCS2-10
	0.75	19	NSCG2-07	NSCR2-07	NSCS2-07
	0.50	13	NSCG2-05	NSCR2-05	NSCS2-05

주파수	엘레멘트		주문번호		
(MHz)	(인치)	mm	G 시리즈	R 시리즈	S 시리즈
3.5	1.00	25	NSCG3-10	NSCR3-10	NSCS3-10
	0.75	19	NSCG3-07	NSCR3-07	NSCS3-07
	0.50	13	NSCG3-05	NSCR3-05	NSCS3-05
5.0	1.00	25	NSCG5-10	NSCR5-10	NSCS5-10
	0.75	19	NSCG5-07	NSCR5-07	NSCS5-07
	0.50	13	NSCG5-05	NSCR5-05	NSCS5-05
7.5	0.50	13	NSCG7-05	NSCR7-05	NSCS7-05
10	0.50	13	NSCG10-05	NSCR10-05	NSCS10-05

[그림 2-21] 표준타입 수직 접촉용 트랜스듀서

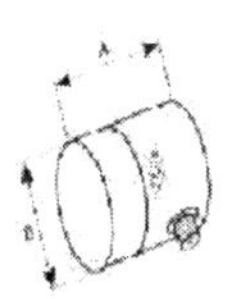

Element Size	A	B
1.00	0.67"	1.23"
0.75	0.67"	0.96"
0.50	0.67"	0.72"
0.375	0.67"	0.64"
0.25	0.67"	0.49"
0.125	0.67"	0.49"

주파수	엘레멘트		주문번호		
(MHz)	(인치)	mm	G 시리즈	R 시리즈	S 시리즈
1.0	1.00	25	NFCG1-10	NFCR1-10	NFCS1-10
	0.75	19	NFCG1-07	NFCR1-07	NFCS1-07
	0.50	13	NFCG1-05	NFCR1-05	NFCS1-05
2.25	1.00	25	NFCG2-10	NFCR2-10	NFCS2-10
	0.75	19	NFCG2-07	NFCR2-07	NFCS2-07
	0.50	13	NFCG2-05	NFCR2-05	NFCS2-05
	0.375	10	NFCG2-03	NFCR2-03	NFCS2-03
	0.25	6	NFCG2-02	NFCR2-02	NFCS2-02
3.5	1.00	25	NFCG3-10	NFCR3-10	NFCS3-10
	0.75	19	NFCG3-07	NFCR3-07	NFCS3-07
	0.50	13	NFCG3-05	NFCR3-05	NFCS3-05
	0.375	10	NFCG3-03	NFCR3-03	NFCS3-03
	0.25	6	NFCG3-02	NFCR3-02	NFCS3-02

주파수	엘레멘트		주문번호		
(MHz)	(인치)	mm	G 시리즈	R 시리즈	S 시리즈
5.0	1.00	25	NFCG5-10	NFCR5-10	NFCS5-10
	0.75	19	NFCG5-07	NFCR5-07	NFCS5-07
	0.50	13	NFCG5-05	NFCR5-05	NFCS5-05
	0.375	10	NFCG5-03	NFCR5-03	NFCS5-03
	0.25	6	NFCG5-02	NFCR5-02	NFCS5-02
	0.125	3	NFCG5-01	NFCR5-01	NFCS5-01
7.5	0.50	13	NFCG7-05	NFCR7-05	NFCS7-05
	0.375	10	NFCG7-03	NFCR7-03	NFCS7-03
	0.25	6	NFCG7-02	NFCR7-02	NFCS7-02
10	0.50	13	NFCG10-05	NFCR10-05	NFCS10-05
	0.375	10	NFCG10-03	NFCR10-03	NFCS10-03
	0.25	6	NFCG10-02	NFCR10-02	NFCS10-02
	0.125	3	NFCG10-01	NFCR10-01	NFCS10-01
15	0.25	6	NFCG15-02	NFCR15-02	NFCS15-02
20	0.125	3	NFCG20-01	NFCR20-01	NFCS20-01

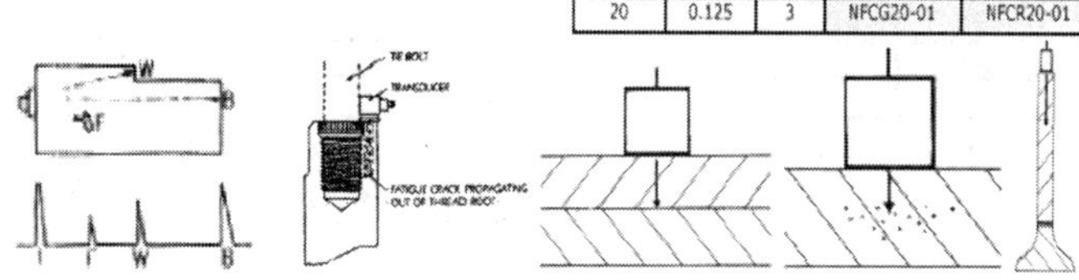

[그림 2-22] 미니타입 수직 접촉용 트랜스듀서

2) 보호막형

표면이 거칠거나 불규칙이거나 표면의 온도가 너무 높을 경우에는 보호막형 트랜스듀서를 사용한다. 보호막형 트랜스듀서는 3가지 타입 즉, 보호막(protected membrane), 마모 방지 캡(protected wear cap), 그리고 고온용 지연재(high temperature delay line)를 사용한다.

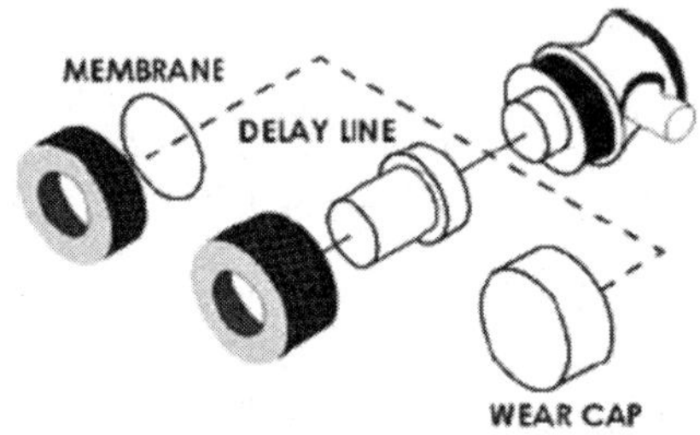

[그림 2-23] 보호막, 지연재, 마모 방지캡

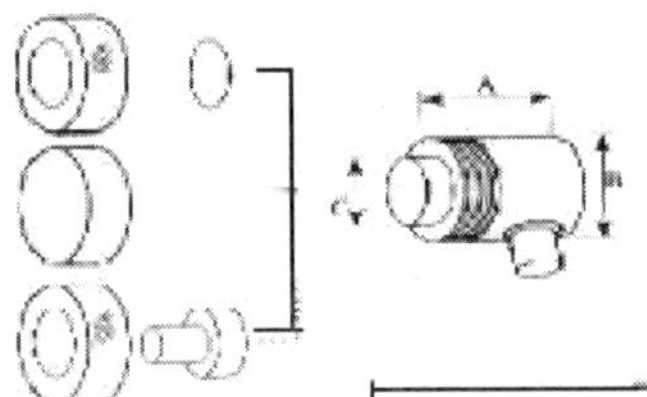

Element Size	A	B
1.125	1.59"	1.38"
1.00	1.59"	1.25"
0.75	[illegible]	1.00"
0.50	1.59"	0.75"

옵션(Option)	Element 사이즈와 주문 번호			
	1.125"	1.00"	0.75"	0.5"
멤브레인(Membrane)	NPM11	NPM10	NPM7	NPM5
마모방지 캡(Wear Caps)	NPW11	NPW10	NPW7	NPW5
고온용 딜레이(High Temp Delay)	NPHD11	NPHD10	NPHD7	NPHD5
딜레이 링(Delay Rings)	NPDR11	NPDR10	NPDR7	NPDR5

주파수	엘레멘트		주문번호
(MHz)	(인치)	mm	
0.5	1.125	29	NPE05-11
	1.00	25	NPE05-10
	0.75	19	NPE05-07
1.00	1.125	29	NPE1-11
	1.00	25	NPE1-10
	0.75	19	NPE1-07
	0.50	13	NPE1-05

주파수	엘레멘트		주문번호
(MHz)	(인치)	mm	
2.25	1.00	25	NPE2-10
	0.75	19	NPE2-07
	0.50	13	NPE2-05
3.50	1.00	25	NPE3-10
	0.75	19	NPE3-07
	0.50	13	NPE3-05
5.00	1.00	25	NPE5-10
	0.75	19	NPE5-07
	0.50	13	NPE5-05

[그림 2-24] 보호막형 트랜스듀서들

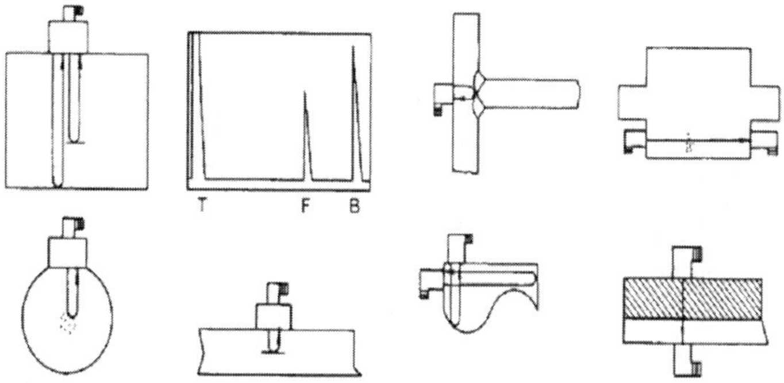

[그림 2-25] 수직 트랜스듀서를 적용한 예

3) 분할(2진동자, 듀얼 엘레멘트)형

분할형 트랜스듀서는 발신과 수신 엘레멘트가 분리되어 있고, 일정한 각도(roof angle)로 잘린 지연재가 마운트되어 있다. 이러한 구조로 main bang으로 발생되는 문제점들을 제거하여 표면 분해능을 향상시킬 수가 있다. 뿐만 아니라, 크로스된 빔 디자인으로 가짜 초점을 만들어내어 부식과 피팅(pitting)처럼 불규칙적인 반사원(reflector)으로부터의 에코에 대해 더 감도있게 만들어낼 수가 있다.

분할형 디자인으로 예리한 거리 진폭 곡선이 정해진다. 일반적으로, 일정한 각도 안에서 감소하거나 혹은 트랜스듀서 엘레멘트 사이즈 안에서 증가하여 다음 그림에서 보여주는 것처럼 더 긴 가짜 초점 거리와 유용한 범위 안에서 증가되는 결과가 생긴다.

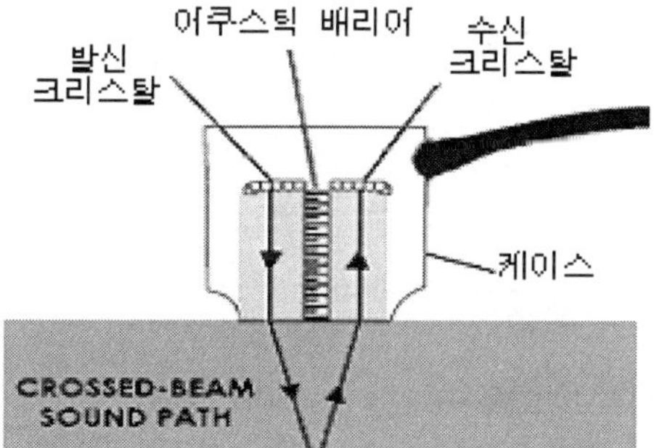

[그림 2-26] 분할형 트랜스듀서 구조

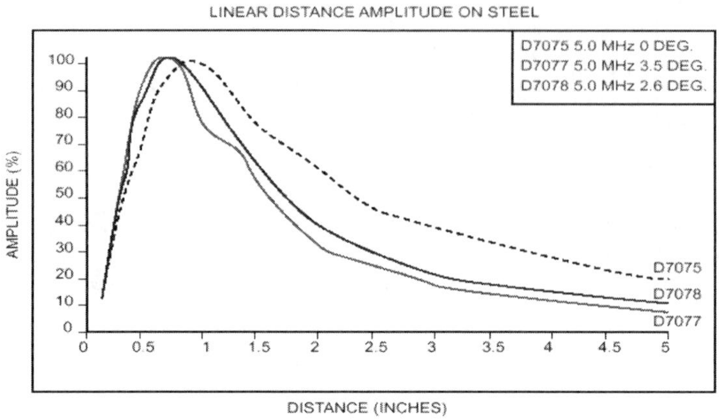

[그림 2-27] 루프 앵글에 따른 특성곡선

듀얼 엘레멘트 트랜스듀서는 2개의 진동자를 일정한 각도(루프 앵글이라고 함)로 만들어서 한쪽에서는 초음파를 발신하고 다른 한쪽에서는 초음파를 수신하는 방법이다. 이 때 루프 앵글 때문에 직선성은 없게 된다. 하지만, 이 루프 앵글과 만나는 부분에서는 감도도 좋고, 결함 검출 능력도 뛰어나다. 또한 이러한 루프 앵글 때문에 측정할 수 있는 최소 두께와 최대 두께에 한계가 있다. 만일 얇은 두께에서 검사하고자 할 경우에는 루프 앵글의 각도를 큰 것을 사용하고, 두꺼운 두께에서 검사하고자 할 경우에는 루프 앵글의 각도를 적게 만든 트랜스듀서를 사용할 수 있다.

이러한 경향 때문에 일반적으로 가장 많이 사용하고 있는 듀얼 엘레멘트 트랜스듀서를 사용하는 두께 측정기인 경우에는 듀얼 엘레멘트 트랜스듀서의 루프 앵글 때문에 측정할 수 있는 두께의 측정 범위가 정해지는 것이다.

[주 의] 두께 측정기가 측정할 수 있는 두께 측정 범위가 1~200mm라고 해도 사용하고 있는 듀얼 엘레멘트 트랜스듀서의 측정 범위가 5~50mm라고 하면, 실제로 사용할 수 있는 측정 범위는 5~50mm가 되는 것임을 주의해야 한다.

사각형 듀얼 엘레멘트 트랜스듀서는 대형으로 스캐닝할 경우에 유리하다. 또한 평면이거나 혹은 굴곡된 표면에서 사용할 수 있다.

고온형 듀얼 엘레멘트 트랜스듀서는 고온에서 결함 탐상과 두께 측정에 사용된다. 초음파에서 일반적으로 사용할 수 있는 고온은 500℃ 정도이다.

[주 의] 고온에서 측정할 때에는 (1) 고온용 트랜스듀서, (2) 고온용 커플런트, (3) 고온 측정 조건, 그리고 (4) 초음파 탐상기에서 고온용 측정 셋업을 해주어야 한다.

일반적으로 엘레멘트는 1개(single)를 사용하지만, 표면 근처의 결함을 검출하고자 할 경우나 부식과 두께 측정처럼 모재가 얇은 곳을 측정하고자 할 경우에는 엘레멘트를 2개(dual) 이상 사용하여 측정할 수가 있다. 이처럼 듀얼 엘레멘트 트랜스듀서에는 표준형, 미니형, 사각형, 고온형, 경사각형이 있다.

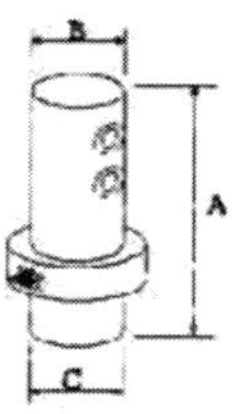

Element Size		A		B		C	
Inch	(mm)	Inch	(mm)	Inch	(mm)	Inch	(mm)
1.0"	(25)	2.5"	(64)	1.24"	(31)	1.18"	(30)
0.75"	(19)	2.0"	(51)	0.98"	(25)	0.94"	(24)
0.5"	(13)	1.75"	(45)	0.74"	(19)	0.66"	(17)
0.375"	(10)	1.75"	(45)	0.74"	(19)	0.50"	(13)

주파수 (MHz)	엘레멘트 (인치)	mm	주문번호
1.0	1.00	25	NSD1-10
	0.75	19	NSD1-07
2.25	1.00	25	NSD2-10
	0.75	19	NSD2-07
	0.50	13	NSD2-05
	0.375	10	NSD2-03

주파수 (MHz)	엘레멘트 (인치)	mm	주문번호
3.5	0.75	19	NSD3-07
	0.50	13	NSD3-05
	0.375	10	NSD3-03
5.0	0.75	19	NSD5-07
	0.50	13	NSD5-05
	0.375	10	NSD5-03
7.5	0.50	13	NSD7-05
	0.375	10	NSD7-03

[그림 2-28] 표준형 듀얼 엘레멘트 트랜스듀서들

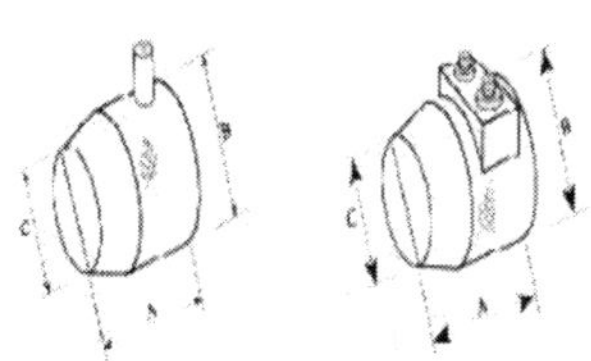

Element Size	A	B	C
0.5	0.75"	0.75"	0.65"
0.375	0.75"	0.75"	0.52"
0.25	0.75"	0.75"	0.39"

주파수 (MHz)	엘레멘트 (인치)	mm	주문번호 (potted)	주문번호 (replaceable)
2.25	0.50	13	NFPD2-05	NFRD2-05
	0.375	10	NFPD2-03	NFRD2-03
	0.25	6	NFPD2-02	NFRD2-02
3.5	0.50	13	NFPD3-05	NFRD3-05
	0.375	10	NFPD3-03	NFRD3-03
	0.25	6	NFPD3-02	NFRD3-02

주파수 (MHz)	엘레멘트 (인치)	mm	주문번호 (potted)	주문번호 (replaceable)
5.0	0.50	13	NFPD5-05	NFRD5-05
	0.375	10	NFPD5-03	NFRD5-03
	0.25	6	NFPD5-02	NFRD5-02
10.0	0.50	13	NFPD10-05	NFRD10-05
	0.375	10	NFPD10-03	NFRD10-03
	0.25	6	NFPD10-02	NFRD10-02

[그림 2-29] 미니형 듀얼 엘레멘트 트랜스듀서들

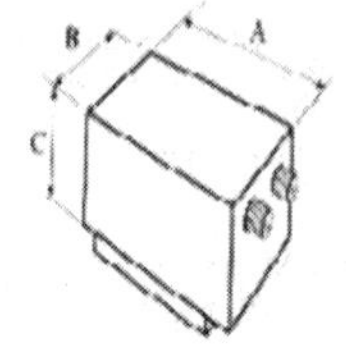

Element Size	A	B	C
0.5x1.0	1.50"	0.75"	0.91"
0.5x0.5	0.75"	0.75"	0.91"

주파수	엘레멘트		주문번호
(MHz)	(인치)	mm	
1.0	0.5x1.00	13x25	NRD1-0510
2.25	0.5x1.00	13x25	NRD2-0510
	0.5x0.5	13x13	NRD2-0505

주파수	엘레멘트		주문번호
(MHz)	(인치)	mm	
3.5	0.5x1.00	13x25	NRD3-0510
	0.5x0.5	13x13	NRD3-0505
5.0	0.5x1.00	13x25	NRD5-0510
	0.5x0.5	13x13	NRD5-0505

[그림 2-30] 사각형 듀얼 엘레멘트 트랜스듀서들

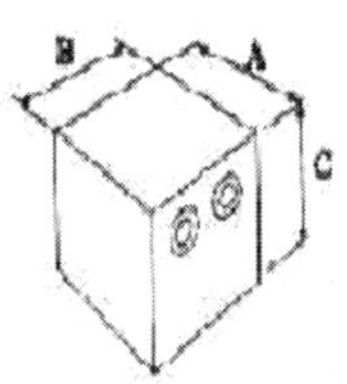

Element Size		A		B		C	
Inch	(mm)	Inch	(mm)	Inch	(mm)	Inch	(mm)
1.0x0.65	(25x16)	1.5	(38)	1.5	(38)	1.18	(30)
0.75x0.5	(20x13)	1.25	(32)	1.25	(32)	1.0	(25)
0.625x0.31	(15x8)	1.0	(25)	1.0	(25)	1.0	(25)

주파수	엘레멘트		주문번호
(MHz)	(인치)	mm	
2.0	1.0x0.5	(25x16)	NADS2-2516
	0.75x0.5	(20x13)	NADS2-2013
	0.625x0.31	(15x8)	NADS2-1508

주파수	엘레멘트		주문번호
(MHz)	(인치)	mm	
4.0	1.0x0.5	(25x16)	NADS4-2516
	0.75x0.5	(20x13)	NADS4-2013
	0.625x0.31	(15x8)	NADS4-1508

[그림 2-31] 경사각형 듀얼 엘레멘트 트랜스듀서들

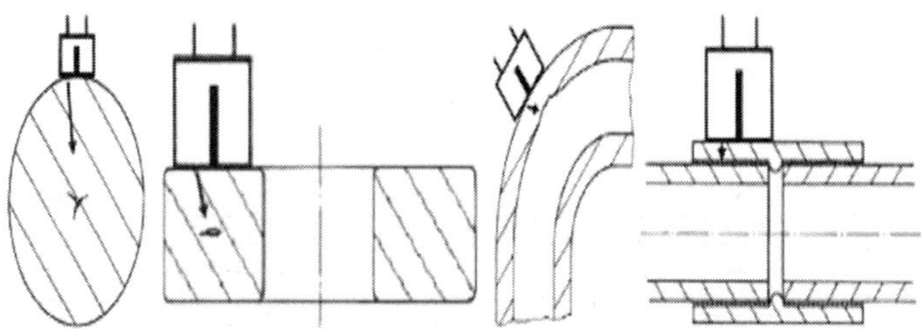

[그림 2-32] 듀얼 엘레멘트 트랜스듀서를 적용한 예

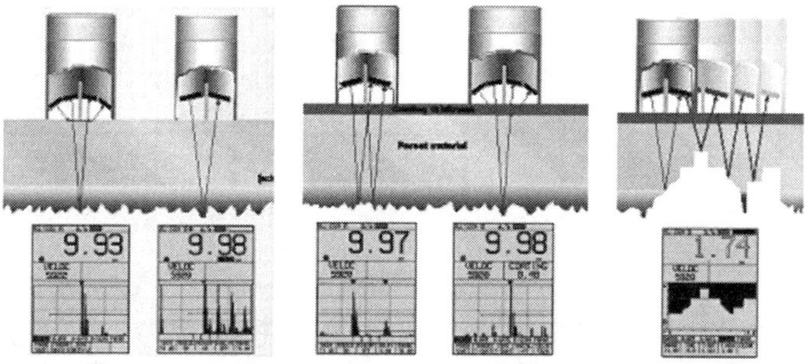

[그림 2-33] 듀얼 엘레멘트 트랜스듀서를 사용한 부식 두께 측정

4) 지연재(delay line)형

지연재 타입 트랜스듀서들은 교환할 수 있는 지연재(delay line)를 사용하는 싱글 엘레멘트 종파 트랜스듀서이다.

지연재 타입 트랜스듀서를 선택하는 이유 중의 하나는 표면 분해능을 향상시킬 수 있는 것이다. 지연재는 반사원으로부터 반사 시그널을 수신하기 전에 진동을 멈추기 위한 엘레멘트이다. 지연재 타입 트랜스듀서를 사용할 때에는 지연재 끝에서부터 다중 에코가 나타날 것이며 이들 중에서 취하는 것이 중요하다.

지연재 타입 트랜스듀서의 또 다른 이유는 피검물의 온도가 올라가는 곳에 적용하는 것이다. 높은 온도용 지연재 옵션은 일반적으로 계속 접촉하지 않아야 한다. 그러나 연속적으로 접촉하여 사용하기를 원할 경우에는 전문가에게 문의하여 해결할 수가 있다.

지연재형 트랜스듀서는 정밀 두께 게이징 혹은 얇은 재질의 결함 탐상에 사용된다. 지연재형은 교환(replaceable) 타입, 영구(permanent) 타입 그리고 펜슬(pencil) 타입이 있다.

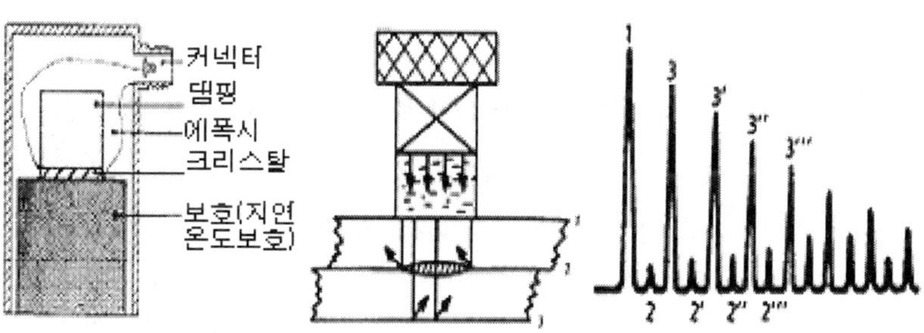

[그림 2-34] 지연재형 트랜스듀서의 적용 예

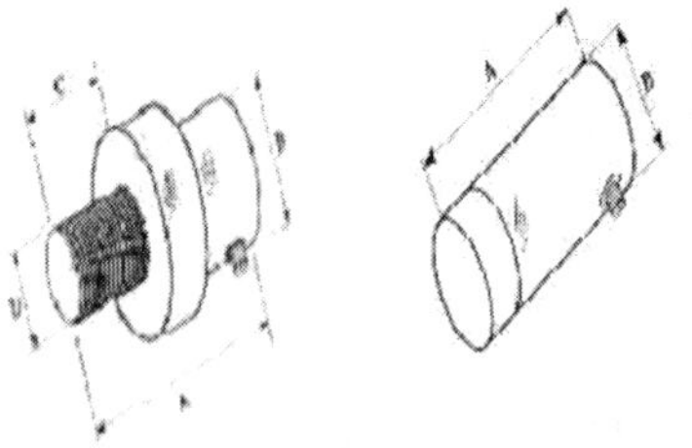

Element Size	A	B	C	D
0.5	1.15"	0.70"	0.43"	0.55"
0.25	0.91"	0.52"	0.30"	0.30"

주파수	엘레멘트		주문번호	
(MHz)	(인치)	mm	Replaceable	Permanent
2.25	0.5	13	NRDL2-05	NPDL2-05
	0.25	6	NRDL2-02	NPDL2-02
3.5	0.5	13	NRDL3-05	NPDL3-05
	0.25	6	NRDL3-02	NPDL3-02

주파수	엘레멘트		주문번호	
(MHz)	(인치)	mm	Replaceable	Permanent
5.0	0.5	13	NRDL2-05	NPDL2-05
	0.375	10	NRDL2-02	NPDL2-02
10.0	0.25	6	NRDL10-02	NPDL10-02
15.0	0.25	6	NRDL15-02	NPDL15-02
20.0	0.125	3	NRDL20-01	NPDL20-01

[그림 2-35] 교환타입, 영구 타입의 지연재형 트랜스듀서들

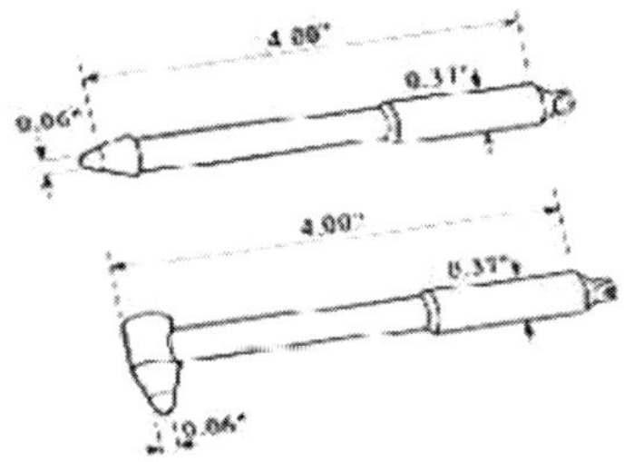

Element Size	A	B
0.25	0.79"	0.75"
0.25	0.79"	0.43"
0.125	0.65"	0.32"

주파수	엘레멘트 사이즈		주문 번호
(MHz)	(Inch)	(mm)	
10.0	0.125	3	NPD10-01
15.0	0.125	3	NPD15-01
20.0	0.125	3	NPD20-01

[그림 2-36] 펜슬 타입의 지연재형 트랜스듀서들

(2) 경사각형 트랜스듀서(angle beam transducers)

용접 부위 등을 검사할 경우에는 용접 비드면에서 초음파 빔을 주사하기가 어렵기 때문에 쐐기(wedge)를 사용하여 초음파 빔을 일정한 각도를 유지하면서 양 옆이나 다른 방향에서 초음파 빔을 주사하여 검사한다. 초음파 빔을 일정한 각도로 주사하기 위해 사용하는 트랜스듀서가 바로 경사각형 트랜스듀서이다. 이 때 초음파는 쐐기를 통해 종파를 횡파로 바꾸어주기 때문에 초음파 탐상기에서는 음속을 횡파로 세팅해주어야 한다.

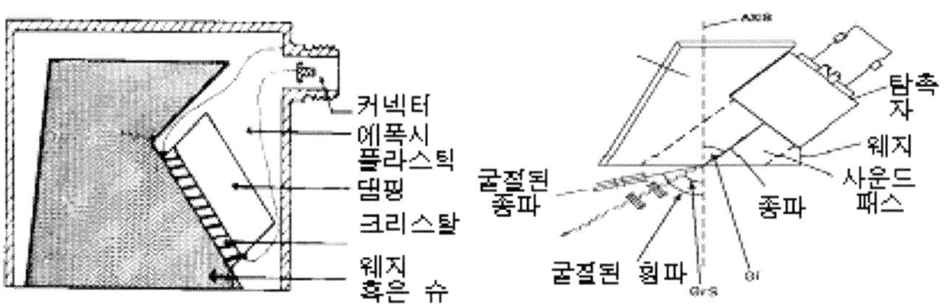

[그림 2-37] 경사각형 트랜스듀서 구조

경사각형 트랜스듀서는 [그림 2-37]과 같이 굴절의 원칙과 피검물 안에서 굴절된 횡파 혹은 종파를 만들기 위한 모드 변환(mode conversion)을 사용한다.

입사각은 원하는 굴절파(즉, steel에서 45°횡파)를 만드는 데 필요하며, 스넬의 법칙으로부터 계산할 수 있다. 빔 퍼짐의 영향으로 낮은 주파수와 실제 엘레멘트가 작을 경우에는 적용되지 않는다.

경사각형 트랜스듀서들은 전형적으로 피검물과 평행하지 않은 결함의 위치 혹은 크기를 측정하는 데 사용된다. 결함의 위치를 결정하는 데 사용되는 용어와 공식은 다음과 같다.

$$\mathrm{Sin}U_i/c_i = \mathrm{Sin}U_{rl}/c_{rl} = \mathrm{Sin}U_{rs}/c_{rs}$$

Ui = 웨지의 입사각; Url = 굴절된 종파 각도; Urs = 굴절된 횡파 각도
Ci = 입사 재질(종파)의 속도; Crl = 재질 음속(종파); Crs = 피검물(횡파) 속도

[그림 2-38]은 입사각과 굴절 또는 모드 변환된 종파, 횡파 그리고 플라스틱 웨지에서 강으로 통과되는 표면파와의 관계를 보여 준다.

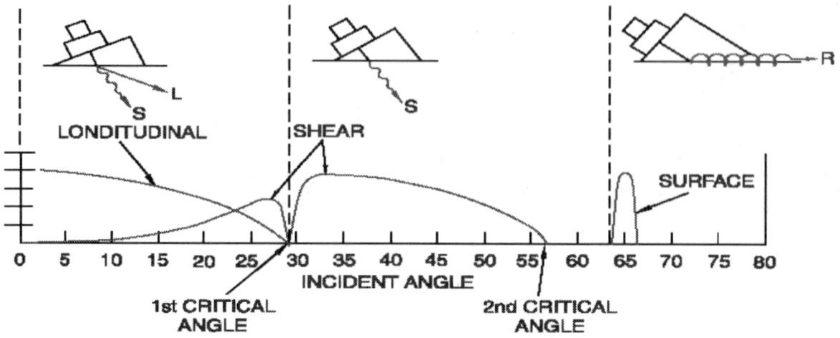

[그림 2-38] 각종 파에 대한 임계각 관계

경사각형 트랜스듀서를 사용하여 검사할 경우에는 직사법 혹은 반사법을 이용한다. 직사법은 검사할 부위에 직접 초음파를 주사하여 검사하는 방법이며, 반사법은 검사하기 위해 저면에서 반사하여 검사하는 방법이다. 반사법을 사용할 경우에는 일반적으로 0.5스킵에서 1.5스킵 범위 안에서 검사하는 것이 일반적이다.

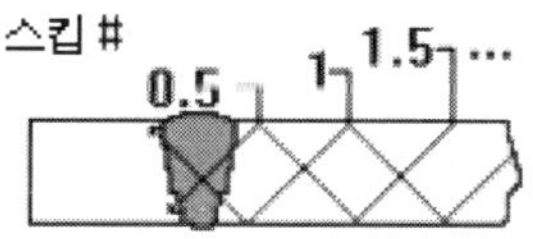

[그림 2-39] 스 킵

직사법을 사용하는 경우의 공식은 [그림 2-40]과 같다.

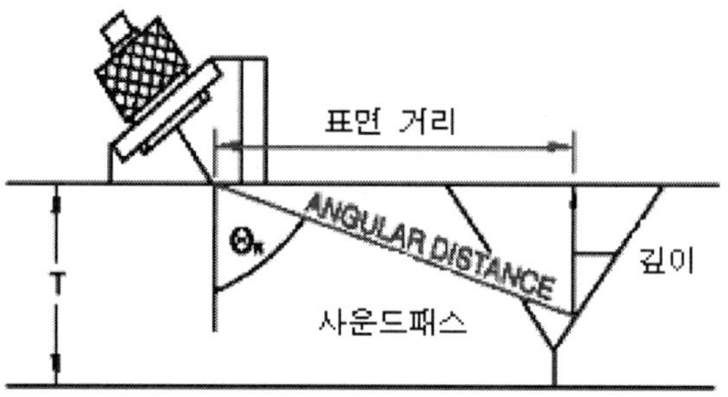

표면 거리 = Sin θR × 사운드패스

(첫번째 LEG)깊이 = Cos θR × 사운드패스

(두번째 LEG)깊이 = 2T - [Cos θR × 사운드패스]

[그림 2-40] 직사법

반사법을 사용하는 경우의 공식은 [그림 2-41]과 같다.

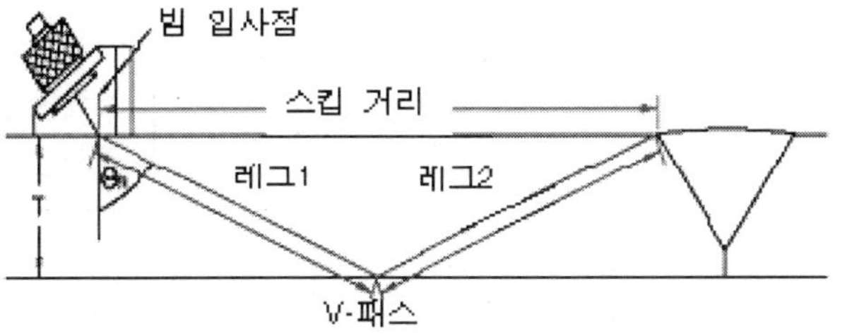

θR = 굴절각

LEG = T ÷ Cos θR T = 두께

V-PATH = 2T÷ Cos θR

스킵 거리 = 2T × Tan θR

[그림 2-41] 반사법

경사각형 트랜스듀서는 일정한 각도를 만들어주는 쐐기(wedge)를 교환할 수 있는 타입과 트랜스듀서 안에 내장시키는 타입이 있다.

경사각 탐촉자는 ①표준 교환용(standard replaceable), ②표준 고정형(standard fixed), ③퀵 교환용(quick change), ④미니 교환용(miniature replaceable), ⑤미니 고정형(miniature fixed) 등으로 나뉜다.

교환이 가능한 쐐기는 표준(standard)형, 달팽이(snail)형, 고온(high temperature)형 등이 있다. 달팽이형은 미국용접학회(AWS) Structural Wedling Code 1.1에 부합되도록 디자인한 것이다. 일반적으로 고온용 쐐기는 섭씨 500도까지 견딜 수 있도록 하였다.

많은 AWS 검사에서는 굴절된 횡파를 사용한다. 그러나, 오스테나이트계 스테인리스강처럼 조대한 조직(grainy) 재질에서는 성공적인 검사를 위해서 굴절 종파 혹은 다른 각도의 테크닉을 요구한다. 이럴 경우에는 오스테나이트강에서 측정할 수 있는 특수 트랜스듀서를 사용할 수가 있다.

1) 표준 교환용

표준 교환용 탐촉자는 착탈이 가능한 종파 탐촉자이며, 다른 각도와 함께 다른 웨지가 잘 맞는 열 에폭레진으로 되어 있다. 이 타입의 탐촉자는 높은 감도, 높은 분해능 BNC와 Lemo 1 커넥터가 이 탐촉자에 적용된다.

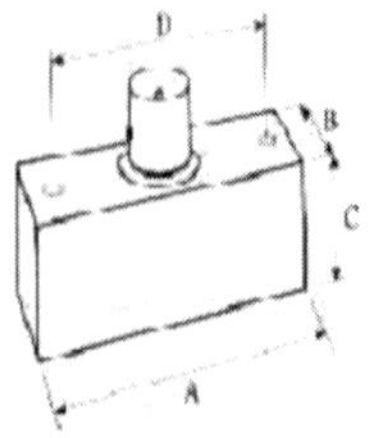

Element Size	A	B	C
1.0 직경	1.65"	1.25"	0.72"
1.0x0.5	1.65"	0.75"	0.72"
0.5 직경	1.00"	0.75"	0.72"
1.0x0.75	1.65"	1.00"	0.72"
0.75x0.75	1.25″	0.85″	0.72"
0.75x0.63	1.25″	0.75″	0.72"
0.63x0.63	1.25″	0.75″	0.72"

주파수	엘레멘트		주문번호
(MHz)	(인치)	mm	
0.5	1.0x0.5	25x19	NAS05-1005
	1.0 직경	25	NAS05-10
1.0	1.0x0.5	25x19	NAS1-1005
	1.0 직경	25	NAS1-10
	0.5 직경	13	NAS1-05
2.25	1.0x0.5	25x13	NAS2-1005
	0.75x0.75	19x19	NAS2-0707
	0.75x0.63	19x16	NAS2-0706
	0.63x0.63	16x16	NAS2-0606
	1.0 직경	25	NAS2-10
	0.5 직경	13	NAS2-05

주파수	엘레멘트		주문번호
(MHz)	(인치)	mm	
3.5	1.0x0.5	25	NAS3-1005
	1.0 직경	19	NAS3-10
	0.5 직경	13	NAS3-05
5.0	1.0x0.75	25x19	NAS5-1007
	1.0x0.5	25x13	NAS5-1005
	1.0 직경	25	NAS5-10
	0.5 직경	13	NAS5-05

[그림 2-42] 표준 교환용 탐촉자

Element Size		굴절각과 주문 번호				
(Inch)	(mm)	30°	45°	60°	70°	90°
1.0 dia	25	NASW10-30	NASW10-45	NASW10-60	NASW10-70	NASW10-90
1.0x0.5	25x13	NASW1005-30	NASW1005-45	NASW1005-60	NASW1005-70	NASW1005-90
0.5 dia	13	NASW05-30	NASW05-45	NASW05-60	NASW05-70	NASW05-90
1.0x0.75	25x19	--	NASW1007-45	NASW1007-60	NASW1007-70	--
0.75x0.75	19x19	--	NASW0707-45	NASW0707-60	NASW0707-70	--
0.75x0.63	19x16	--	NASW0706-45	NASW0706-60	NASW0706-70	--
0.63x0.63	19x16	--	NASW0606-45	NASW0606-60	NASW0606-70	--

[그림 2-43] 표준 교환용 웨지

2) 표준 고정형

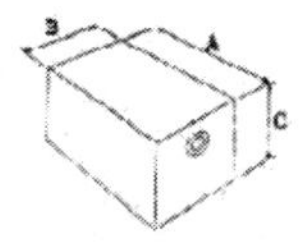

Element Size		A		B		C		Connector	
(Inch)	(mm)	(Inch)	(mm)	(Inch)	(mm)	(Inch)	(mm)		
0.75x0.875"	(20x22) 20 dia.	2.0	(51)	1.0	(25)	1.7	(43)	Lemo 1	--
0.50x0.60"	(13x15) 14 dia.	1.5	(38)	0.75	(25)	1.25	(32)	Lemo 00	Microdot
0.375x0.5"	(10x13) 12 dia.	1.25	(25)	0.625	(16)	1.0	(25)	Lemo 00	Microdot
0.31x0.35"	(8x9) 10 dia.	1.0	(25)	0.5	(13)	0.8	(20)	Lemo 00	Microdot

주파수 (MHz)	엘레멘트 (인치)	mm	주문번호
1.0	0.75x0.87	(20x22)	NAF1-2022
	0.50x0.68	(13x15)	NAF1-1315
2.0	0.75x0.87	(20x22)	NAF2-2022
	0.50x0.68	(13x15)	NAF2-1315
	0.375x0.5	(10x13)	NAF2-1013
	0.31x0.35	(8x9)	NAF2-0809

주파수 (MHz)	엘레멘트 (인치)	Mm	주문번호
4.0	0.75x0.87	(20x22)	NAF4-2022
	0.50x0.68	(13x15)	NAF4-1315
	0.375x0.5	(10x13)	NAF4-1013
	0.31x0.35	(8x9)	NAF4-0809

[그림 2-44] 표준 고정형 탐촉자들

3) 퀵 교환용

외장용 웨지를 빠르게 교환할 수 있는 퀵 교환용 경사각 탐촉자는 표면에 굴곡이 졌거나, 접근이 제한된 영역에서 검사하거나, 검사 영역에 접근 거리가 모자라는 경우에 사용한다. 주파수는 컬러 캡으로 구분된다. 웨지들은 최적의 감도, 높은 분해능 그리고 높은 신호대 잡음비를 얻도록 디자인되었다.

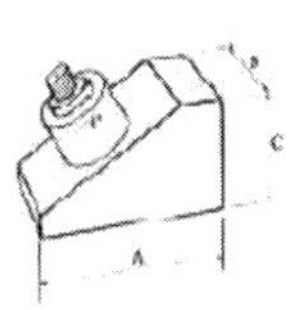

Element Size	45°			60°			70°			90°		
(Inch)	A	B	C	A	B	C	A	B	C	A	B	C
0.5	1.10	0.75	0.63	1.34	0.75	0.71	1.50	0.75	0.79	1.50	0.75	0.87
0.375	1.02	0.63	0.59	1.18	0.63	0.63	1.30	0.63	0.71	1.30	0.63	0.75
0.25	0.87	0.50	0.51	1.02	0.50	0.59	1.14	0.50	0.63	1.18	0.50	0.63

주파수 (MHz)	엘레멘트 (인치)	mm	주문번호
1.0	0.5	13	NAQ1-05
	0.375	10	NAQ1-03
2.0	0.5	13	NAQ2-05
	0.375	10	NAQ2-03
	0.25	6	NAQ2-02
3.5	0.5	13	NAQ3-05
	0.375	10	NAQ3-03
	0.25	6	NAQ3-02

주파수 (MHz)	엘레멘트 (인치)	mm	주문번호
5.0	0.5	13	NAQ5-05
	0.375	10	NAQ5-03
	0.25	6	NAQ5-02
10.0	0.5	13	NAQ10-05
	0.375	10	NAQ10-03
	0.25	6	NAQ10-02

[그림 2-45] 퀵 교환용 탐촉자들

엘레멘트 사이즈		굴절각과 주문 번호			
(인치)	(mm)	45′	60′	70′	90′
0.5	13	NAQW05-45	NAQW05-60	NAQW05-70	NAQW05-90
0.375	10	NAQW03-45	NAQW03-60	NAQW03-70	NAQW03-90
0.25	6	NAQW02-45	NAQW02-60	NAQW02-70	NAQW02-90

[그림 2-46] 퀵 교환용 탐촉자 웨지들

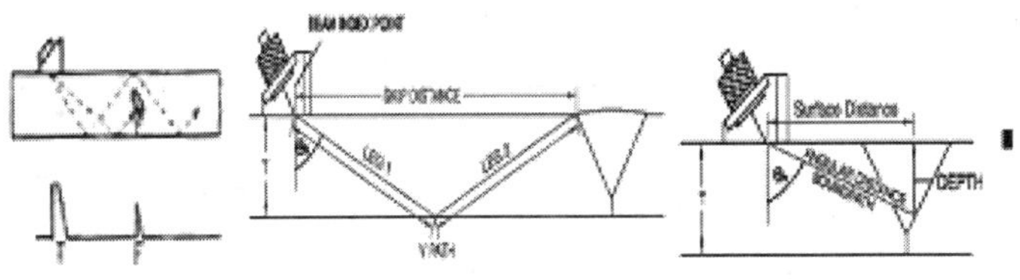

[그림 2-47] 교환용 탐촉자를 사용한 예

4) 미니 교환용

미니어처 교환이 가능한 사각 탐촉자는 탈착이 가능한 미니 종파 탐촉자로서 플렉시 유리(plexiglass) 웨지와 조화되어 있다. 마이크로도트(microdot) 커넥터들은 케이스에 연결되어 있다.

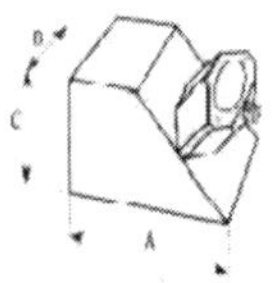

Element Size	A	B	C
0.50	0.75"	0.57"	0.51"
0.25	0.49"	0.32"	0.35"

엘레멘트 사이즈		45′			60′			70′			90′		
(인치)	(mm)	A	B	C	A	B	C	A	B	C	A	B	C
0.5	13	0.97	0.75	0.43	1.09	0.75	0.51	1.17	0.75	0.55	1.57	0.75	0.59
0.25	6	0.61	0.49	0.31	0.66	0.49	0.36	0.71	0.49	0.39	0.91	0.49	0.39

주파수	엘레멘트		주문번호
(MHz)	(인치)	Mm	
2.25	0.5	13	NAMR2-05
	0.25	6	NAMR2-02
3.50	0.5	13	NAMR3-05
	0.25	6	NAMR3-02

주파수	엘레멘트		주문번호
(MHz)	(인치)	mm	
5.0	0.5	13	NAMR5-05
	0.25	6	NAMR5-02
10.0	0.5	13	NAMR10-05
	0.25	6	NAMR10-02

엘레멘트 사이즈	굴절각과 주문 번호			
(인치)	45′	60′	70′	90′
0.50	NAMRW05-45	NAMRW05-60	NAMRW05-70	NAMRW05-90
0.25	NAMRW02-45	NAMRW02-60	NAMRW02-70	NAMRW02-90

[그림 2-48] 미니 교환용 탐촉자

5) 미니 고정형

이 탐촉자는 제한된 공간과 압축된 영역에 효과적이다. 우리는 측면 혹은 위에 마운트된 마이크로도트 커넥터를 사용한다.

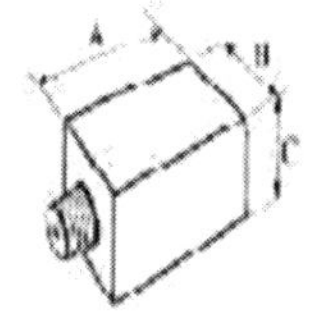

Element Size	A	B	C
0.375x0.375	0.75"	0.50"	0.63"
0.25x0.25	0.68"	0.37"	0.55"
0.19x0.19	0.63"	0.30"	0.50"

Frequency	Element Size		굴절각과 주문 번호			
(MHz)	(인치)	(mm)	45′	60′	70′	90′
2.25	0.37x0.37	9x9	NAMF2-03-45	NAMF2-03-60	NAMF2-03-70	NAMF2-03-90
	0.25x0.25	6x6	NAMF2-02-45	NAMF2-02-60	NAMF2-02-70	NAMF2-02-90
	0.19x0.19	5x5	NAMF2-01-45	NAMF2-01-60	NAMF2-01-70	NAMF2-01-90
5.0	0.37x0.37	9x9	NAMF5-03-45	NAMF5-03-60	NAMF5-03-70	NAMF5-03-90
	0.25x0.25	6x6	NAMF5-02-45	NAMF5-02-60	NAMF5-02-70	NAMF5-02-90
	0.19x0.19	5x5	NAMF5-01-45	NAMF5-01-60	NAMF5-01-70	NAMF5-01-90
10.0	0.37x0.37	9x9	NAMF10-03-45	NAMF10-03-60	NAMF10-03-70	NAMF10-03-90
	0.25x0.25	6x6	NAMF10-02-45	NAMF10-02-60	NAMF10-02-70	NAMF10-02-90

[그림 2-49] 미니 고정용 탐촉자들

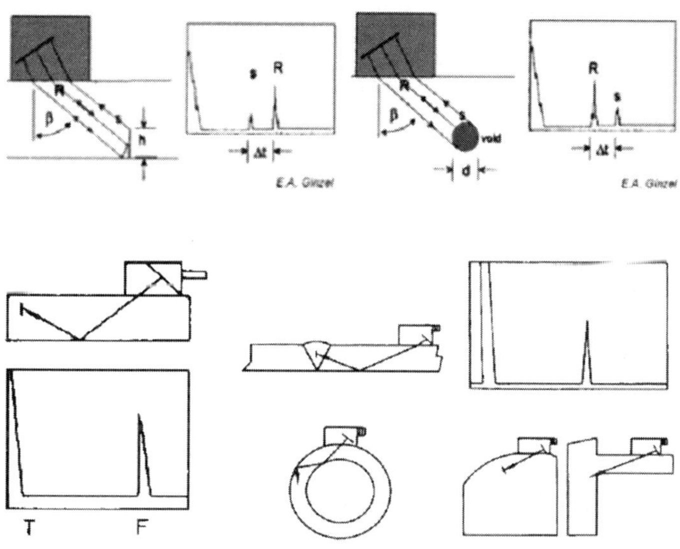

[그림 2-50] 경사각 탐촉자를 적용한 예

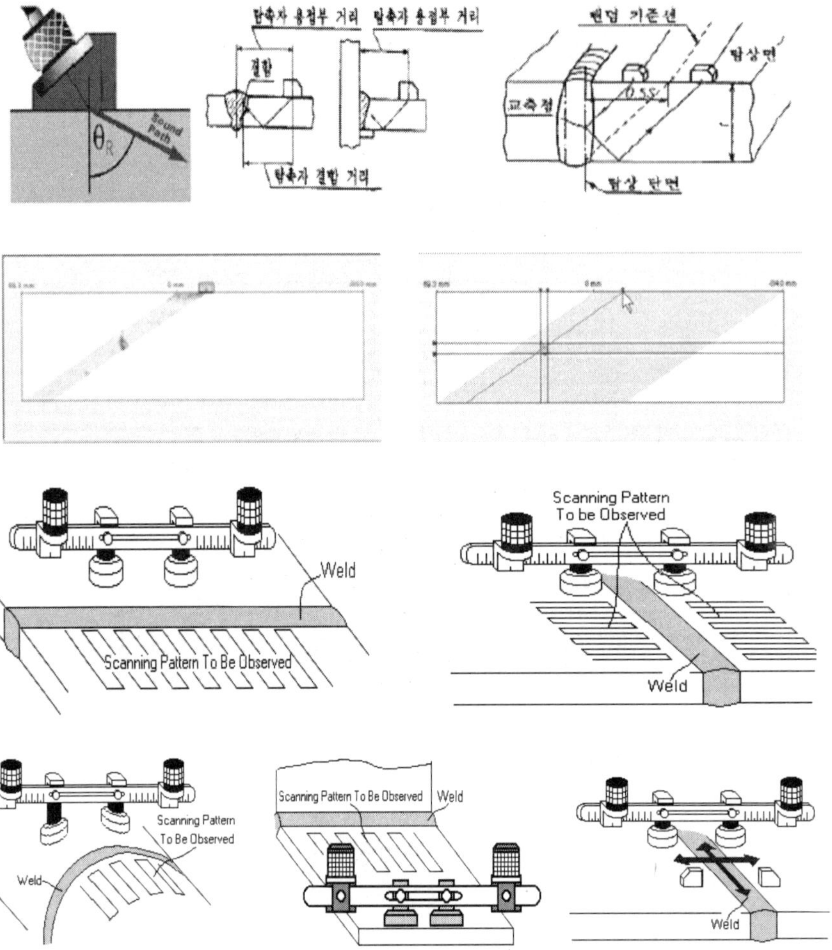

[그림 2-51] 경사각 탐촉자를 적용한 예

(3) 수침용 트랜스듀서

수침용 트랜스듀서들은 접촉 트랜스듀서보다 다음과 같은 3가지 이점을 제공한다.

① 일정한 커플링으로 감도의 변화가 적다.
② 자동으로 스캐닝하기 때문에 스캔 시간을 줄인다.
③ 초점식 수침용 트랜스듀서는 작은 반사체에서도 감도를 증가시킨다.

1) 초점식 구조

수침용 트랜스듀서들은 3가지, 즉 비초점(flat)식, 구형(spot)식 초점과 실린더(line)식 초점 구조를 가지고 있다. 초점은 렌즈를 추가하거나 혹은 엘레멘트 자체를 구부려서 만든다. 렌즈를 추가하는 방식이 더 일반적인 초점 트랜스듀서이다.

비초점식은 일반적인 적용에 혹은 두꺼운 재질을 침투하기 위해 사용된다. 구형 초점식 트랜스듀서는 작은 결함에서 감도를 향상시키기 위해 사용되며, 실린더식 초점은 튜브나 혹은 바 버팀구조물(bar stock) 등을 검사하는 데 일반적으로 사용된다. 초점식 트랜스듀서는 [그림 2-52]와 같다.

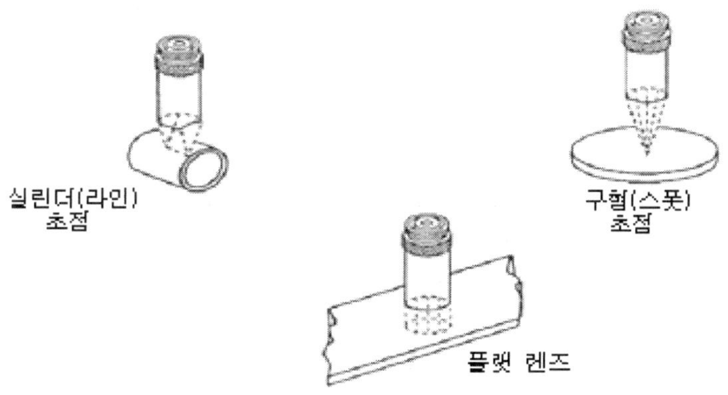

[그림 2-52] 실린더식과 구형 초점식

트랜스듀서의 초점 길이의 정의는 트랜스듀서의 면으로부터 시그널의 최대 진폭이 위치해 있는 사운드 필드 안의 지점까지의 거리이다. 비초점식 트랜스듀서에서는 거의 트랜스듀서의 근거리 음장 길이와 거의 동일한 트랜스듀서의 면으로부터의 거리에서 일어난다. 왜냐하면, 마시막 시그널 최대가 근거리 음장과 같은 거리에서 일어나기 때문이다. 트랜스듀서의 정의에서 근거리 음장보다 더 큰 거리에서 음향 초점(acoustically focused)을 만들 수 없다.

트랜스듀서를 초점화할 때 초점 타입(구형 혹은 실린더식), 초점 길이 그리고 초점 타깃(point 혹은 flat surface)은 지정할 필요가 있다. 트랜스듀서를 위한 이런 정보를 바탕으로 렌즈의 구부린 반지름은 위의 파라미터 위에서 계산할 수 있다. 테스트할 때 측정된 초점 길이는 지정한 타깃을 지날 것이다.

특히 주파수와 엘레멘트 지름 조합과 타깃 디자인의 트랜스듀서를 위한 초점 길이에서의 한계가 있는데, 지점 타깃 초점 디자인을 위한 최대 실제적인 초점 길이는 근거리 음장 길이의 0.8배이다. 이러한 최대 이상의 초점 길이를 가지고 있지만, 근거리 음장보다는 적은 트랜스듀서들을 초점이 약한(weakly focused) 유니트라고 부른다. 다시 말하면, 이들은 초점이 없는(flat) 트랜스듀서 이상으로 초점식 트랜스듀서의 이점을 가지지 않을 것이다. 최대 초점 길이의 한계에 부가하여 여기에는 최소 초점 길이의 한계가 있다. 이들 한계는 전형적으로 트랜스듀서의 기계적인 한계 때문이다.

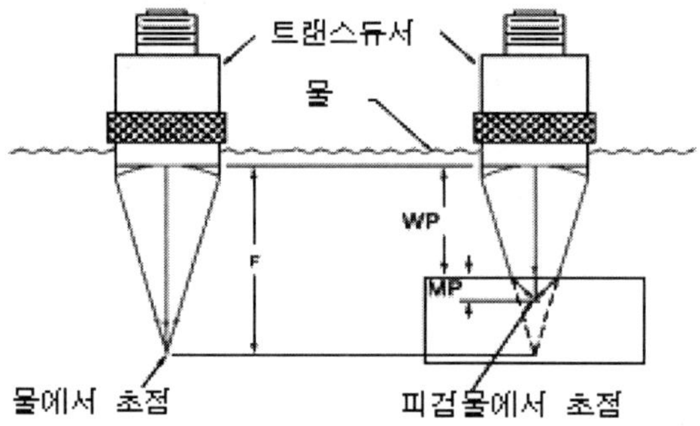

[그림 2-53] 피검물에서의 초점 포인트

2) 음향 속도와 피검물의 가하학적 요인으로 인한 초점 길이 변화

트랜스듀서의 측정된 초점 길이는 측정되는 재질에 따라 달라진다. 이러한 사실 때문에 다른 재질들은 다른 사운드 속도를 가지고 있다. 트랜스듀서의 초점길이를 정할 때에는 일반적으로 물에 대해 지정한다. 대부분의 재질들은 물보다 더 높은 음속을 가지고 있기 때문에 초점 길이는 더 짧아진다. 이러한 영향은 (스넬의 법칙에 따라서) 굴절 때문이고 그 공식은 아래와 같다.

$$WP = F\text{-}MP(c_{tm}/c_w)$$

WP : Water Path, MP : 재질 깊이, F : 물에서의 초점 길이,
c_{tm} : 재질 안에서의 사운드 velocity, c_w : 물에서의 사운드 velocity

초점 길이 안에서의 이러한 변화는 공식에 의해 예측할 수가 있다. 예를 들면, 주어진 초점 길이와 재질 깊이는 이 공식으로 피검물 안에서 초점 영향을 보상하기 위해 적절한 물 깊이를 결정하는 데 사용할 수 있다.

게다가 피검물의 표면이 구부러져 있다면 초점에 영향을 줄 수 있다. 표면이 볼록한지 오목한지에 따라서, 음향 빔은 평평한 샘플보다 더 빠르게 한 점으로 집중되거나 퍼지고 실제로 초점이 안 될 것이다.

3) 초점 게인

초점이 있는 수침 트랜스듀서들은 트랜스듀서의 면에 대해 Yo+의 위치를 효과적으로 변화하기 위해 음향 렌즈를 사용한다. 마지막 결과는 환상적으로 감도가 증가될 수 있다. [그림 2-54]와 주어진 공식은 작은 결함으로부터 시그널 진폭에서 일반적인 초점 길이인 SF인 초점 때문에 상대적으로 증가함을 보여준다. 작은 결함으로부터의 진폭은 평평한 면으로부터의 에코 진폭을 초과할 수가 없다.

$$S_F = F/N$$

S_F = 일반 초점 길이; F = 초점 길이; N = 근거리 음장

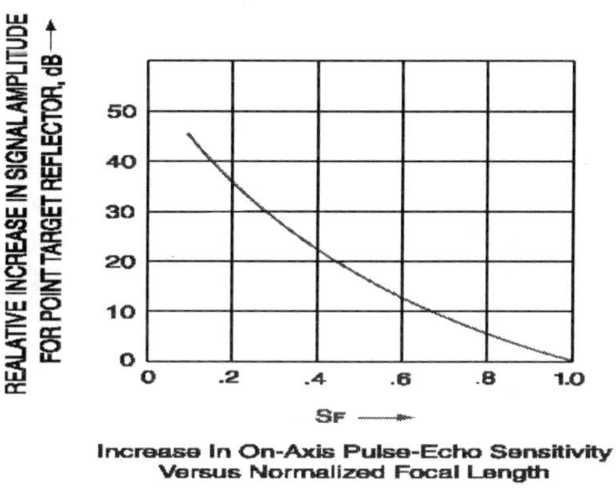

[그림 2-54] 원주형 결함에서의 반사

예를 들면, 이 차트는 한 축에서 2.25MHz, 1.0인치 지름이고, 초점이 4인치인 트랜스듀서의 펄스·에코 감도 증가를 결정하는 데 사용될 수 있다. 이 트랜스듀서의 근거리 음장(N)은 9.55인치이고 일반적인 초점 길이(S_F)는 0.42(4인치/9.55인치)가 된다. 차트에서 약 21dB의 감도가 증가한다는 결론에 이를 것이다(1500m/s = 0.059인치/μsec).

N = $D^2 \div 4\lambda = D^2 f \div 4c$, $\lambda = c \div f$이므로,

λ = 0.059(인치/μs) ÷ 2.25(MHz) = 0.026인치

N = 12(인치^2) ÷ 4(0.026인치) = 1(인치^2) ÷ 0.104(인치)=9.6인치

N = 12(인치^2) × 2.25(MHz) ÷ 4 × 0.059(인치/μsec)

= 2.25(인치 × MHz) ÷ 0.236(인치/μsec) = 9.55인치

실린더식 초점을 위한 초점 게인(dB)은 구형식 초점을 위한 게인값의 3/4이 될 수 있다.

<표 2-4>는 수침 근거리 음장과 실제 초점과의 관계를 나타낸 것이다.

〈표 2-4〉 수침 근거리 음장과 실제 초점의 관계

주파수(MHz)	엘레멘트 지름	근거리 음장	최소초점	최대초점
0.5	0.75	1.20	–	1.00
	1.00	2.14	1.50	–
	1.125	2.74	1.50	2.00
1.0	0.50	1.07	–	0.75
	0.75	2.41	1.00	1.75
	1.00	4.28	1.50	3.00
	1.125	5.41	1.50	4.00
2.25	0.25	0.60	–	0.50
	0.375	1.35	–	1.00
	0.50	2.40	1.00	1.75
	0.75	5.41	1.50	4.00
	1.00	9.63	2.00	7.00
	1.125	12.19	2.00	9.00
3.5	0.25	0.94	–	0.75
	0.375	2.11	0.75	1.50
	0.50	3.75	1.00	3.00
	0.75	8.43	1.50	6.00
	1.00	14.98	2.00	11.00
	1.125	18.96	4.00	14.00
5.0	0.25	1.34	0.50	1.00
	0.375	3.01	0.75	2.00
	0.50	5.35	1.00	4.00
	0.75	12.04	1.50	9.00
	1.00	21.40	4.00	15.00
	1.125	27.09	2.50	21.00
10.0	0.125	0.67	–	0.50
	0.25	2.68	0.50	2.00
	0.375	6.02	0.75	4.50
	0.50	10.70	1.00	8.00
	0.75	24.08	1.50	10.00
15.0	0.125	1.00	0.50	0.75
	0.25	4.01	0.50	3.00
	0.375	9.02	0.75	5.00
20.0	0.125	1.34	0.50	1.00
	0.25	5.35	0.50	3.00
25.0	0.125	1.67	0.50	1.25
	0.25	6.99	0.50	3.00

$$N = D^2 f / 4c$$

$$N = D^2 / 4\lambda$$

N : 근거리 음장, D : 엘레멘트 직경, f : 주파수

c : 재질 음속; λ : 파장길이

만일 주파수에 따라 감쇠의 영향이 요구되는 긴 물의 깊이에 적용한다면 ASTM E 1065, Annex A7을 체크해야 한다. 만일 초점 거리가 다음 값과 같거나 초과한다면 주파수에 따른 감쇠의 영향을 고려해야 한다.

〈표 2-5〉 주파수와 초점 거리

주파수	초점 거리
5.0 MHz	13 인치
7.5 MHz	6 인치
10 MHz	3.5 인치
15 MHz	1.4 인치
20 MHz	0.8 인치
25 MHz	0.5 인치
30 MHz	0.4 인치

4) 일반 입사 횡파(normal incident share wave) 트랜듀서들

일반 입사 횡파 트랜스듀서는 접촉 트랜스듀서인 경우에서 횡파 크리스탈과 관련이 있다. 굴절의 법칙을 사용하기보다는 오히려 경사각 트랜스듀서처럼 재질 안에서 횡파를 생성하기 위해 크리스탈 자체에서 횡파를 만들어낸다.

이들 트랜스듀서들은 전형적으로 재질의 횡파 속도를 측정하기 위해 만들어진다. 이 측정으로 종파 속도 측정과 함께 푸아송 비(Poisson's Ratio), 영률(Young's Modulus)과 Shear Modulus를 계산할 수 있다. 이들 공식은 다음과 같다.

$$\sigma = \frac{1-2\,(V_T/V_L)^2}{2-2\,(V_T/V_L)^2}$$

$$E = \frac{V_L^2\rho\ (1+\sigma)(1-2\sigma)}{(1-\sigma)}$$

$$G = V_T^2\rho$$

σ : 푸아송 비, V_L : 종파 속도, V_T : 횡파 속도,
p : 재질 밀도, E : 영률, G : Shear Modulus

횡파는 액체 속에서는 진행하지 못하기 때문에 이들을 측정할 때에는 밀도가 아주 높은 커플런트를 사용할 필요가 있다. 투과법(through transmission) 모드에서 이런 타입의 트랜스듀서를 사용할 때에는 각 트랜스듀서의 극성(polarity)의 방향을 같은 선에 맞추는 것이 중요하다. 만일 극성이 90°가 다르다면 투과에서 시그널을 수신하지 못할 것이다.

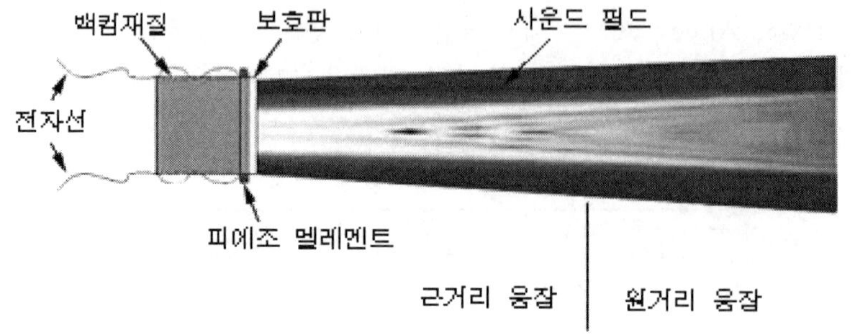

[그림 2-55] 트랜스듀서의 특성

5. 트랜스듀서의 특성 및 리포트

각종 트랜스듀서의 특성을 알아내고, 사용한 후에는 특성의 변화를 체크하여 만일 가지고 있는 특성의 변화가 심할 경우에는 다시 사용할 것인지를 현장에서 판단할 필요가 있다. 트랜스듀서의 특성을 현장에서 손쉽게 측정할 수 있도록 최근에는 초음파 탐상기내에 트랜스듀서의 특성을 알아내고 리포트할 수 있는 소프트웨어를 내장한 장비가 선보이고 있다.

트랜스듀서의 특성을 알아내기 위해 FFT(주파수 분석)를 이용하는데, 자동으로 분석하는 방법과 수동으로 분석하는 방법이 있다.

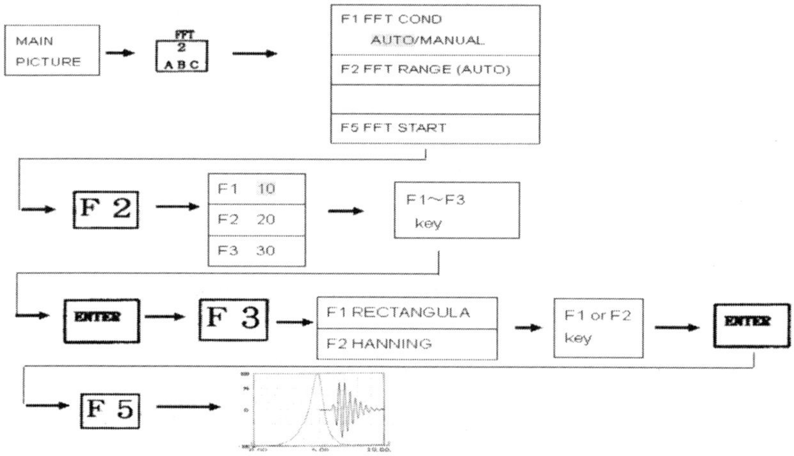

[그림 2-56] 자동으로 분석하는 방법

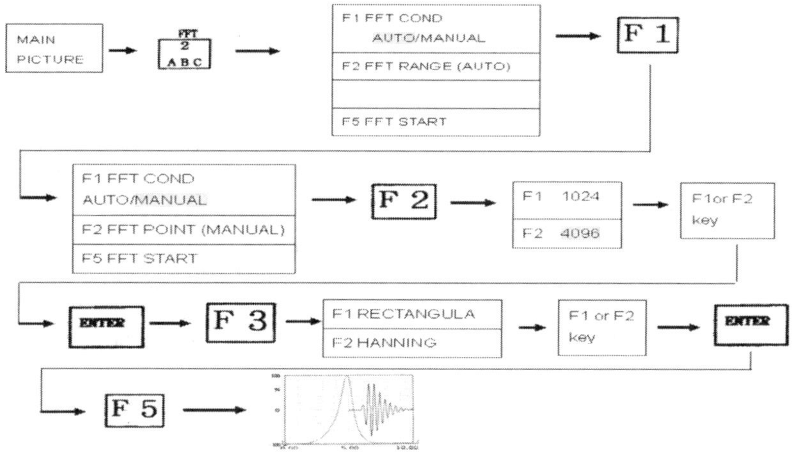

[그림 2-57] 수동으로 분석하는 방법

이처럼 주파수를 분석한 결과는 다음과 같다.

F F T R E S U L T

1. FILE ________
2. DATE 2004-11-12
3. ULTRASONIC TEST INSTRUMENT MODEL UI-25 SERIAL No.6102E2501
4. PROBE MODEL & SERIAL No. MODEL ________ SERIAL No. ________
5. TESTER/INSPECTOR ________
6. TEST OBJECT ________
7. TEST PLACE ________
8. Testing Conditions

GAIN	20.0dB	BAND	NA.
RANGE	10.0mm	ANGLE	70.0°
VELOCITY	3220m/s	THICK	15.0mm
P. POS.	6.21 μs	PRF	509Hz
ΔMARK	0.0mm	P. WIDTH	100ns
FREQ.	5MHz	T-MODE	COM
FFT POINT	4096	WINDOW	RECT.

9. DATA

G. CNT. (Gc)	5.00MHz	F. CENT (fc)	6.99MHz
G. SPAN (Gs)	10.00MHz	F. PEAK (fp)	7.01MHz
B. WIDTH (BW)	16%	F. UP (fu)	7.57MHz
		F. LOW (fl)	6.42MHz

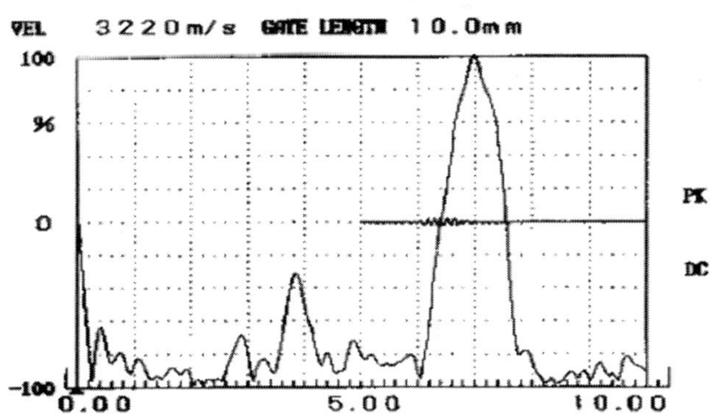

[그림 2-58] 주파수 분석 결과의 리포트 출력

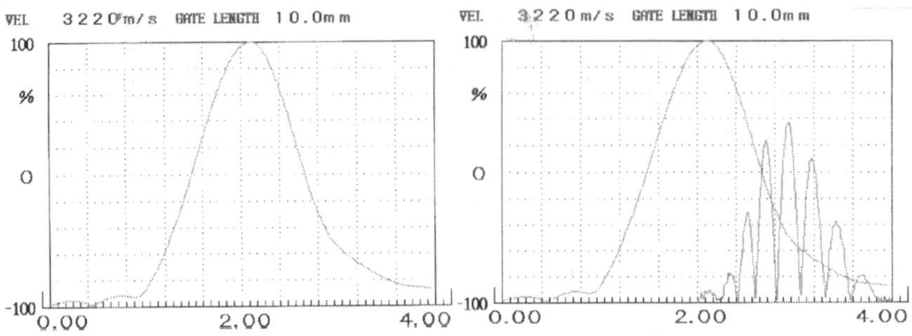

[그림 2-59] FFT 포맷과 FFT + 전파(FW) 포맷

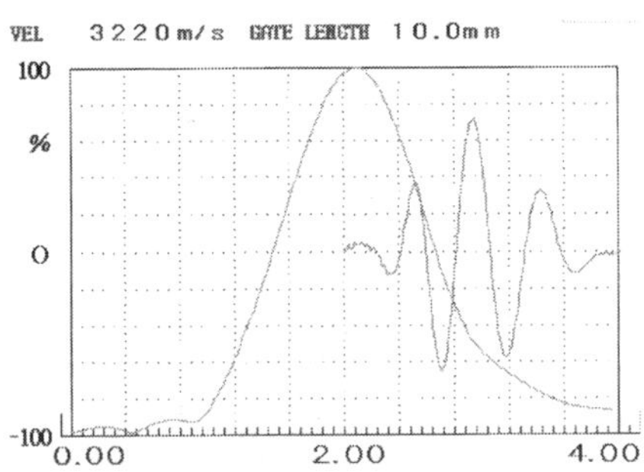

[그림 2-60] FFT + RF 포맷

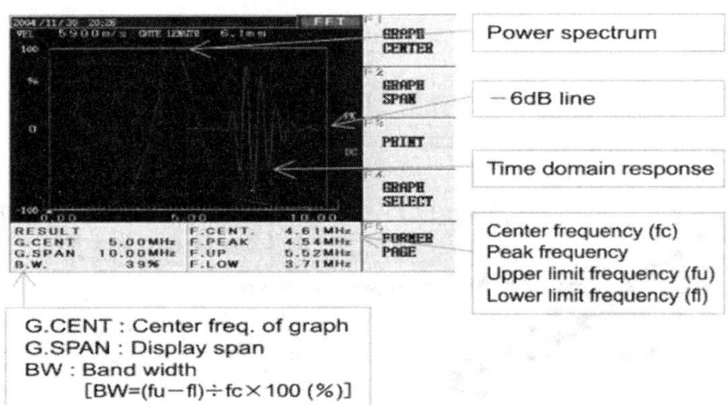

[그림 2-61] 초음파 탐상기에서의 주파수 분석 결과

위의 경우 주파수 분석 결과는 다음과 같다.

결과	중심 주파수 : 4.61 MHz
그래프의 중심 주파수 : 5.00 MHz	피크 주파수 : 4.54 MHz
디스플레이 스판 : 10.00 MHz	상한 주파수 : 5.52 MHz
밴드 폭 : 39 %	하한 주파수 : 3.71 MHz

밴드 폭은 다음과 같이 계산한다.

밴드 폭 = (상한 주파수 − 하한 주파수) ÷ 중심 주파수 × 100 (%)

일반적으로 밴드 폭이 좁으면 감도용이고, 넓으면 분해능용이다.

대부분의 경우 트랜스듀서를 구입할 경우에는 무상으로 제공하지만, 나중에 성적서를 요청할 경우에는 추가 비용이 발생한다. 따라서 트랜스듀서를 구입할 때 트랜스듀서에 대한 성적서를 함께 받아두면 좋다.

6. 커플런트 - 접촉 매질

산업용 초음파 커플런트(couplant)의 종류가 많은 이유는 구성과 정밀도 그리고 재현성을 높이기 위해서 올바른 커플런트를 사용해야 하기 때문이다. 건조 시간, 온도 범위, 부식성, 음향 임피던스 그리고 다른 조작 요소에 따라서 달라지기 때문이다.

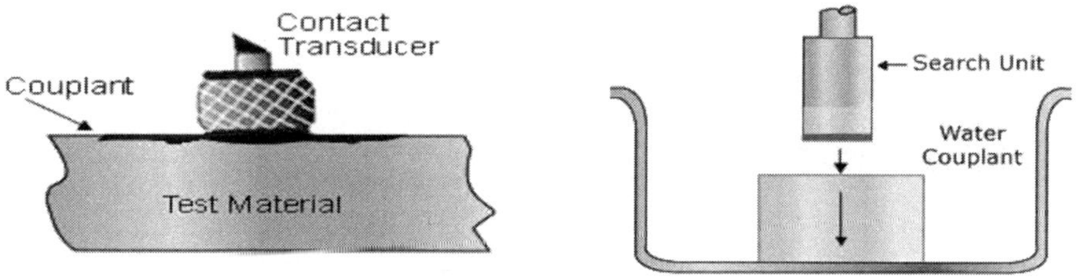

[그림 2-62] 커플런트들

일반적으로 초음파용 커플런트는 표면을 충분히 적시는 능력이 있어야 하고, 사용하고 난 후에는 잘 닦여야 한다. 그리고 부식이 일어나지 않아야 하고, 더디게 말라야 하고 트랜스듀서를 충분히 적셔야 한다. 또한 표면 잡음 때문에 감쇠되는 부분에서는 음향 임피던스가 증가되어야 한다. 젤 점도는 상층에 있거나 수직으로 되어 있는 곳에 사용되어도 잘 흘러내리지 않는 것이 좋다. 물론 수용성이어야 사용하기 좋다.

〈표 2-6〉 산업용과 의료용 커플런트

산업용 초음파용 커플런트	의료용 스캐닝 젤
금속 등에 사용하도록 디자인됨	피부에 사용되도록 디자인
더 높은 음향 임피던스가 더 좋다.	피부에 적합한 음향 임피던스
침투가 잘 안된다.	침투가 안된다.
−50에서 110°F 범위에서 사용	95에서 105°F 범위에서 사용
부식이 안되는 내용물이 포함된다.	알로에 같은 것 포함
유황이 사용될 때도 있다.	유황이 없다.

[그림 2-63] 산업용과 의료용 초음파 커플런트들

전형적인 점도는 80,000centipoise, 음속은 1.60∼1.70mm/usec, 음향 임피던스는 1.75∼1.85MRayls, 사용 온도 범위는 −23℃에서 149℃로 수용성, pH값은 7.4∼7.9, 염소성분은 <50ppm, 유황성분은 <50ppm, 불소 성분은 <50ppm이다.

KS B 0521, 5.4 - 농도 75% 이상의 글리세린 수용액, 글리세린 페이스트 또는 이것과 동등한 성질의 것

【해 설】 시험 대상물이 곡률을 가지므로, 접촉 매질로서 되도록 음향 임피던스가 크고 충분한 점성을 가진 것이 적합. 특히 원둘레 이음 용접부의 탐상에서는 경사각 탐촉자의 진동자의 전 나비에서 유효하게 초음파가 통과하는 것을 전제로 하며, 대비 시험편으로서 평판인 것을 사용하도록 규정. 이를 위해서는 음향 임피던스가 크고 점성이 높은 접촉 매질이 필요하며, 충분한 농도의 글리세린 수용액 또는 글리세린 페이스트가 적합

KS B 0522, 6.5 - 글리세린 수용액, 글리세린 페이스트 또는 이것과 동등한 성질의 것

【해 설】 KS B 0897-1995 해설 4.4 참조

KS B 0534, 5.2, 5.3, 5.4, 5.8 - 머신유 등; 5.5, 5.6, 5.7, 5.9 - 실제의 탐상시험에 사용하는 것

KS B 0536, 8.3 - 특별히 지정이 없는 경우에는 측정면의 거칠기(6.3a(25S) 미만/6.3a~25a (25~100S)/25a(100S)를 초과)에 따라 표 4에 따른다.; 부속서 2, 3.3; 부속서 3, 3.4; 부속서 4, 3.3-측정면의 거칠기에 따라 본체 8.3에 의하여 선정; 부속서 5, 3.3-본체 8.3에 의하여 선정하든지, 또는 탐촉자 및 측정 장치의 제조자에 의하여 지시된 접촉 매질을 사용

KS B 0896, 5.4 - 탐상면의 거칠기(30um 이하/30um 초과 80um 미만/80um 이상)와 탐상에 사용하는 공칭 주파수(5MHz, 2MHz)에 따라 표 9에 따른다. A 접촉매질은 임의로 한다, B 접촉매질은 농도 75% 이상의 글리세린 수용액, 글리세린 페이스트 또는 이것과 동등한 성질의 것
KS B 0897, 5.4 - 글리세린 수용액, 글리세린 페이스트 또는 이것과 동등한 성질의 것

【해 설】 음향 임피던스가 크고, 전달 효율이 우수한 충분한 농도의 글리세린 수용액, 글리세린 페이스트 또는 이것과 동등한 성질의 것

KS D 0040, 3.4 - 물
KS D 0233, 5.4 - 물
KS D 0248, 6 - KS M 2126의 ISO VG46~100 기계유 또는 이것과 동등품
KS D 0250, 8.2 - 물
KS D 0252, 8.2 - 물
KS D 0273, 5.3 - 농도 75% 이상의 글리세린 수용액

그 밖에 커플런트와 관련된 규격은 ASTM F519 Hydrogen Embrittlement Test가 있다.

제3절 초음파 탐상 장비

초음파 탐상 방법을 올바로 사용하기 위해서는 초음파 탐상 장비를 올바로 이해하고 사용해야 한다. 각 제조회사는 여러 종류의 초음파 탐상 장비를 제조하고 있는데, 그 장비의 목적은 각기 다르기 때문에 검사하고자 하는 목적에 가장 알맞은 장비를 올바로 선정하는 것은 아주 중요하다.

각 모델별로 초음파 탐상 장비는 목적에 알맞은 다른 특성을 가지고 있기 때문에, 자신의 장비가 어떤 특성을 가지고 있는지 먼저 이해하고 사용해야 한다. 다른 회사에서 가지고 있다고 해서 동일한 모델이 자신의 검사 목적에 가장 알맞은 장비라고 생각할 수가 없다.

1. 초음파 탐상기의 종류

대표적인 초음파 탐상기 종류는 다음과 같다.

(1) 아날로그형

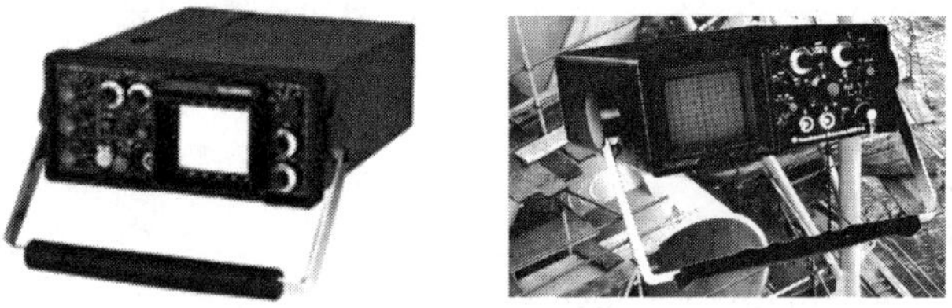

[그림 2-64] 대표적인 아날로그 탐상기(PX20,USK8)

(2) 디지털형

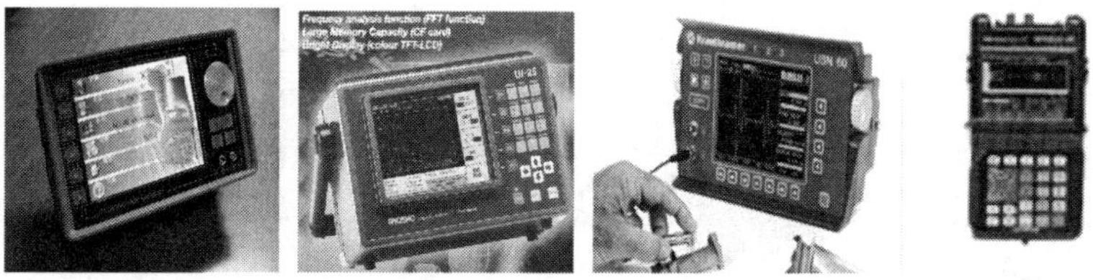

[그림 2-65] 대표적인 디지털 탐상기들(DS-322, UI-25, USN60, EPOCHXT)

최근에는 아날로그 탐상기를 만드는 회사는 상당히 줄어들고 있고, 다양한 종류의 디지털 초음파 탐상기를 만드는 회사는 늘고 있다.

2. 초음파 탐상기 선정 방법

자신의 측정하고자 하는 목적에 가장 알맞은 장비를 선정하기 위해서는 다음과 같은 요소를 고려해야 한다.

(1) 가장 알맞은 탐상용 탐촉자

두께 측정용 탐촉자와 탐상용 탐촉자는 많이 다르다. 두께 측정용 탐촉자는 1λ 이상을 측정하도록 제조되었고, 탐상용 탐촉자는 1/2λ 이상을 측정하도록 제조되었다. 따라서 일반적으로 초음파 탐상기는 두께 측정용 탐촉자도 사용할 수가 있으나 초음파 두께기에는 탐상용 탐촉자를 사용할 수가 없다. 올바른 탐촉자를 선정하는 방법은 제2장 2절에서 자세히 설명되었다.

(2) 측정 목적에 알맞은 기능

1) DAC 기능

거리진폭(DAC) 곡선이란 반사 에코가 시간에 지남에 따라 에코 위치가 감쇠되는 위치를 그리는 곡선이다.

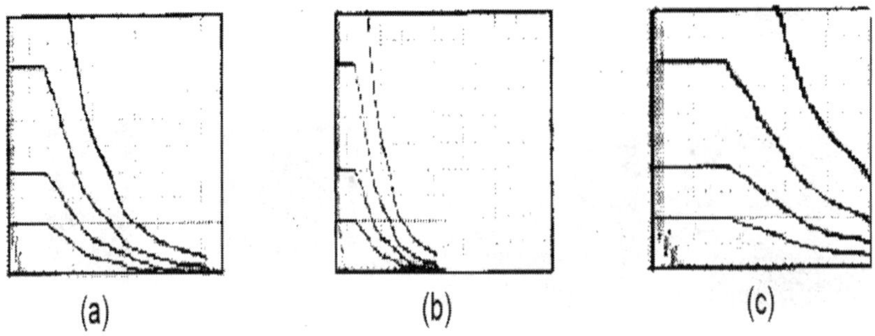

[그림 2-66] DAC 곡선과 시험 측정범위와의 링크

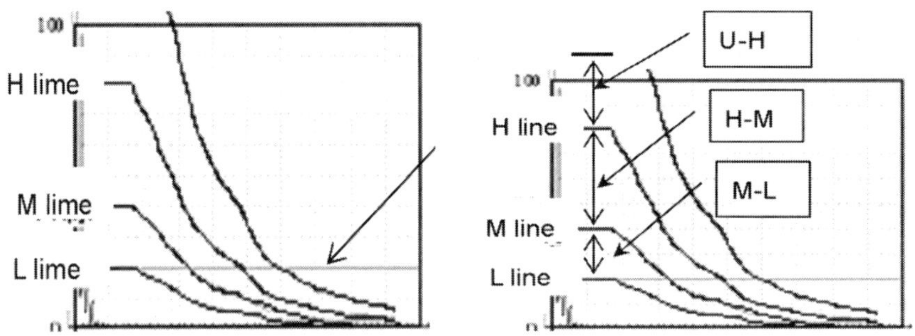

[그림 2-67] DAC 곡선 L, M, L선과 인터벌 조절

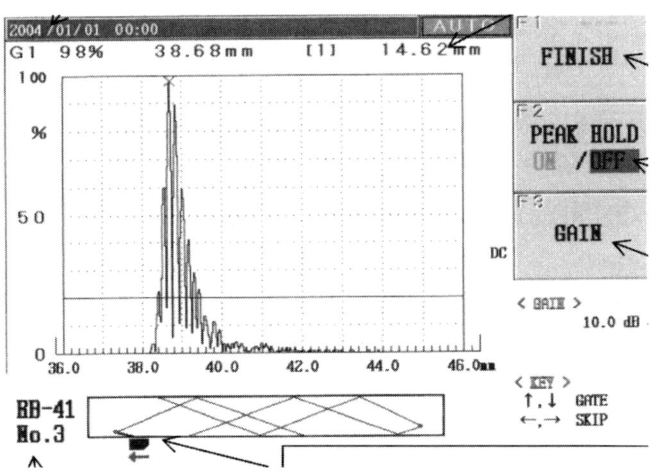

[그림 2-68] DAC 곡선의 마크 위치

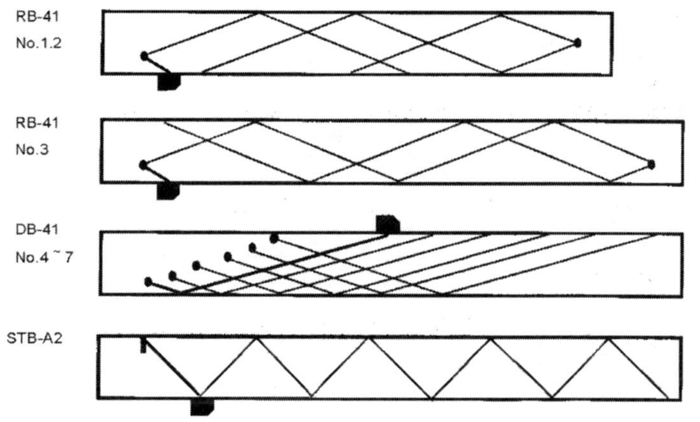

[그림 2-69] DAC 곡선을 그리기 위한 각종 시험편의 스텝과 작업 수

어떤 타입(KS, JIS, ASME)의 DAC가 지원되는가?

2) AGC 기능

AGC란 Auto Gain Control의 약자로서, 에코 높이가 시간이 지남에 따라 감쇠되는 것을 보상해 주기 위한 것이며, 같은 크기의 결함을 같은 에코 높이로 보상해 주는 기능이다.

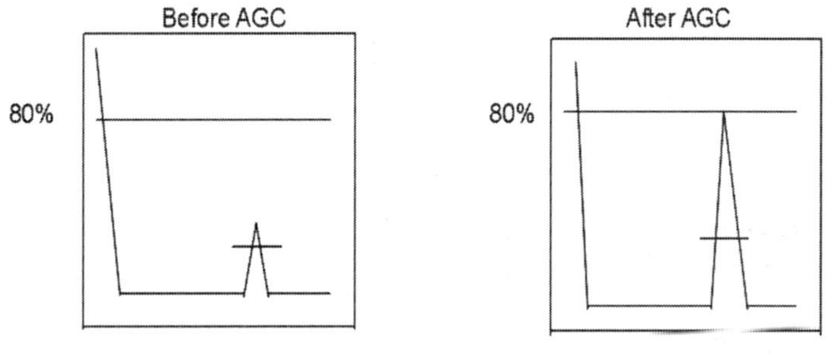

[그림 2-70] AGC 기능을 적용하기 이전과 이후

3) 주파수 분석(FFT) 기능

주파수 분석 기능이란 결함의 종류를 알아내기 위해 필수적인 기능이다.

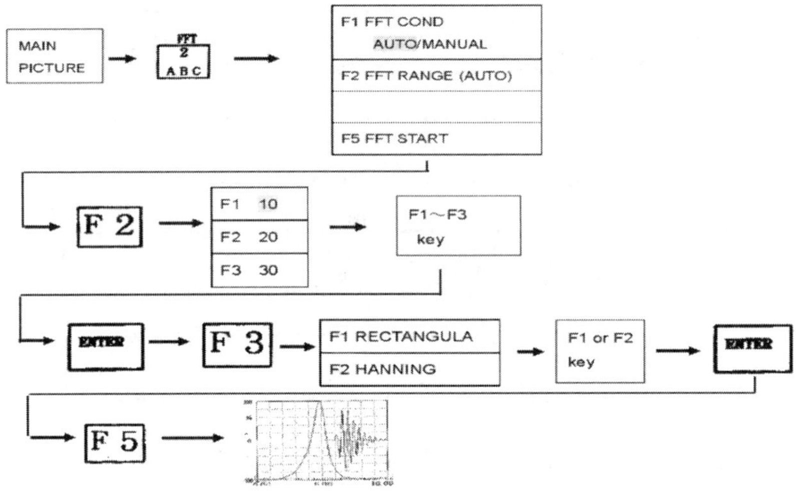

[그림 2-71] 자동 주파수 분석 절차

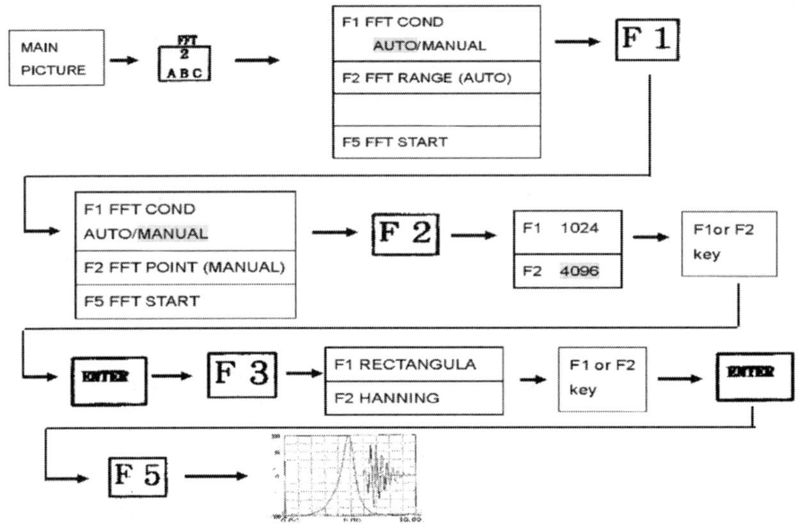

[그림 2-72] 수동 주파수 분석 절차

FFT에서 어떤 정보를 제공하는가?

4) B-scan 기능

어떤 타입(Timed B-scan, Scrolled B-scan, Encoded B-scan, Tomographic B-scan)의 B-scan이 지원되는가?

timed B-scan이란 시간에 흐름에 따라 B-scan을 보여 주는 기능으로 한 화면에 가득 보여주면 더 이상의 B-scan을 보여 주지 않는 기능이다.

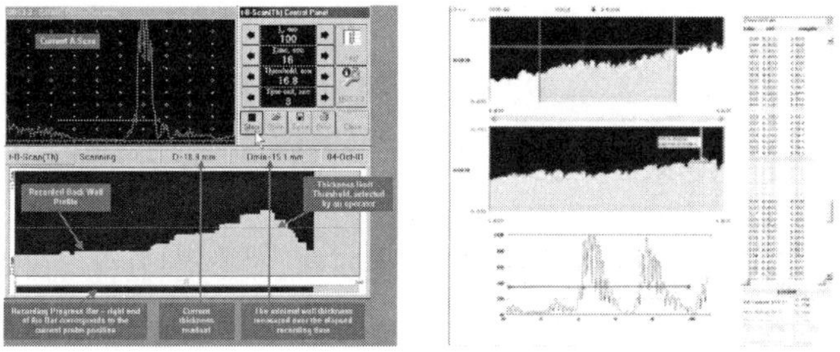

[그림 2-73] Timed B-scan과 Scrolled B-scan 화면

scrolled B scan이란 Timed B-scan에 비하여 시간이 흐름에 따라 계속 연속적으로 B-scan을 보여 주는 기능이다.

encoded B-scan이란 엔코더를 사용하여 엔코더에 있는 탐촉자를 움직인 거리만큼만 B-scan을 보여 주는 기능이다.

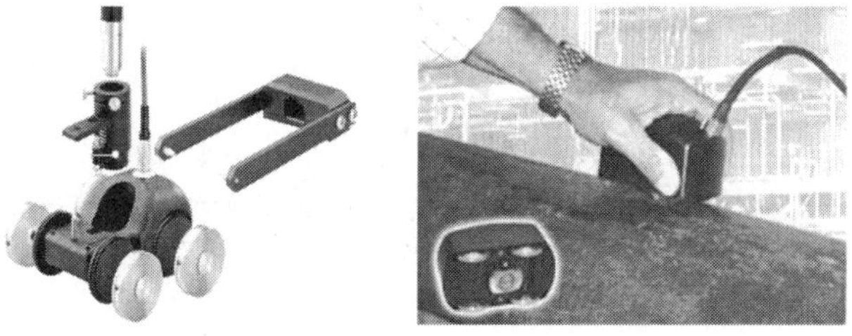

[그림 2-74] encoded B-scan을 만들기 위한 각종 엔코더들

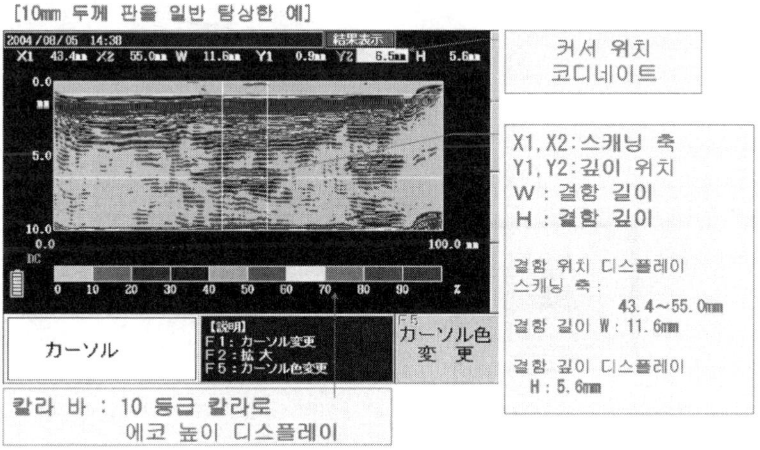

[그림 2-75] 엔코더를 사용하여 얻은 B-scan 정보

5) 다양한 출력

어떤 종류(RS-232, VGA, Serial, Analog, PS/2, 엔코더, 펜 레코더, CF 메모리)의 출력이 지원되는가?

- 패러렐 출력은 각종 프린터와 연결하여 사용한다(확장박스 1).
- 시리얼 출력은 컴퓨터와 연결하여 사용하며 소프트웨어가 필요하다(확장박스 1).
- VGA 출력은 각종 외부 모니터와 연결하여 사용한다(확장박스 1).
- PS/2 출력은 키보드와 연결하여 사용한다(확장박스 1).
- PI/PO 출력은 엔코더와 연결하거나, 아날로그 시그널을 입출력하기도 하며, 외부 PRF 시그널을 입출력하며, 포토 커플러와 연결하여 사용한다(확장박스 2).
- 아날로그 출력은 펜 레코더와 연결하여 사용한다(확장박스 2).
- 스캐너 엔코더 입력은 엔코더와 연결하여 사용한다(확장박스 2).

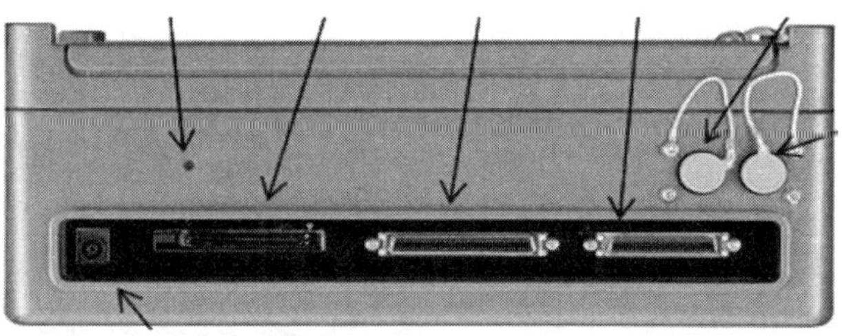

[그림 2-76] 다양한 출력 포트들

6) 저 장

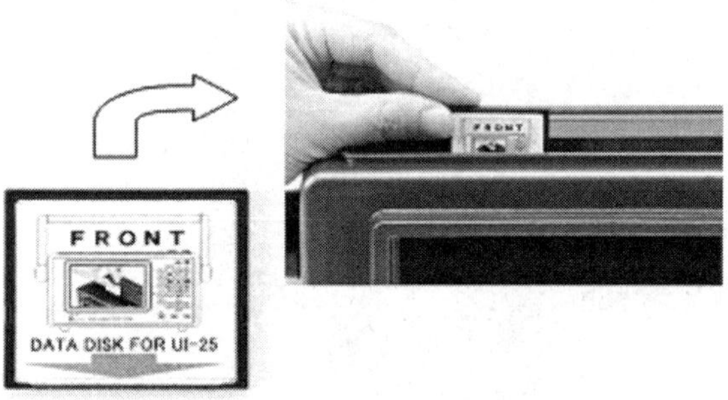

[그림 2-77] CF 타입 메모리 카드와 저장된 화면

어떤 타입(내장, CF 메모리)으로 저장되는가?

7) 펄스 타입

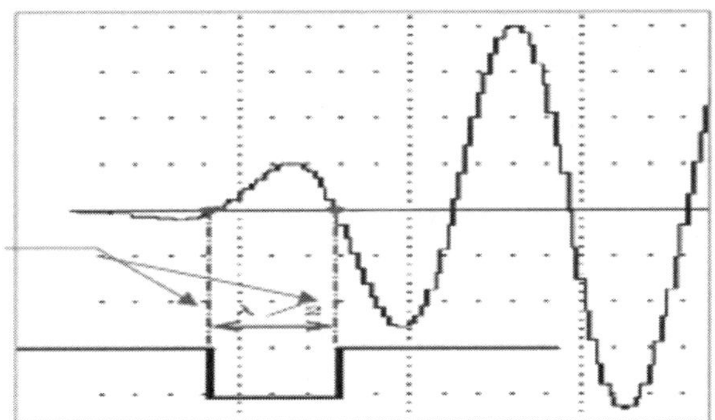

[그림 2-78] SPIKE펄스와 SQUARE 펄스

스퀘어(square) 펄스는 스파이크(spike) 펄스보다 2배 더 큰 에너지를 생성할 수 있다.

8) 방수 처리

어떤 타입(생활 방수, 완전 방수)의 방수가 지원되는가?

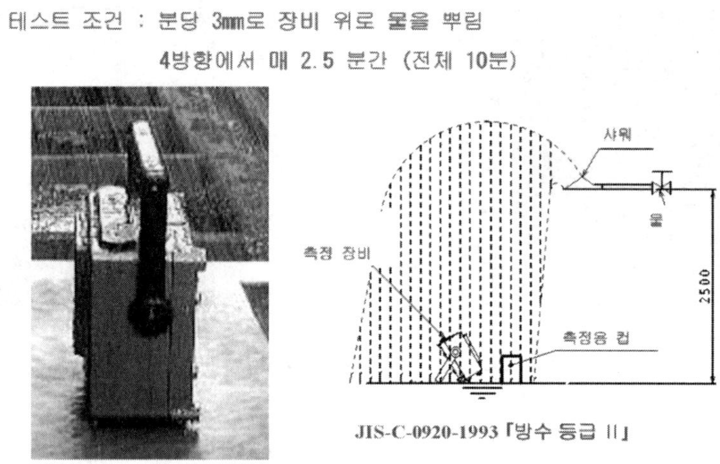

[그림 2-79] 방수 시험 조건

9) 화 면

어떤 종류의 화면이 지원되는가?
아날로그형의 화면과 디지털형의 화면에는 어떤 점이 다른가?
디지털형이라면 픽셀 수는 얼마인가?
A-Scan을 나타내는 픽셀 수는 얼마인가?
디스플레이 update율은 얼마나 빠른가?
화면에서 얻을 수 있는 정보는 어떤 것들이 있는가?

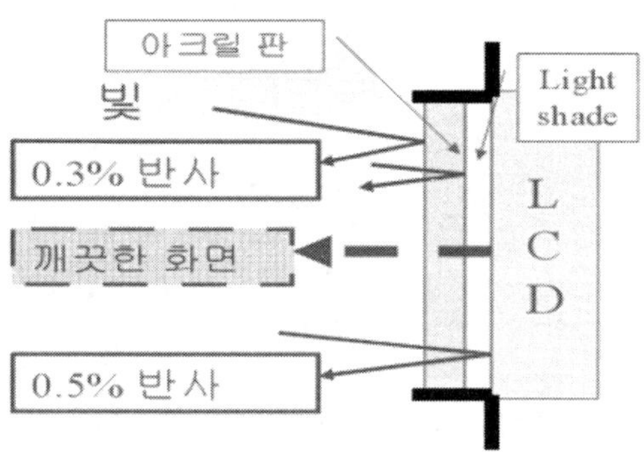

[그림 2-80] 밝고 깨끗한 디스플레이 조건

10) 부분 확대(zoom)

부분 확대 기능이란 원하는 부분을 좀더 자세히 관찰하기 위해 사용한다.

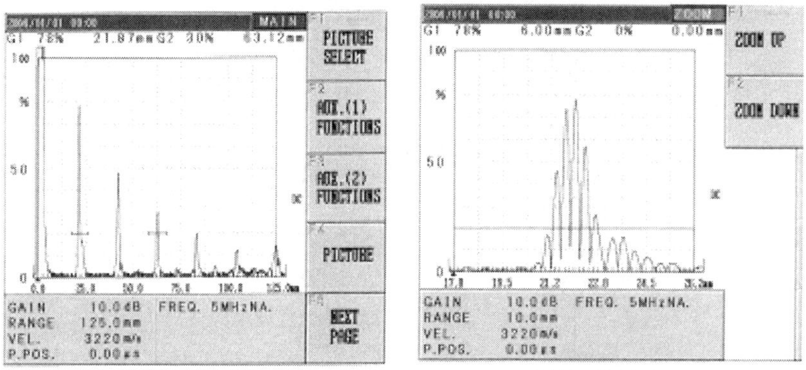

부분 확대 이전 부분 확대 후

[그림 2-81] 부분확대 전과 후

11) 결함 위치 자동 계산

디지털 탐상기는 자동으로 계산해 주지만 아날로그 탐상기는 수동으로 계산해야 한다.

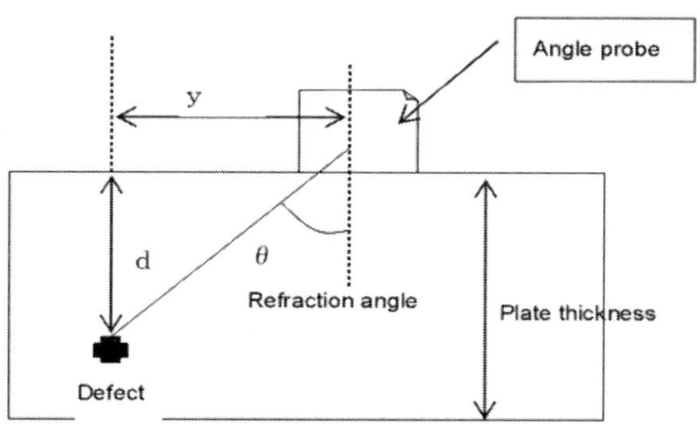

[그림 2-82] y-d값 자동계산

12) 피크 홀드(peak hold)

피크 홀드 기능이란 탐촉자가 스캐닝하는 동안에 게이트된 에코의 가장 높은 지시를 홀드하는 기능으로 다양하게 응용할 수 있으며, 특히 사각 빔 탐촉자를 사용하여 입사점을 정확하게 알아낼 때에 유용하게 사용할 수 있다.

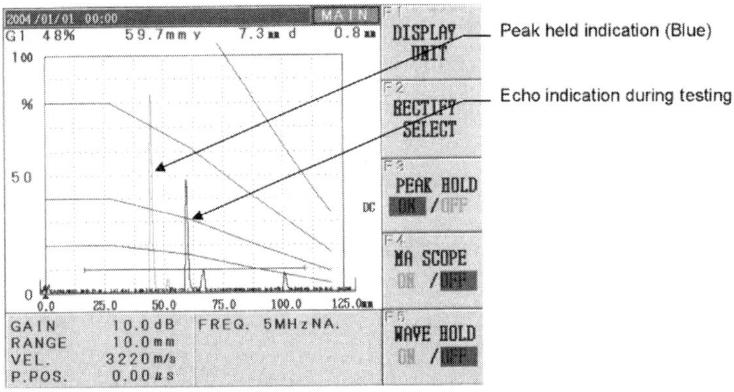

[그림 2-83] 피크 홀드된 화면

13) MA(멀티 A-scan) 스코프

MA 스코프란 탐촉자 스캐닝으로 얻은 에코의 피크의 변화를 포락선(envelop)으로 하여 표시하는 기능으로 게이트의 조건과는 관계없이 에코 화면에 최대 에코 높이를 표시해 준다.

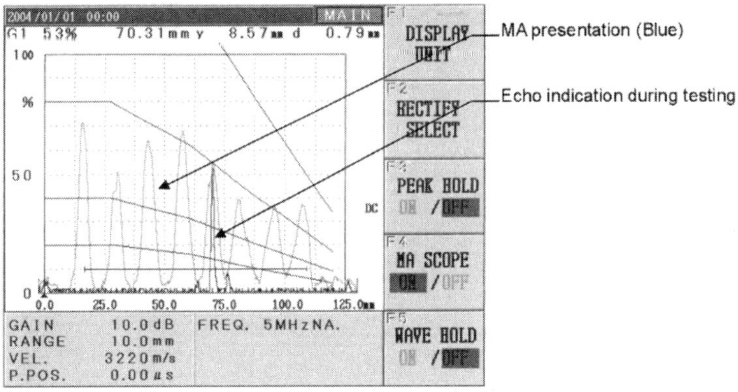

[그림 2-84] 피크 홀드된 화면

14) 에코 트래킹(echo tracking)

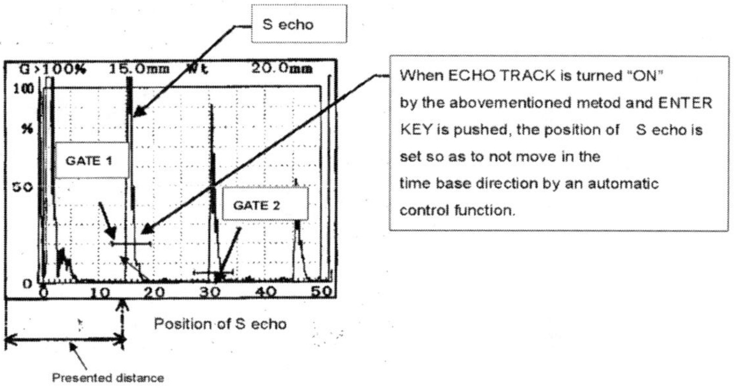

[그림 2-85] 에코 트래킹 화면

수침법을 사용할 때에 필수적인 기능이다.

15) 파형 홀드 기능

파형 홀드 기능이란 피크 홀드가 지시된 사항이거나 혹은 MA 스코프를 나타내는 기능이다.

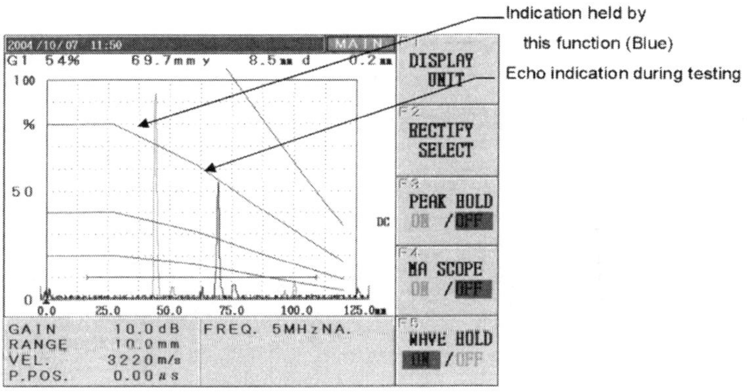

[그림 2-86] 파형 홀드된 화면

16) 메모리

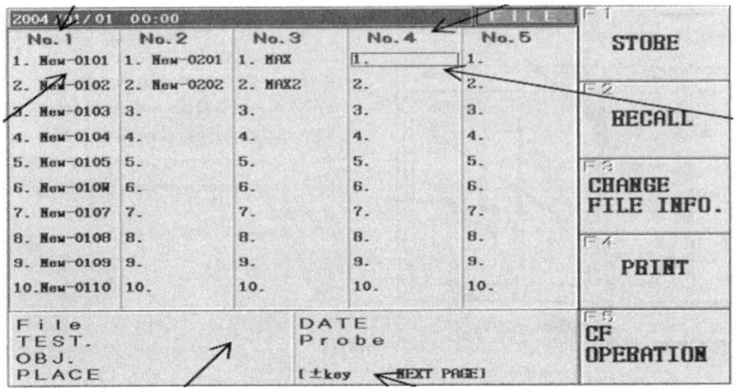

[그림 2-87] 메모리된 화면

17) 프린트 출력

패러렐 프린터와 직접 연결하여 측정된 화면을 다양하게 출력하는 기능으로 패러렐 프린터 케이블이 필요하다.

시리얼 프린터인 경우에는 시리얼 프린터 케이블이 필요하다.

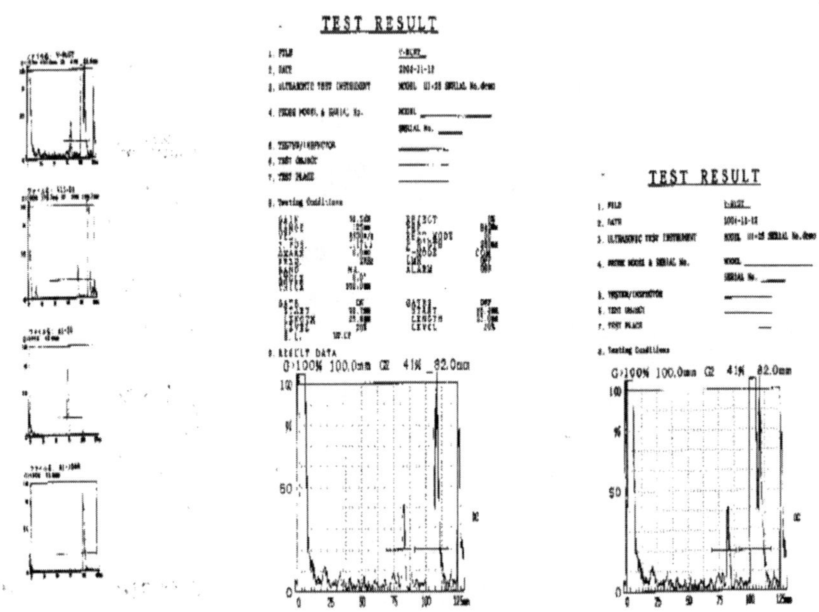

(a) F1 GRAPH PRINT (b) F2 T-RESULT (c) F3 T-COND MASK

[그림 2-88] 프린터로 다양하게 출력된 예

3. 아날로그형과 디지털형 초음파 탐상기의 차이점

아날로그형은 이미 1940년대부터 개발되어 널리 사용되고 있다. 하지만, 아날로그형 초음파 탐상기인 경우에는 여러 가지 부족한 점이 있어서 이를 개선하고 보완하기 위해 1980년대부터는 디지털형 초음파 탐상기가 선보이기 시작했으며, 그 이후로는 대부분의 아날로그형의 초음파 탐상기를 만드는 회사에서도 디지털형 초음파 탐상기를 개발하고 있다.

아날로그형 초음파 탐상기가 방사선 투과 시험기보다 널리 보급되지 못한 이유는 방사선 투과 시험기인 경우에는 기록성이 좋아서 시험한 후에 언제든지 방사선 검사한 결과를 볼 수가 있다는 장점이 있고, 분해능도 좋아서 미세한 결함도 발견이 가능하며, 결함 상태를 이미지로 볼 수가 있어서 누구라도 손쉽게 판독이 가능하다는 장점을 가지고 있다.

따라서 이러한 아날로그형 초음파 탐상기의 기능을 보완하기 위하여 디지털형 초음파 탐상기가 개발되었던 것이다. 디지털형 초음파 탐상기는 아날로그형에 비하여 비교할 수 없을 만큼 많은 부분이 개선되고 보완되었기 때문에 근본적인 개념부터 상당히 다르다.

그러므로 디지털형 초음파 탐상기를 온전히 이해하기 위해서는 아날로그형 초음파 탐상기를 다룰 때의 지식만으로는 상당히 부족하여 새롭게 공부하지 않으면 안 된다. 이러한 현실에서 최근에는 대부분의 초음파 탐상기 제조업체에서는 아날로그 탐상기를 거의 생산하지 않으며, 디지털 탐상기만을 생산하는 경향이 있다.

(1) 프로브 딜레이 키와 제로 옵셋 키

아날로그형에서는 프로브 딜레이(probe delay) 혹은 제로 옵셋(zero offset)값을 정확하게 읽을 수 있는 기능이 없다. 디지털형 초음파 탐상기는 이러한 값을 디지털로 나타내 주기 때문에 일일이 교정하지 않아도 이 값을 바로 입력하면, 교정한 상태로 되기 때문에 교정할 때마다 발생하는 재현성에 문제가 없다.

프로브 딜레이, 제로 옵셋은 사용하고자 하는 탐촉자형에 따라 상당히 달라지므로, 미리 설정한 프로브 딜레이값 혹은 제로 옵셋값만 보고도 어떤 종류의 탐촉자를 사용했는지도 알 수가 있으며, 올바로 교정했는지도 알 수가 있다.

일반적으로 프로브 딜레이 혹은 제로 옵셋값은 수직 빔을 사용할 경우에는 짧아서 0~2μs 정도의 값으로 세팅이 되며, 경사각 탐촉자를 사용할 경우에는 이보다 훨씬 더 큰 값으로 세팅된다.

일반적으로 웨지를 사용하는 경사각 탐촉자인 경우에는 15~30μs 정도이며, 웨지 내장형 경사각 탐촉자인 경우에는 5~15μs 정도이다.

웨지를 사용하는 경사각 탐촉자가 웨지 내장형의 경사각 탐촉자보다 큰 값을 갖는 것은 웨지의 길이에 따라서 프로브 딜레이 혹은 제로 옵셋값이 더 크기 때문이다.

(2) 측정 범위 키

아날로그형인 경우에는 미리 세팅된 값으로 측정 범위를 설정해서 사용하게 되며, 아날로그형에서의 측정 범위는 정확한 값을 주지 못한다.

디지털형의 초음파 탐상기는 측정 범위를 설정하면 정확한 측정 범위값으로 세팅이 된다. 따라서 정확한 측정 범위를 얻기 위해서는 디지털형을 사용하면 된다.

아날로그 탐상기의 X축 단위는 시간축이 된다. 재질의 음속에 따라서 X축의 위치가 달라지지만, 정확한 재질의 음속값을 모르기 때문에 정확한 길이 혹은 깊이를 측정하기가 어렵다. 그러나 디지털 탐상기의 X축은 mm 혹은 inch로 계산되어 표시된다. 물론 경우에 따라서는 아날로그 탐상기처럼 시간축(μs)으로 표시하기도 한다.

디지털 탐상기 단위가 mm 혹은 inch로 표시되는 경우에는 초음파가 전달된 왕복 시간에 재질의 음속값을 곱하여 나타내기 때문이다. 따라서 재질의 정확한 음속값을 세팅해 주어야 정확한 깊이 혹은 길이의 단위로 표시가 될 수 있다.

(3) 음속 키

아날로그 탐상기에 있는 음속 기능은 절대값으로 표시가 되는 것은 아니다. 음속에 있는 수치는 정확한 재질의 음속값이 아니라는 의미가 된다. 단지 이 값은 상대적인 값이다. 여기에 비하여 디지털 탐상기의 음속값은 정확한 재질의 음속값을 표시해 준다.

교정을 올바로 한 후에 세팅되는 재질의 음속값을 적어 두면 같은 재질인 경우에 다시 교정을 하지 않고도 바로 사용할 수 있기 때문에 측정 시간을 절약할 수가 있다.

디지털 탐상기의 음속값을 정확한 값으로 표시해 주기 때문에 음속값을 보고 재질의 종류를 구별할 수가 있으며, 이를 응용하면 lot에서 열처리가 된 부품과 안된 부품을 재질 분석을 하지 않아도, 재질의 음속값만 보고 손쉽게 구별해 낼 수가 있다.

(4) sweep delay 키와 delay 키

아날로그 탐상기는 sweep delay키가 있다. 하지만 이 키는 디지털 탐상기의 delay키와는 아주 다른 특성을 나타내기 때문에 이를 주의해야 한다.

아날로그 탐상기의 sweep delay는 전체 화면을 좌, 우로 이동해 주는 역할을 한다. 그러나 디지털 탐상기의 delay는 전체 화면을 좌, 우로 이동하는 것이 아니라 일부분만을 좌, 우로 이동하게 된다.

(5) dB 키

아날로그 탐상기는 dB과 관련하여 3개 키를 사용한다. 첫번째 키는 대체로 크게 dB(예 : 20dB)값을 조절하고, 두번째 키는 미세 조절(예 : 2dB)용이며. 세번째 dB키는 아주 미세 조절(예 : 0.5dB)용으로 사용된다. 이 3개의 dB 조절키에서 세팅한 것을 모두 합하여 전체 dB값으로 한다. 예를 들면, 첫번째 키가 40dB이고, 두번째 키가 8dB이며, 세번째 키가 0.5dB이라고 한다면, 전체 dB은 48.5(40+8+0.5)dB이 된다.

하지만 디지털 탐상기는 대체로 1~2개 키를 사용하는데, dB키를 누르고 상하 키를 사용하기도 하고, 원하는 dB값을 직접 입력하기도 한다.

(6) 대비 데시벨(ref. dB) 키

고급 기종의 아날로그 탐상기는 ref. dB키가 있으나 일반적으로 아날로그 탐상기에는 이런 키가 없다. 반대로 디지털 탐상기는 대부분 이런 키를 가지고 있다. ref. dB키를 작동시키면 기준 dB값을 변하지 않고 ref. dB값만 변한다.

(7) 게이트 키

아날로그 탐상기에서 게이트(gate)를 세팅하면 기준 에코가 상승하게 되는데, 그 상승하는 율은 메이커마다 다르기 때문에 얼마나 상승했는지 정확하게 알 수 없다.

디지털 탐상기는 게이트를 설정해도 에코에는 전혀 영향을 주지 않기 때문에 안심하고 사용할 수 있다.

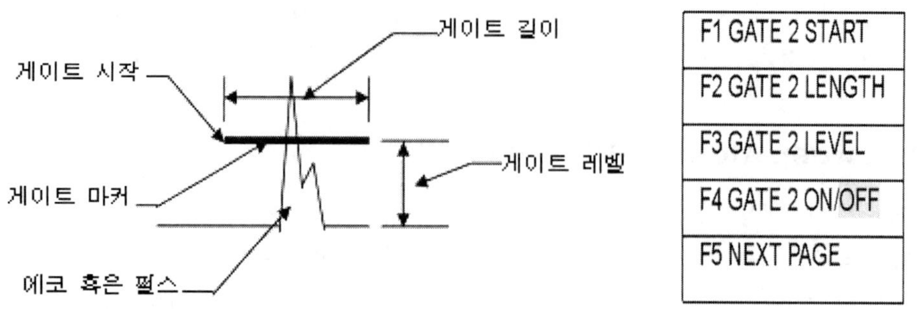

[그림 2-89] 각종 게이트 지시

4. 교 정

아날로그 탐상기든 디지털 탐상기든 가장 중요한 일은 교정을 올바로 하는 일일 것이다. 교정을 올바로 하기 위해서는 먼저 초기 세팅을 해놓으면 교정하기도 쉽고, 바로 현장에서 사용할 수 있다는 장점이 있다.

(1) 수직 빔 탐촉자 교정

① 준비물

초음파 탐상기
수직 빔 탐촉자와 탐촉자 케이블
표준 시험편(STB-A1..)
커플런트

② 디지털 탐상기인 경우에는 대부분의 조건을 모두 0으로 세팅하고, 중요한 키를 다음과 같이 초기 세팅한다.

음속 : 5900m/s(강)

물론 다른 재질인 경우에는 그 재질에 관한 음속값은 음속값표를 참고로 하여 초기 세팅한다.

dB : 약 40dB
측정 범위 : 125mm

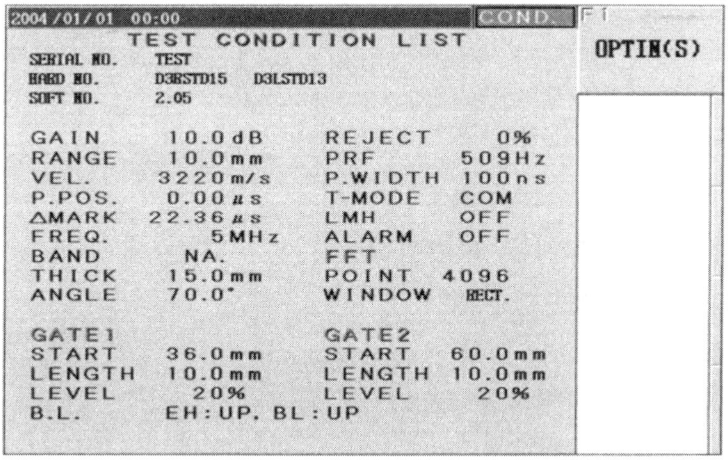

[그림 2-90] 측정 조건 리스트

③ 수직 빔 탐촉자를 25mm 위치에 대고, A-scan 파형 5개(=125mm/25mm)를 각 눈금선 위에 오도록 조절한다

첫번째 에코는 두번째 눈금선 위에, 두번째 에코는 네번째 눈금선 위에, 세번째 에코는 여섯번째 눈금선 위에, 다섯번째 에코는 열번째 눈금선 위에 정확하게 오도록 조절한다.

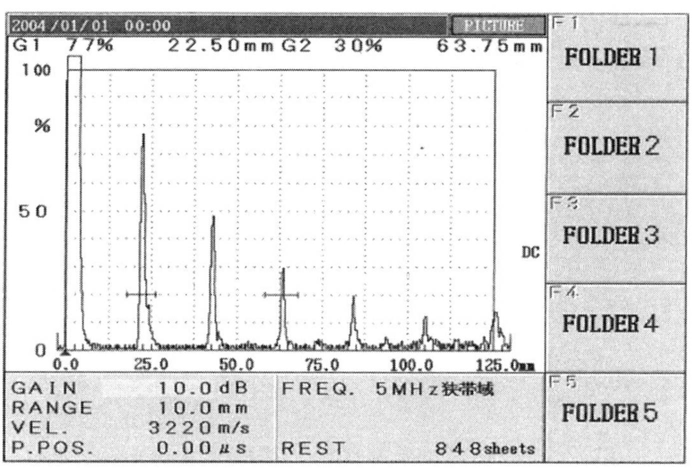

[그림 2-91] 수직 빔 탐촉자로 교정하는 화면

일반적으로 디지털 탐상기에서는 첫번째 에코를 조절하기 위하여 [ZERO OFFSET] 키 또는 [P. POS] 키로 조절하고, 맨 나중 에코를 조절하기 위해서

는 디지털 탐상기에서 [RANGE] 키를 이용한다. 그리고 정확한 측정범위(range) 값으로 조절하기 위하여 [VELOCITY] 키로 조절한다(각각의 에코가 눈금선 위에 정확하게 왔는지를 확인하기 위하여 디지털 탐상기는 GATE 키를 이용할 수 있다).

(2) 사각 빔 탐촉자를 교정하기

① 준비물

초음파 탐상기

사각 빔 탐촉자와 탐촉자 케이블

표준 시험편(STB-A1..)

커플런트

② 디지털 탐상기인 경우에는 대부분의 조건을 모두 0으로 세팅하고, 중요한 키를 다음과 같이 초기 세팅한다.

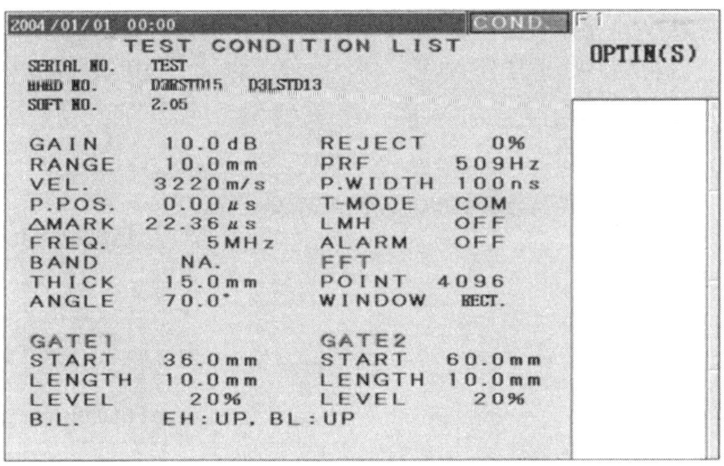

[그림 2-92] 측정 조건 리스트

음속 : 3200m/s(강)

물론 다른 재질인 경우에는 그 재질에 관한 음속값은 음속값표를 참고로 하여 초기 세팅한다.

dB : 약 50dB

측정 범위 : 250mm 또는 125mm (*) 표준 시험편의 종류에 따라 달라진다.

③ 사각 빔 탐촉자의 입사점을 정확하게 측정한다.

표준 시험편에서 '0'이라고 표시된 곳에서 사각 빔 탐촉자를 앞뒤로 움직여서 정확한 입사점을 찾는다.

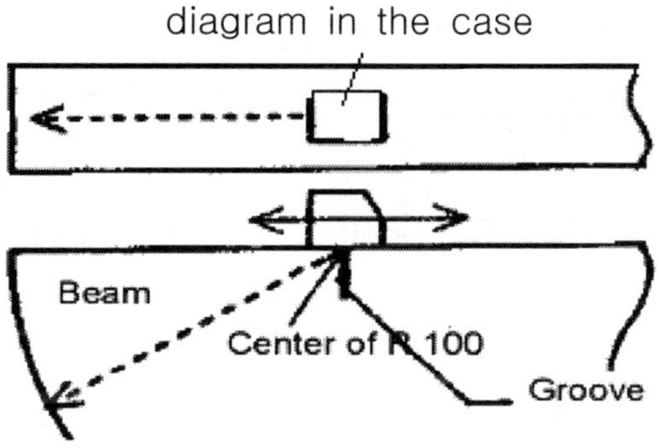

[그림 2-93] 수직 빔 탐촉자로 교정하는 화면

정확한 입사점은 사각 빔 탐촉자를 움직여서 가장 큰 에코가 나오는 지점에서 멈추고, 이 때에 표준 시험편에 표시된 '0'점과 만나는 점을 사각 빔 탐촉자 위에 표시를 한다.

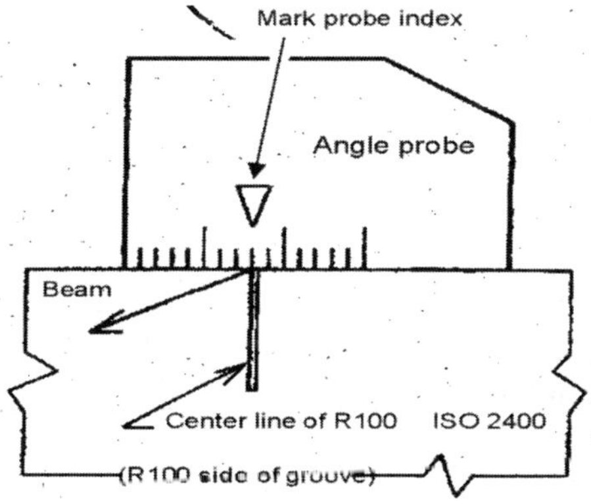

[그림 2-94] 입사점 표시

④ 굴절각을 측정한다. 사각 빔 탐촉자에 표시된 굴절각은 공칭 굴절각이고, 이미 사용한 사각 빔 탐촉자인 경우에는 마모된 부분 때문에 굴절각에 변화가 있을 수 있기 때문이다. 정확한 굴절각을 측정하기 위해서는 표준 시험편에서 표시된 올바른 굴절각을 측정할 수 있는 부분에 사각 빔 탐촉자를 대고, 사각 빔 탐촉자의 입사점과 표준 시험편의 '0'점과 일치하는 곳에 대고, 표준 시험편에서 표시된 굴절각을 읽는다.

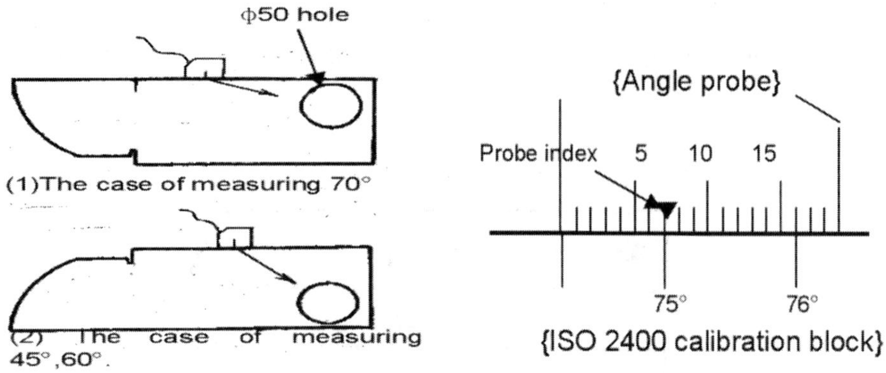

[그림 2-95] 굴절각 표시

⑤ 사각 빔 탐촉자를 표준 시험편 '0' 위에 대고, A-scan 파형 2개를 각 눈금선 위에 오도록 조절한다(각각의 에코 위치는 사용하는 표준 시험편의 종류에 따라서 달라짐을 주의한다).

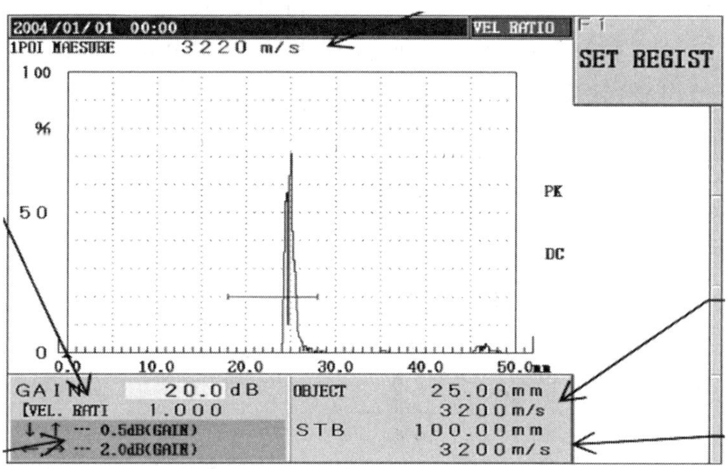

[그림 2-96] 사각 빔 탐촉자 교정

IIW, TYPE I를 사용하는 경우에는 측정 범위를 250mm로 한다.

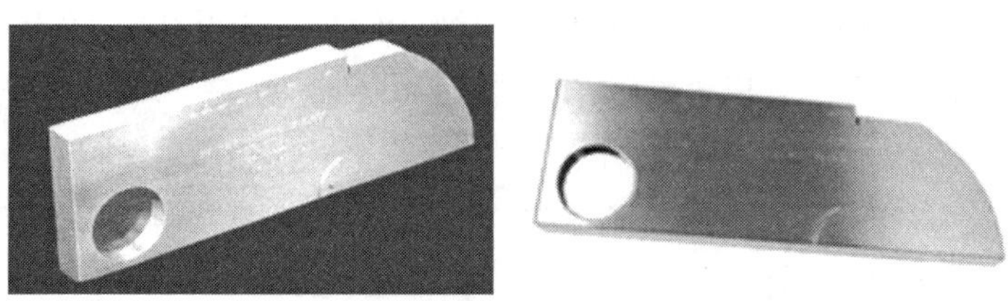

[그림 2-97] IIW, TYPE I 표준 시험편

첫번째 에코는 네번째 눈금선(100mm) 위에, 두번째 에코는 아홉번째 눈금선(225mm) 위에 정확하게 오도록 조절한다

IIW, TYPE II를 사용하는 경우에는 측정 범위를 125mm로 한다.

[그림 2-98] IIW, TYPE II 표준 시험편

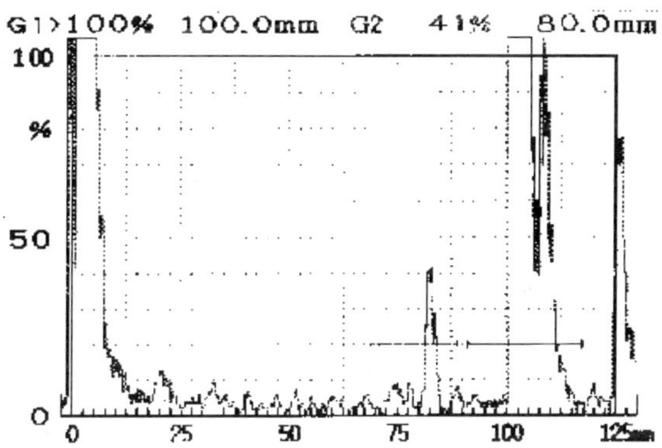

[그림 2-99] IIW, TYPE II 표준 시험편으로 교정한 화면

첫번째 에코는 네번째 눈금선(50mm) 위에, 두번째 에코는 여덟번째 눈금선(100mm) 위에 정확하게 오도록 조절한다

일반적으로 디지털 탐상기에서는 첫번째 에코를 조절하기 위하여 [ZERO OFFSET] 키 또는 [P. POS/펄스 위치] 키로 조절하고, 두번째를 조절하기 위해서는 디지털 탐상기에서 [RANGE] 키를 이용한다. 그리고 정확한 측정범위(range) 값으로 조절하기 위하여 [VELOCITY] 키로 조절한다(각각의 에코가 눈금선 위에 정확하게 왔는지를 확인하기 위하여 디지털 탐상기는 게이트 키를 이용할 수 있다).

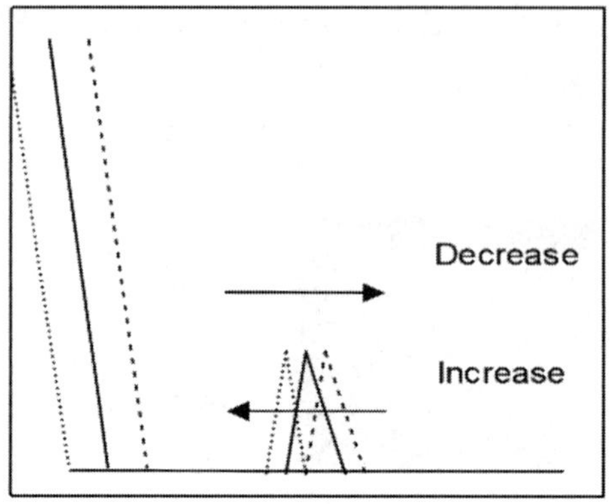

[그림 2-100] [P.POS/펄스 위치]로 조정하는 화면

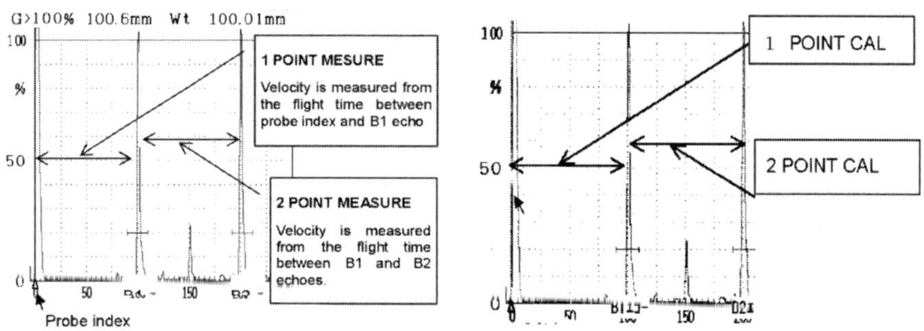

[그림 2-101] IIW, TYPE II 표준 시험편으로 교정한 화면

5. 다양한 빔 길이 측정법

(1) Peak법

에코 높이 측정 : 게이트 안에서 최고 높이의 에코로 측정
빔 길이 측정 : 게이트 안에서 에코의 peak 위치로 측정
용도 : 시험할 때 결함의 최대 에코 높이와 깊이를 측정할 때 사용

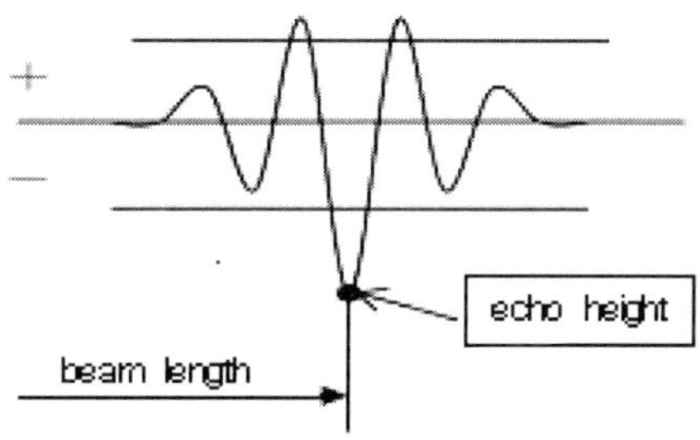

[그림 2-102] Peak Up법

(2) Up법

에코 높이 측정 : leading edge의 최대 에코 높이로 측정
빔 길이 측정 : leading edge와 gate level의 만나는 지점으로 측정
용도 : 에코의 leading edge 위치에서 두께를 측정할 때 사용

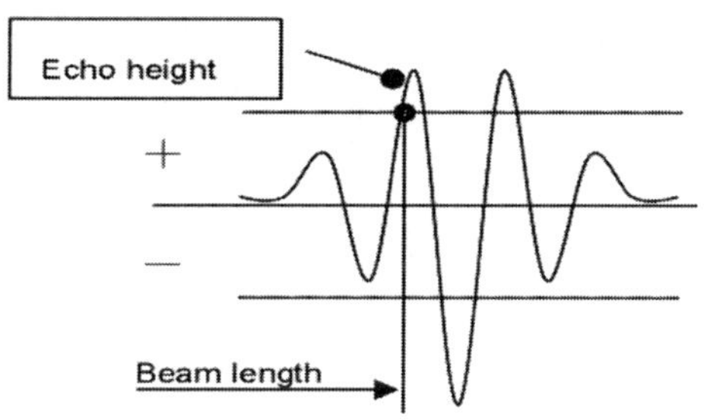

[그림 2-103] Up법

(3) 첫번째 에코법

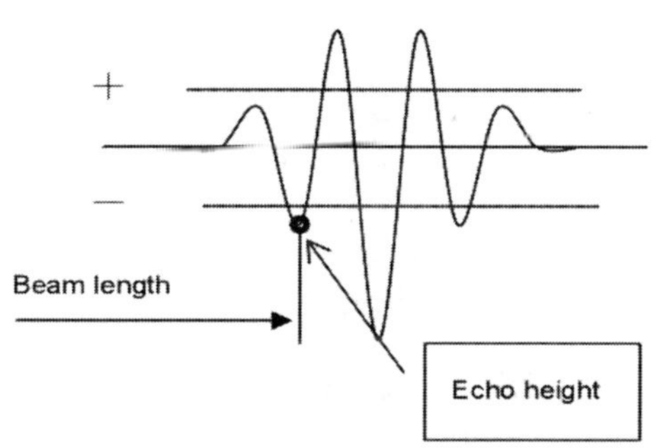

[그림 2-104] 첫번째 에코법

에코 높이 측정 : 첫번째 에코의 peak로 측정
빔 길이 측정 : 게이트 안에서 검출 레벨을 초과하는 첫번째 에코의 peak로

측정
용도 : 저면처럼 큰 반사체에서 올라오는 에코에 반하여 작은 결함을 검출할 때 사용

(4) Zero cross법

에코 높이 측정 : 게이트 안에서 최고 높이의 에코로 측정
빔 길이 측정: 게이트 위에서 첫번째로 Zero cross하는 지점으로 측정
용도 : 정밀한 두께 측정을 원할 때 사용

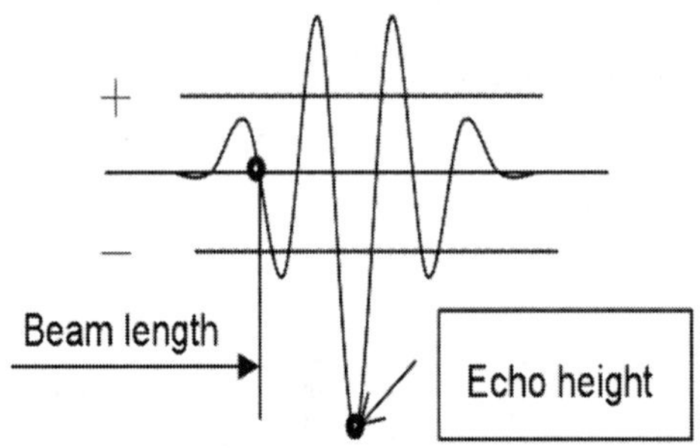

[그림 2-105] Zero cross법

(5) Peak Up법

에코 높이 측정 : 게이트 안에서 최고 높이의 에코로 측정
빔 길이 측정 : 게이트 레벨과 leading edge의 만나는 지점으로 측정
용도 : 결함과 두께 측정을 동시에 할 때 사용

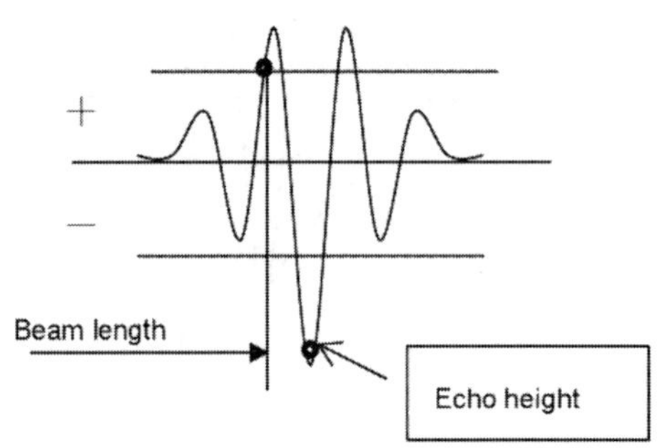

[그림 2-106] Peak Up법

(6) 첫번째 에코 Up법

에코 높이 측정 : 첫번째 에코의 peak로 측정

빔 길이 측정 : 에코와 게이트 레벨의 leading edge의 만나는 지점으로 측정

용도 : 결함이 저면에서 감쇠하는 것을 검출하고 동시에 두께 측정시 사용

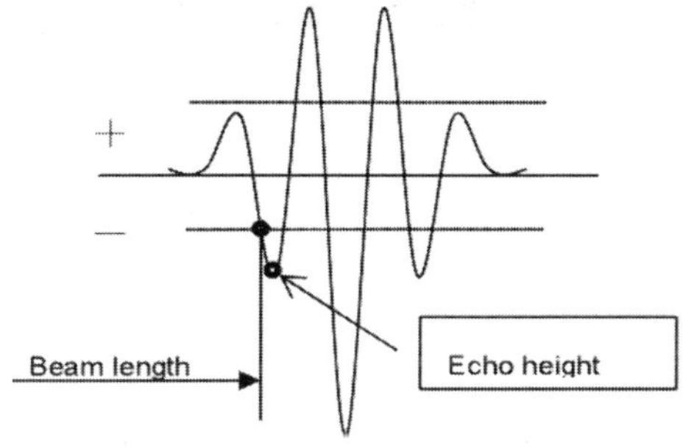

[그림 2-107] 첫번째 에코 Up법

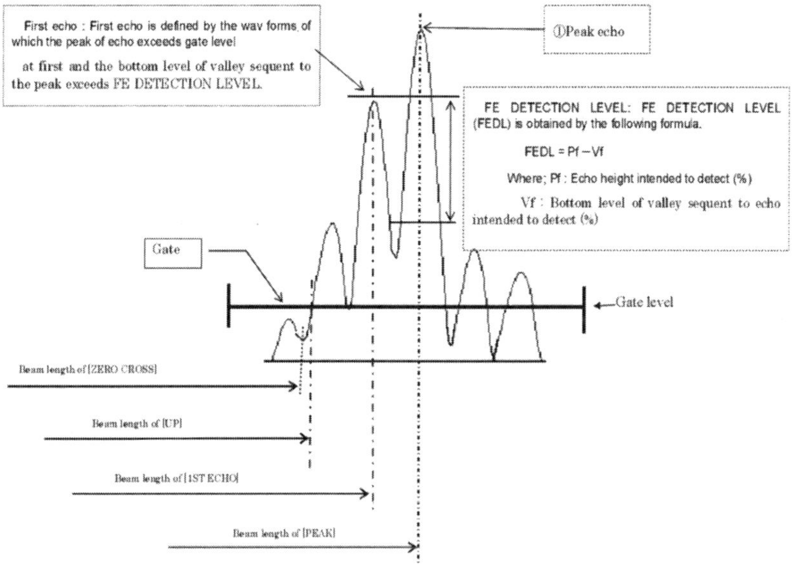

[그림 2-108] 전파(FW)에서 Zero cross법

연습문제

1. 탐촉자와 근접한 반사원을 분리하기가 어려운 것을 개선하여 탐촉자와 근접한 결함검출에 용이하도록 제작된 탐촉자는?

가. 사각 탐촉자　　　나. 샌드위치형 탐촉자
다. 분할형 탐촉자　　　라. 가변각형 탐촉자

정답 ☞ 다

2. 탐촉자 성능 중 분해능이 의미하는 것은?

가. 저면 에코와 저면 에코를 구분하는 능력
나. 송신 펄스와 수신 펄스의 주파수를 구분하는 능력
다. 인접한 결함으로부터의 에코를 구분하는 능력
라. 불간대 영역을 구분하는 능력

정답 ☞ 다

3. 다음 중 초음파 공진법에 사용하는 탐촉자의 압전 재료로 사용하지 못하는 것은?

가. X-cut 수정　　　나. Y-cut 수정
다. lithium sulfate　　　라. ceramic titanate

정답 ☞ 나

4. 동일한 1MHz의 주파수를 가진 탐촉자에서 시간 및 거리분해능이 가장 양호한 것은?

가. 공기로 흡음시키는 수정 탐촉자
나. 페놀수지로 흡음시키는 수정 탐촉자
다. 페놀수지로 흡음시키는 티탄산바륨 탐촉자
라. 에폭시로 흡음시키는 황산리튬 탐촉자

정답 ☞ 라

5. 탐촉자의 진동자 재질 중 티탄산바륨(barium titanate)의 장점이 아닌 것은?

가. 가장 좋은 송신 효율을 갖는다
나. 파형 변이의 영향을 받지 않는다.
다. 불용성이며, 화학적으로 안정하다
라. 100℃까지 온도에 의해 영향을 받지 않는다.

정답 ☞ 나

제 3 장

두께 측정 기술

제1절 두께 측정 이론

1. 두께 측정 방법의 분류

비파괴 방식으로 두께를 측정하는 방법은 여러 가지로 분류가 된다.

(1) 발사원으로 분류

1) 초음파 레이저를 이용하는 방법
2) 레이저를 이용하는 방법

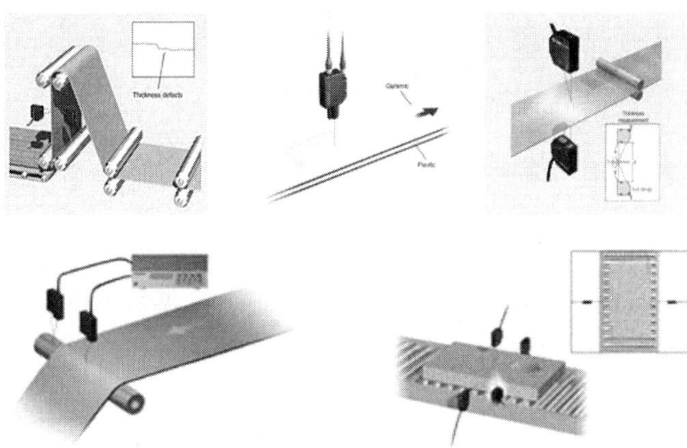

[그림 3-1] 레이저를 이용하여 면, 세라믹판, 극판, 시트, 스티로폼 보드 두께 측정

3) 방사선을 이용하는 방법

방사선을 이용하여 두께를 측정하는 방법에는 흡수형과 산란형이 있다. 흡수형이란 투과방사선 강도로부터 시료 두께의 변화를 측정하는 방식이며, 측정 대상물질과 두께에 따라서 RI나 방사선 에너지가 달라짐을 이용한다.

α선 두께기는 1mg/㎠ 정도의 두께를 가진 담배말이 종이 두께 측정에, β선 두께기는 1~500mg/㎠ 두께를 가진 세로판, 페인트 도장막, 도금 두께를

측정하는 데 이용되며, γ선 두께기는 1~20g/㎠ 이상의 두께를 가진 파이프, 압연강판, 유리, 플라스틱, 고무, 탱크내 내용물 검사 등에 이용된다.

산란형은 검출기를 β선원과 같은 쪽에 배치하여 산란방사선의 세기를 측정하는데, 두께가 두꺼울수록 후방산란의 양이 많아짐을 이용한다. 피막과 기판의 밀도나 원자번호가 확실하게 다르다면 어떤 원소의 조합이든 적용할 수 있으며, 1~100㎛ 두께를 가진 막 두께를 측정하기가 가능하다.

〈표 3-1〉 두께기에 사용되는 RI와 측정범위

RI	^{147}Pm	^{85}Kr	^{90}Sr	^{241}Am	^{137}Cs	^{60}Co
반감기	2.62년	10.76년	27.7년	432년	30.2년	5.27년
에너지 (keV)	β223	β150,672	β54,2270	γ60	γ662	γ1173,1332
측정범위 (mg/cm^2)	1~15	5~100	25~500	103~104	3×103 ~2×104	1×104 ~4×104

[그림 3-2] 방사선을 이용하여 유리 두께를 측정

4) 자석(magnetic)을 이용하는 방법

주로 코팅 두께를 측정하는 데 이용한다. 또한 플라스틱 용기 등의 모재 두께를 측정하는 데 이용하기도 한다.

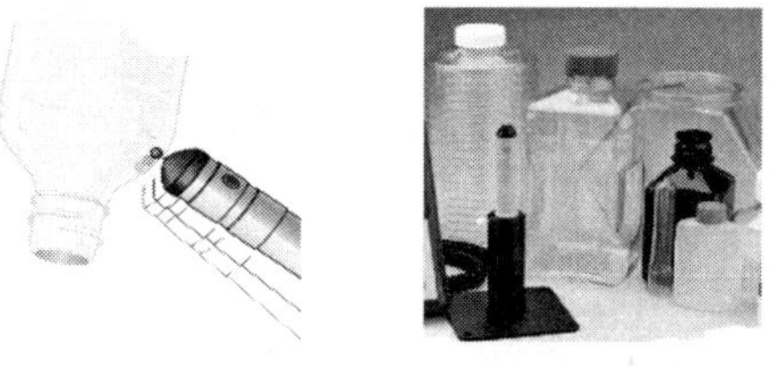

[그림 3-3] magnetic(hall effect)를 이용하여 두께 측정

5) 와전류를 이용하는 방법

주로 코팅 두께를 측정할 때 이용된다.

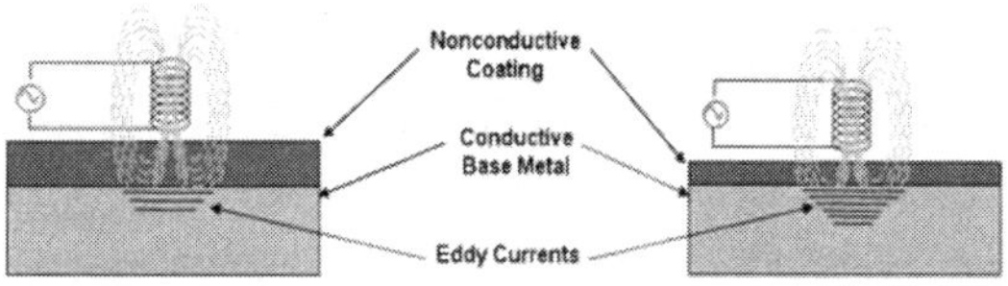

[그림 3-4] 와전류(eddy current)를 이용하여 두께 측정

6) 광학을 이용하는 방법

주로 박막 두께처럼 아주 얇은 재질의 두께를 측정할 때에 이용하며, 400~850nm 파장의 빛의 반사량에 근거하여 두께를 측정한다. 특징으로는 두께값이 정확하고 대상 표면의 손상이 전혀 없으며, 샘플의 전처리 과정이 필요없다.

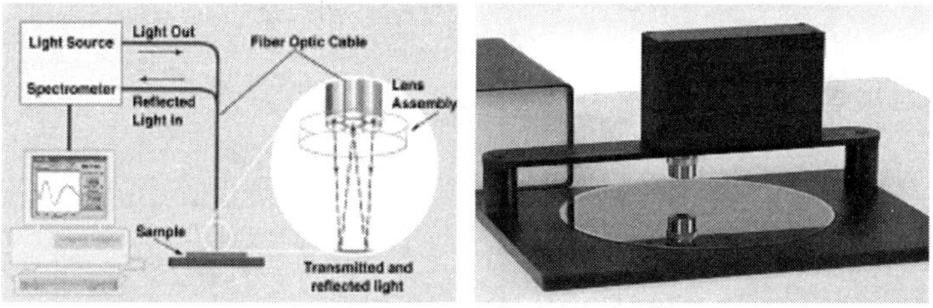

[그림 3-5] 광학을 이용하여 박막 두께 측정

(2) 목적으로 분류

1) 모재 두께 측정

2) 부식 두께 측정

듀얼 엘레멘트 탐촉자만 사용한다고 해서 부식 두께를 올바로 측정할 수가 없음에 주의한다. 부식 두께를 정확하게 측정하기 위해서는 고려할 사항이 많기 때문에 각별히 주의해서 사용해야 한다.

3) 코팅 두께 측정

코팅 두께를 교정할 때에는 일반적으로 3점 교정 방식을 채용한다.

(3) 엘레멘트 수로 분류

1) 싱글 엘레멘트

싱글 엘레멘트는 표면이 이면과 평행을 이룰 경우에 가장 많이 적용되어 사용하며, 초음파가 수직으로 진행하고 수직으로 반사되어 돌아오기 때문에 직선성이 있어서 정밀 두께 측정에 가장 많이 이용한다.

2) 듀얼 엘레멘트

듀얼 엘레멘트는 표면의 이면이 평행하거나 혹은 평행하지 않은 곳에 사용되며, 특히 부식처럼 이면의 변화가 큰 경우에 주로 사용된다. 듀얼 엘레멘트는 2개의 엘레멘트가 roof angle이라는 일정한 각도로 발신과 송신을 하기 때문에 직선성이 없는 단점이 있다. 또한 roof angle이라는 각도 때문에 2개의 각도가 만나는 곳에서는 가장 큰 에너지가 만들어져서 두께를 측정할 수가 있는데, 그 지점을 벗어나는 경우에는 정확한 두께를 측정하기가 어려운 단점도 있다.

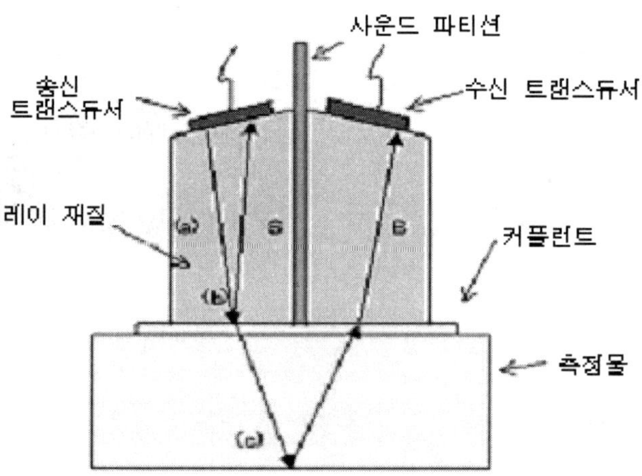

[그림 3-6] 듀얼 엘레멘트 탐촉자 측정 원리

2. 초음파 방식의 측정 원리

측정물 속의 초음파의 전파 시간을 계획하고, 그 값과 이미 알고 있는 음속에 의하여 다음 식으로부터 두께를 구한다.

$$D = \frac{1}{2} C \times t$$

여기에서 D=측정물의 무게(m)

C=음 속(m/s)

t=초음파가 재료 속을 왕복하는 시간(s)

3. 초음파 측정 모드

사용하는 에코의 종류에 따라 T-B 모드, T-Bm 모드, S-Bm 모드, S-B 모드와 같이 분류한다.

(1) T-B 측정 모드

T-B 측정 모드는 싱글 엘레멘트 탐촉자를 사용하여 저면에서 되돌아온 초음파의 왕복 전파 시간을 반으로 나누어서 두께를 계산한다. 초음파의 전파가 수직으로 진행하므로 정밀도가 높다.

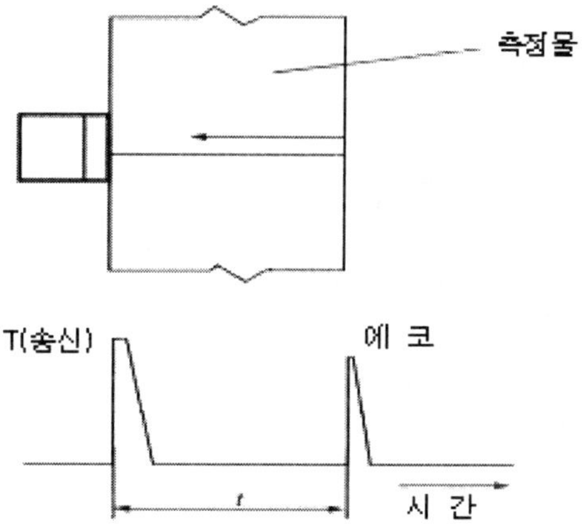

[그림 3-7] T-B 측정 모드

(2) T-Bm 측정 모드

T-Bm 측정 모드는 첫번째 에코와 두번째 에코 사이의 두께를 측정하는 방법으로, 코팅이 되었을 때 싱글 엘레멘트 탐촉자를 사용하여 코팅의 두께를 무시하고 코팅 이하의 모재 두께를 측정할 때 이용된다.

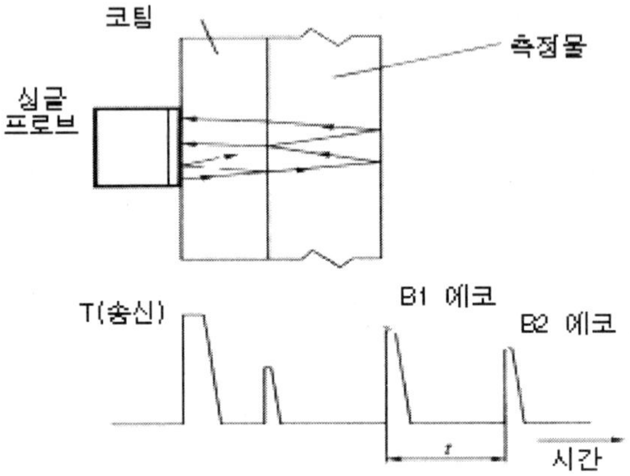

[그림 3-8] T-Bm 측정 모드

(3) S-Bm 측정 모드

S-Bm 측정 모드는 표면 에코에서부터 첫번째 에코와 두번째 에코 사이의 두께를 측정하는 방법으로, 딜레이 라인 탐촉자를 사용하여 얇은 피검물의 두께를 측정할 때 이용된다.

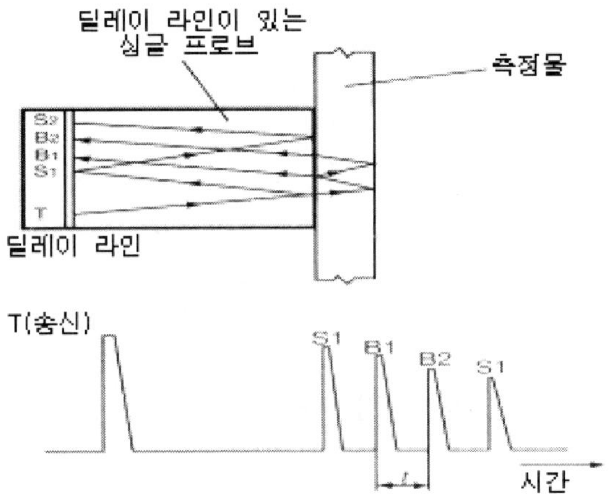

[그림 3-9] S-Bm 측정 모드

(4) S-B 측정 모드

S-B 측정 모드는 표면 에코에서부터 저면 에코까지의 초음파 왕복 시간으로 두께를 측정하는 방법으로, 듀얼 엘레멘트 탐촉자를 사용하여 얇은 피검물의 두께를 측정할 때 이용된다.

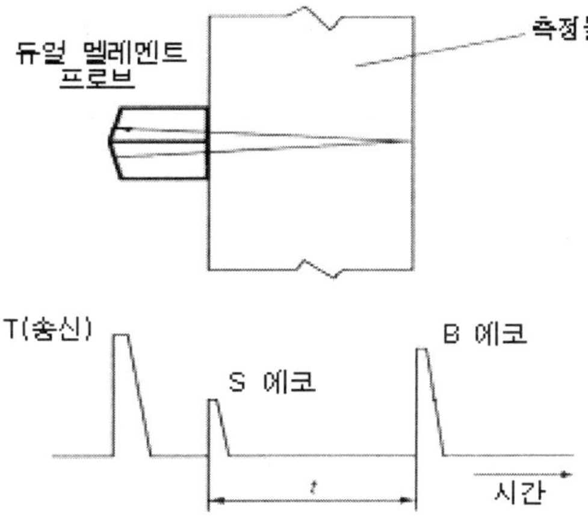

[그림 3-10] S-B 측정 모드

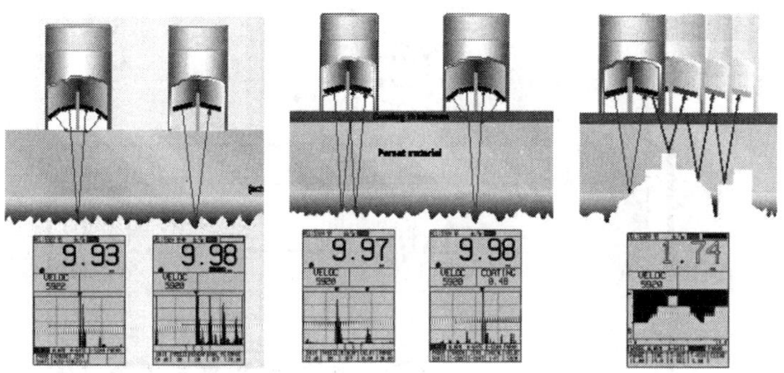

[그림 3-11] 듀얼 엘레멘트 탐촉자로 부식 두께를 측정한 B-Scan

그 밖에 페인트가 도포되었거나, 표면에 커플런트가 너무 많이 묻어 있거나 오염물로 더럽혀져 있거나 했을 때에는 멀티 에코를 이용하여 두께를 측정하는 방법도 있다.

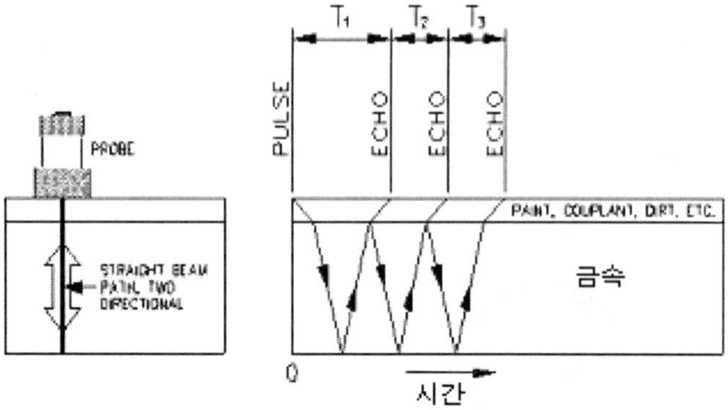

[그림 3-12] 멀티 에코 측정 모드

뿐만 아니라 복합재료(composite), 고무, 저밀도 폴리에틸렌(LDPE) 등과 같은 재질은 초음파를 흡수하거나 분산시키기 때문에, 일반적인 방법으로는 정확한 두께 측정이 어려울 경우가 많다. 이럴 경우에는 특수한 두께 측정 방법과 특수한 탐촉자를 사용하여 해결할 수 있다.

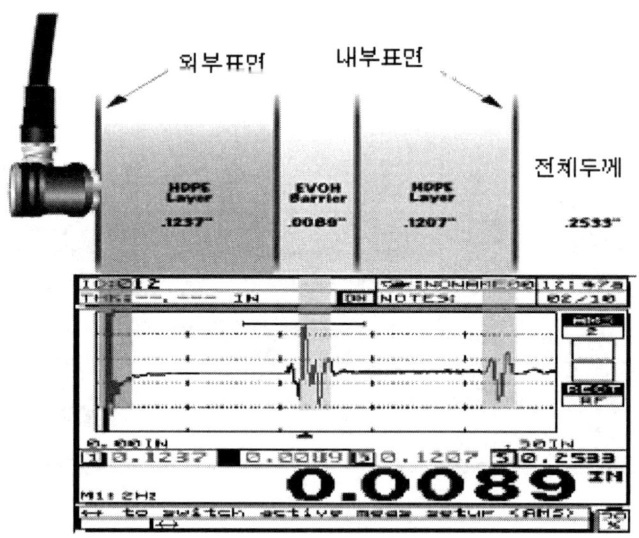

[그림 3-13] 멀티 레이어 두께 측정

올바른 두께 측정을 하기 위해서는 사용하는 두께 측정용 탐촉자 종류에 따라서 계산하는 공식도 달라진다. 원하는 두께값을 정확하게 알기 위해서는 올바른 종류의 두께 측정용 탐촉자를 잘 선택해야 한다(초음파 펄스 반사법에 의한 두께 측정 방법(KS B 0536) 참조).

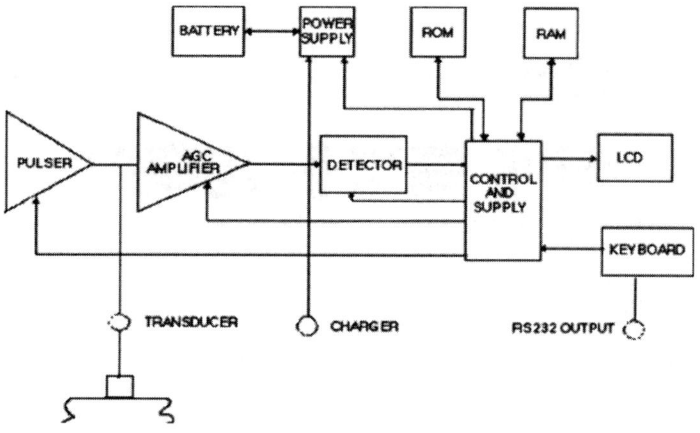

[그림 3-14] 두께 측정기 레이아웃

제2절 두께 측정용 탐촉자

두께 측정용 탐촉자는 엘레멘트의 수에 따라서 싱글 엘레멘트와 듀얼 엘레멘트 탐촉자로 나뉜다.

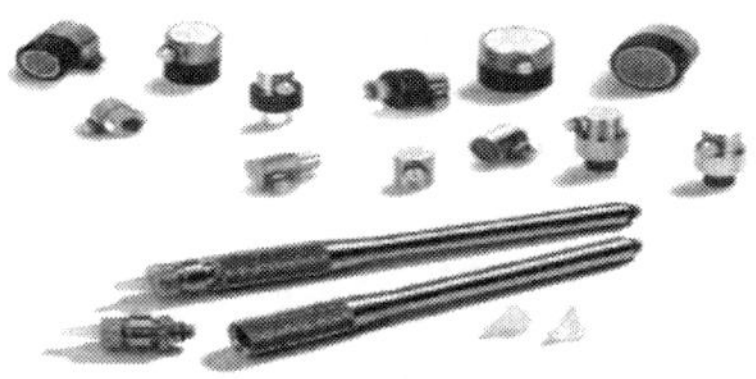

[그림 3-15] 각종 두께 측정용 탐촉자들

1. 싱글 엘레멘트 탐촉자

[그림 3-16] 싱글 엘레멘트 탐촉자들

싱글 엘레멘트 탐촉자는 ① 일반 수직용 탐촉자, ② 딜레이 라인용 탐촉자, ③ 수침용 탐촉자 등으로 분류된다.

(1) 일반 수직 탐촉자

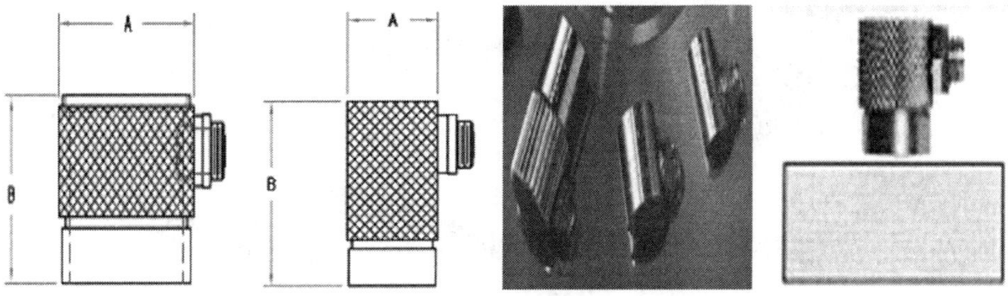

[그림 3-17] 일반 수직 탐촉자로 두께 측정

(2) 딜레이 라인 탐촉자

얇은 두께를 정밀하게 측정하기 위해서는 딜레이 라인 타입의 탐촉자를 사용한다. 하지만 딜레이 라인의 길이에 따라서 최대로 측정할 수 있는 두께 측정 범위는 한계가 있음에 주의해야 한다.

[그림 3-18] 딜레이 라인 타입 탐촉자로 두께 측정

(3) 펜슬 타입 탐촉자

펜슬 타입 탐촉자는 두께를 측정하기가 아주 협소한 곳이거나 또는 굴곡이 너무 심하여 일반 접촉식 탐촉자로는 닿은 면적이 너무 제한이 되어 측정이 불가능할 경우에 이용된다. 일반적으로 펜슬 타입의 접촉면은 1.6mm 정도가 되어 있다.

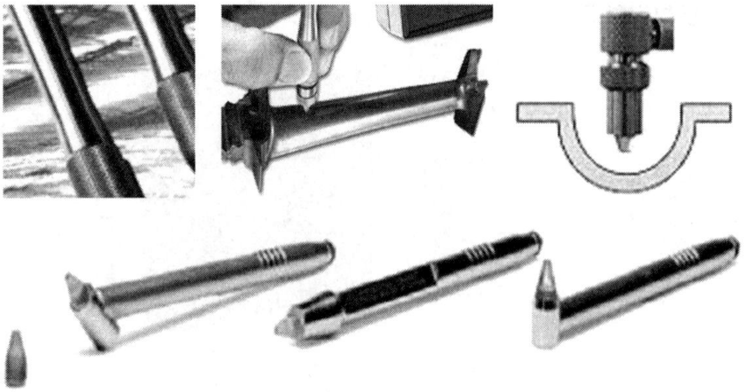

[그림 3-19] 펜슬 타입 탐촉자로 두께 측정

2. 듀얼 엘레멘트 탐촉자

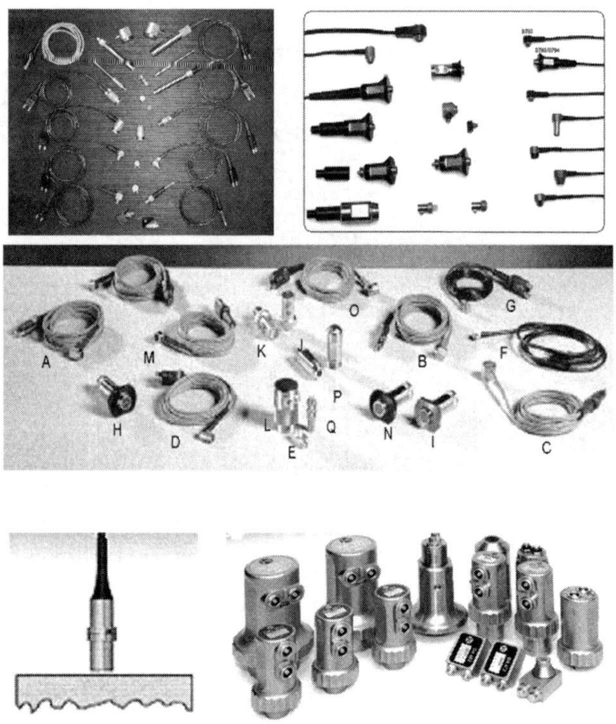

[그림 3-20] 듀얼 엘레멘트 탐촉자들

듀얼 엘레멘트 탐촉자는 2개의 엘레멘트가 각각 일정한 각도(roof angle이라고 한다)를 유지하기 때문에 표면이 이면과 평행하지 않아도 되며, 특히 부식처럼 이면 상태가 불규칙하게 되어 있을 경우에는 적합하지만, 발신 초음파와 수신 초음파 사이의 각도로 인하여 직선성이 많이 떨어진다.

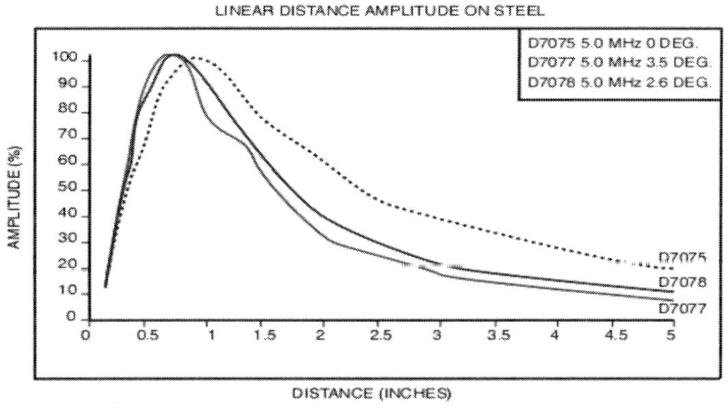

[그림 3-21] 듀얼 엘레멘트 탐촉자 특성곡선

또한 roof angle 때문에 만나는 지점에서는 에너지가 크게 작동되어 두께 측정이 원활하지만, 그 범위를 벗어날 경우에는 에너지의 급격한 감소로 인하여 두께 측정하기가 어려울 경우가 발생한다는 점에 주의해야 한다.

3. 수침용 탐촉자

생산 라인에서 두께를 측정할 경우에는 보통 수침용 탐촉자를 사용한다. 수침용 탐촉자는 초점이 있는 타입과 초점이 없는 타입이 있다. 수침용으로 사용할 때에는 전몰 수침과 부분 수침이 있다. 전몰 수침은 피검물을 물에 담가서 검사하는 타입에 사용되고, 부분 수침은 수침용 탐촉자에 버블러 등을 장착하여 사용하기도 한다.

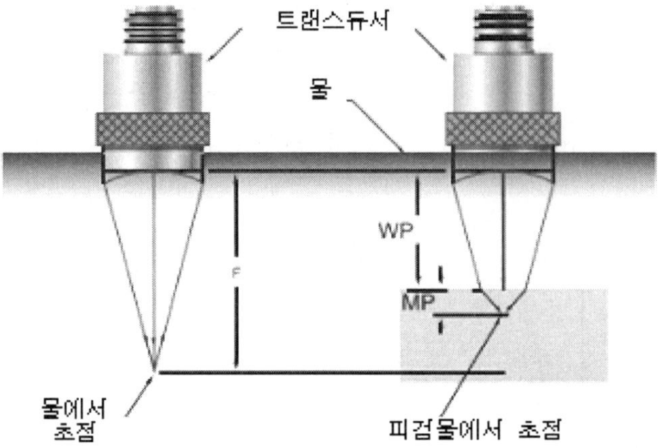

[그림 3-22] 초점이 있는 수침용 탐촉자들

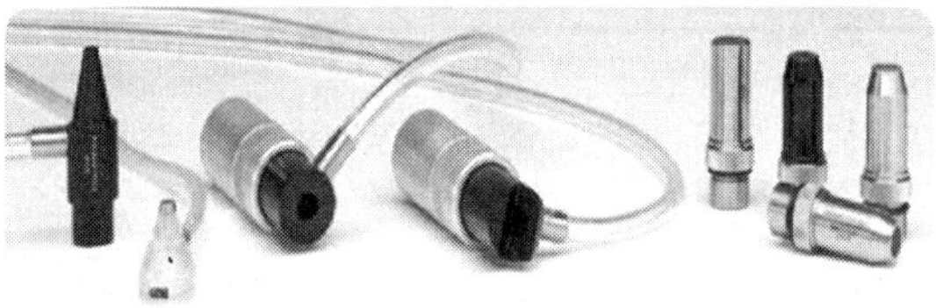

[그림 3-23] 수침용 탐촉자들

4. 특수용 탐촉자

(1) 산화 스케일(oxide scale) 측정용 탐촉자

매우 높은 온도로 히팅시킬 때에 물과 카본 스틸 사이의 리액터에서 전력 제너레이터 보일러 튜브 안에서 생성된 옥사이드 코팅이 생성된다. 옥사이드 레이터의 두께가 두꺼울수록 보일러의 효율은 더욱더 떨어지게 된다. 이러한 상태의 옥사이드 코팅을 측정하기 위하여는 특수 shear파 프로브와 함께 A-scan 화면이 있는 초음파 두께 측정기로 측정할 수 있다.

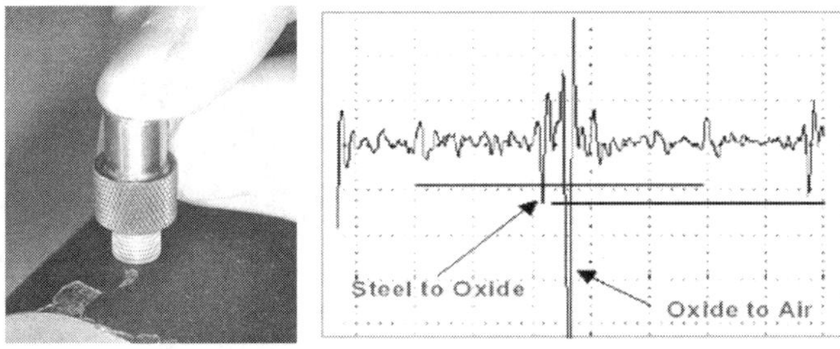

[그림 3-24] 산화 스케일 측정과 화면

(2) EMA(Electro Magnetic Acoustic) 탐촉자

EMA(US) 두께 탐촉자는 석유, 화학, 그리고 가스 산업, 조선 산업 등 여러 군데에서 일반 두께 측정용 탐촉자로는 측정이 불가능한 경우에는 EMA 탐촉자를 사용하여 해결할 수가 있다. 두께를 측정한 결과를 C-scan으로 표시할 수도 있다.

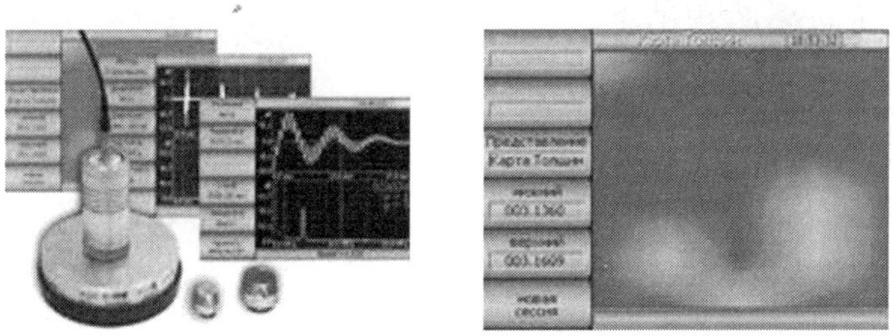

[그림 3-25] EMA 탐촉자와 C-scan 매핑

(3) 기타 두께 측정용 특수 탐촉자

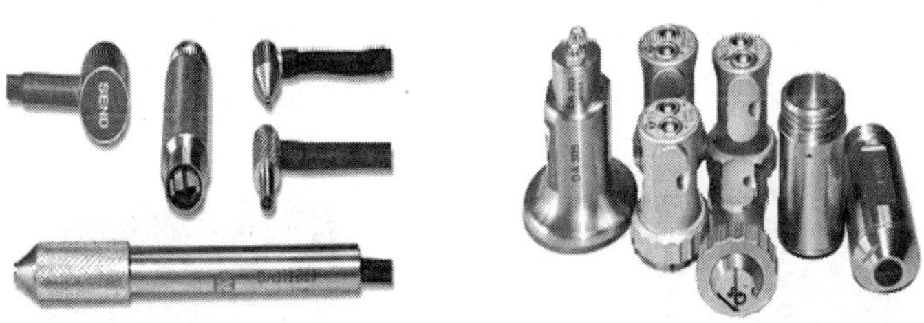

[그림 3-26] 특수 탐촉자

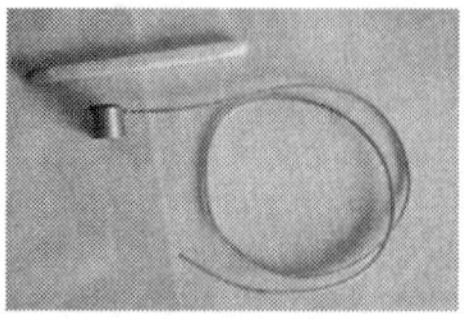

마이크로 미니어처(micro miniature) 탐촉자 - 공간이 극히 제한된 곳에서 사용

일반 접촉 탐촉자보다 지름이 대형인 탐촉자

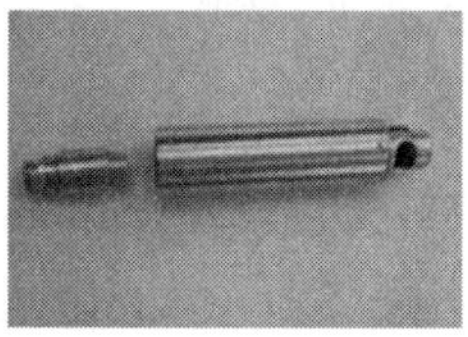

터빈과 튜브 두께 측정용 탐촉자

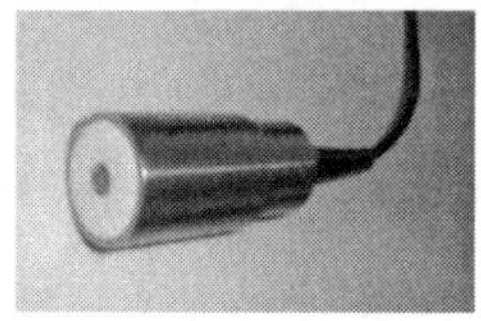

높은 주파수 초점식 수침용 탐촉자로 0.5mm까지 측정

75mm 이상 3dB까지 수침용 브러시 타입 탐촉자

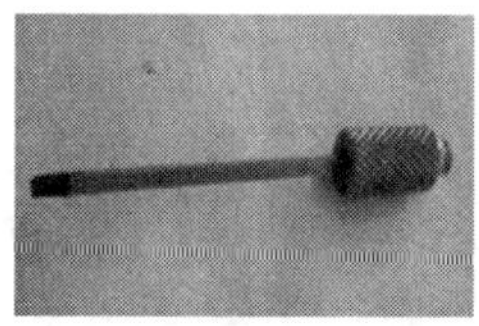

블레이드용 탐촉자

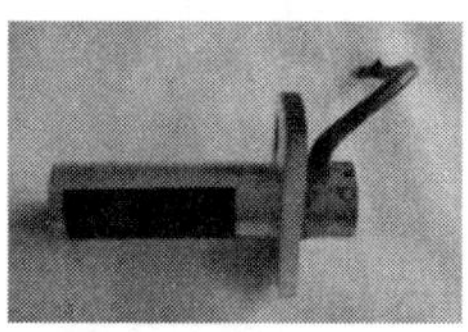

회전하여 스캐닝하는 수침 컴포넌트 탐촉자

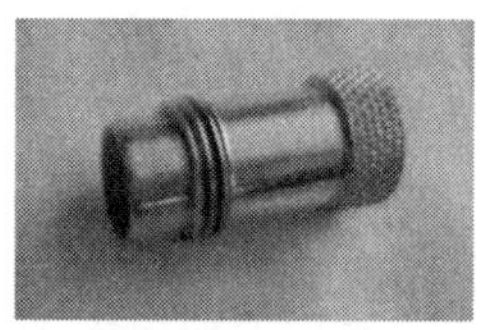

다양한 픽스처에 맞도록 제조된 수침용 탐촉자

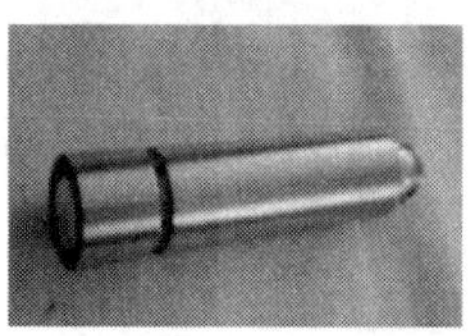

실링이 된 높은 주파수 소경 탐촉자

로터리 휠 탐촉자

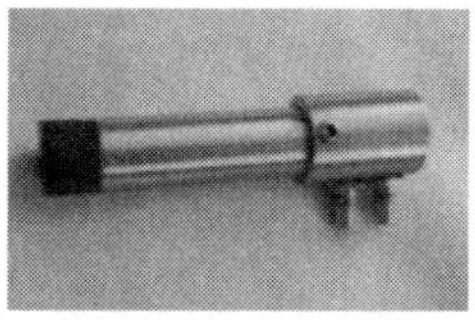
트윈 직각 탐촉자

사이드 수침 탐촉자

[그림 3-27] 특수 탐촉자들

5. 각종 두께 측정용 탐촉자 비교

〈표 3-2〉 각종 두께 측정용 탐촉자 비교

모 드	파 형	탐촉자 종류	측정범위	분해능
1	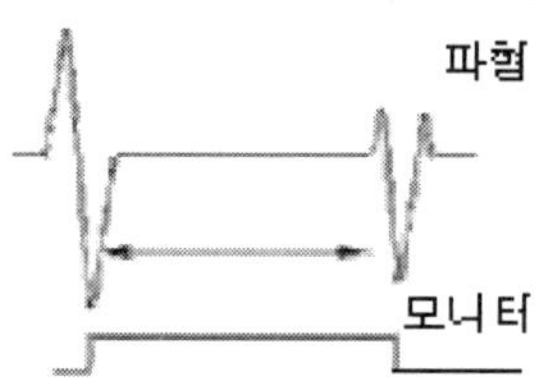	직접 접촉 (Direct Contact)	0.3mm ~2500mm	±0.01mm
2	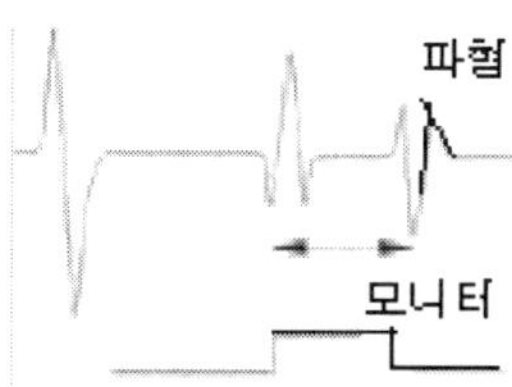	딜레이, 수침 (Delay, Immersion)	0.5mm ~100mm	±0.002mm
3	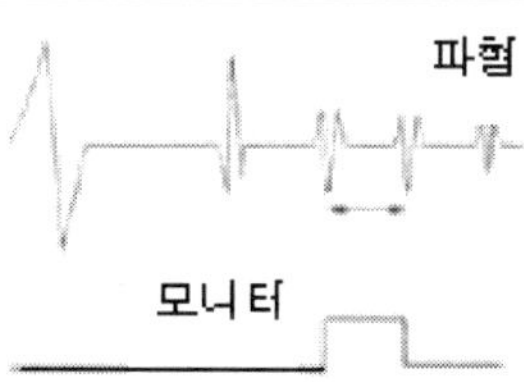	딜레이, 수침 (Delay, Immersion)	0.1mm ~40mm	±0.002mm

6. 탐촉자 관련 규격

규격번호	KS B 0535				
부 문	기계기본				
규격명(한글)	초음파 탐촉자의 성능 측정 방법				
규격명(영문)	Method for measurement ox performancecharacteristics of ultrasonic probes				
제정일	1995.12.26	최종개정일	2005.11.01	최종확인일	
적용범위	이 규격은 공칭 주파수가 1 MHz 이상, 15 MHz 이하의 초음파 탐촉자(이하 탐촉자라 한다.)의 성능 측정 방법에 대해서 규정한다. 또한 이 규격은 원칙적으로 탐촉자의 출하 시에 적용한다.				

제3절 초음파 두께 측정기

1. 두께 측정기의 종류

두께 측정기는 측정 목적에 따라서 다음과 같이 분류된다.

(1) 모재 두께 측정기

모재 두께 측정기는 정밀도에 따라서 일반 두께 측정용과 정밀 두께 측정용으로 분류가 된다. 일반 두께 측정기는 최대 0.01mm정도로 표시가 되지만, 정밀 두께 측정용은 0.001mm로 표시된다(정밀 두께 측정을 위해서는 ① 높은 주파수를 가진 탐촉자가 필요하다. ② 커플런트는 정밀 두께 측정용을 사용하며, 가능한 한 얇게 바른다).

(2) 부식 두께 측정기

부식은 일반적으로 고온에서 진전이 빨리 이루어지기 때문에 부식 두께를 측정하기 위해서는 ① 듀얼 엘레멘트 탐촉자를 사용한다, ② 고온용 탐촉자를 사용한다, ③ 고온용 커플런트를 사용한다. ④ 부식 두께 측정용 기능으로 세팅해 주어야 한다, ⑤ 고온 측정 조건을 만들어 주어야 한다.

고온용 탐촉자는 일반적으로 200℃ 이하에서 적용하는 탐촉자가 있고, 약 500℃ 이하에서 적용하는 탐촉자가 있다. 이 때에는 필히 고온용 커플런트를 사용해야 한다.

부식 두께 측정용 기능이란 고온에서 빨리 진전된 부식 두께는 일반 두께와 많이 다르기 때문에 다음과 같은 기능이 필요하다.

1) 게인 기능

부식 두께의 변화가 크고, 또한 잡음이 크게 발생하여 얻고자 하는 두께를 정확하게 얻을 수 없게 된다. 따라서 게인값을 올려 주어야 하는 기능이 필요하다.

2) 고속 스캔 기능

부식 두께는 일반 두께와 달리 피팅 등으로 발생하므로, 한 지점에다 탐촉자를 대고 두께 측정하는 방법으로는 정확한 부식 두께를 측정할 수가 없게 된다. 따라서 고속 스캔 기능이 필요하다. 고속 스캔 기능이란 1초에 20번 이상 초음파를 발생시키고 받아들이는 기능을 말한다.

3) 편차 기능

편차 기능은 기준 두께값을 설정해 놓고, 부식 두께를 측정했을 때 측정된 두께값과 미리 설정한 기준 두께값과의 차이만을 표시해 주는 기능으로 얼마나 부식이 생겼는지를 쉽게 알 수 있는 기능이다.

4) 알람 기능

알람 기능을 이용하면 부식이 심하게 일어났을 때 소리나 진동으로 알려주는 기능으로 현장에서 손쉽게 부식이 심하게 일어난 부분을 알 수 있는 기능이다.

5) 최소 두께 표시 기능

부식이 발생한 부분은 두께가 가장 얇은 곳이므로 최소 두께를 표시할 수 있는 기능이 있다면 쉽게 알아 낼 수 있는 기능이다. 특히 이 기능은 고속 스캔 기능과 함께 사용하여, 고속으로 스캔한 후에 고속 스캔한 구간에서 가장 얇아진 두께를 알아 냄으로써 부식된 부분을 식별할 수가 있다.

고온용 측정 조건이란 고온에서는 고온용 탐촉자와 고온용 커플런트를 사용한다 해도 접촉시간을 10초 이내로 하고, 쿨링시키는 시간을 1분 이상으로 해야 고온용 탐촉자에 영향을 주지 않고 계속 사용할 수가 있다.

만일 고온용 탐촉자를 계속 접촉하게 되면, 고온용 탐촉자는 변형이 일어나서 다음 번 측정할 때부터는 정확한 부식 두께를 얻을 수 없게 된다.

(3) 코팅 두께 측정기

일반적으로 코팅 두께를 측정하기 위해서는 자석을 이용하거나 와전류를 이용한다. 자성체 위에 비자성체가 코팅되었을 때에는 자석 방식을, 전도체 위에 비전도체가 코팅되었을 때에는 와전류 방식을 사용한다.

그러나 자성체 위에 자성체가 코팅되어 있거나, 전도체 위에 전도체가 코팅

되었을 경우에는 일반적인 코팅 두께 측정 방식으로는 측정이 안 되므로, 초음파를 이용하여 코팅 두께를 측정할 수가 있다.

예를 들면 고급 승용차에 사용하고 있는 헤드 라이트용 전구에는 세라믹 코팅이 되어 있으며, 그 코팅 두께를 측정하기 위해서는 초음파를 이용한다.

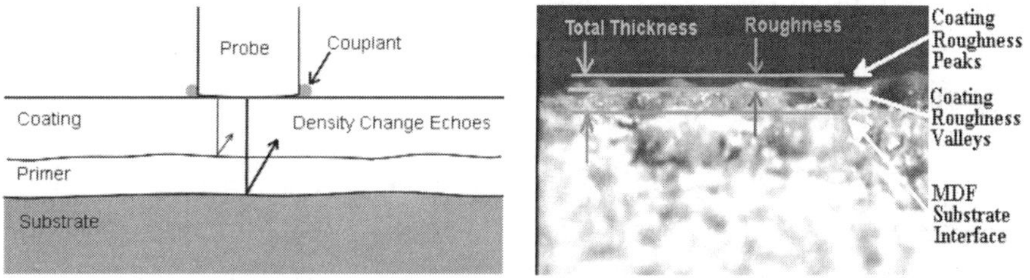

※ MDF(Medium Density Fiberboard) 모재 위에 폴리머가 코팅되었을 때

[그림 3-28] 초음파 코팅 두께 측정

2. 두께 측정기의 선택 요령

(1) 재 질

다양한 재질을 측정할 수 있는 두께기인가? 아니면 한 가지 재질만을 설정해 놓고 측정할 수 있는 두께기인가? 대부분의 두께 측정기는 재질의 음속을 다양하게 입력하거나 혹은 재질의 음속을 자동으로 계산하는 기능을 가진 두께기도 많다.

(2) 탐촉자

탐촉자를 교환할 수 있는가? 아니면 고정되어 교환이 불가능한가? 만일 탐촉자가 두께기와 고정으로 연결되어 있는 경우에는 탐촉자가 손상이 될 경우에 두께기 전체를 새로 구입해야 하는 경우가 발생한다.

탐촉자를 교환하는 경우에는 싱글 엘레멘트 탐촉자용인가, 아니면 듀얼 엘레멘트용인가, 아니면 싱글 엘레멘트와 듀얼 엘레멘트를 모두 지원하는 두께기인가를 고려해야 한다.

따라서 두께 측정기를 구입하기 전에 먼저 용도에 맞는 탐촉자가 어떤 타입인지를 고려하고, 그 탐촉자를 지원하는 두께기 기종이 무엇인지를 살펴야 한다.

(3) 분해능

두께 측정기가 0.001mm로 표시된다면 실제로 유효 두께값은 0.01mm가 됨을 주의한다.

듀얼 엘레멘트 탐촉자를 사용하는 두께기인 경우에는 듀얼 엘레멘트의 roof angle 때문에 최대 정밀도는 +/−0.01mm로 표시가 된다.

(4) 데이터 로깅

데이터 로깅은 X축만으로 저장되는 경우와 X축값, Y축값으로 저장되는 경우가 있다. 특히 부식 두께기인 경우에는 부식된 부분을 C-scan으로 하거나 이미지로 표시하기 위해서는 2D(X축값, Y축값)로 표시되어야 한다.

(5) 측정 모드

펄스 에코 모드를 지원하는가? 대부분의 두께 측정기는 펄스·에코 모드를 지원한다.

페인트나 코팅 두께를 무시하고 모재만의 두께를 측정하기 위한 에코·에코 모드를 지원하는가? 에코·에코 모드도 수동으로 조절하여 측정하는지 아니면 자동으로 모드가 변경되어 측정이 되는지도 고려해야 한다.

(6) 어려운 환경

어려운 환경에서도 측정할 수 있는 두께기인가? 대부분의 두께 측정기는 일반 환경에서는 측정할 수 있지만 많은 경우에는 예상치 못한 어려운 환경에서 측정해야 하는 경우가 많이 발생하므로, 그러한 환경에서도 측정할 수 있는 두께기인지를 고려해야 한다.

(7) 스캔 모드

부식의 두께를 측정하기 위해 주로 사용되는 기능으로 탐촉자를 고속으로 스캔하면서 두께를 측정한다.

(8) 알람 기능

기준 두께값을 알람값으로 설정해 놓고 측정할 때 기준 두께값을 초과할 경우나 너무 미달할 경우에 소리나 진동으로 알려 주는 기능이다.

(9) 편차 기능

기준 두께값을 설정해 놓고 측정했을 때 실제 측정된 두께값과의 차이만을 표시되는 기능이다.

(10) 특수 환경

해저에서도 측정할 수 있는 두께기이다.

3. 두께 측정기의 분류

(1) 표시되는 화면으로 분류

1) 두께 화면만 표시되는 두께기

2) A-scan 화면도 함께 표시되는 두께기

또한 단순히 두께 표시를 수치로만 표시해 주는 두께기와 A-scan 또는 A-scan/B-scan 화면과 함께 보여 주는 두께기로 분류가 된다. 단순히 두께값을 수치로만 표시해 주는 두께기의 경우에는 측정된 두께값이 정확한지를 알아내기 어려울 경우가 종종 발생한다. 따라서 최근에는 A-scan 또는 A-scan과 B-scan을 화면에 보여주는 두께기를 산업체에서 요구하고 있다.

(2) 사용하는 탐촉자로 분류

1) 싱글 엘레멘트 탐촉자를 사용하는 두께기

정밀하게 두께를 측정하기를 원할 경우에는 싱글 엘레멘트 탐촉자를 사용하고, 주파수가 높은 탐촉자를 사용한다.

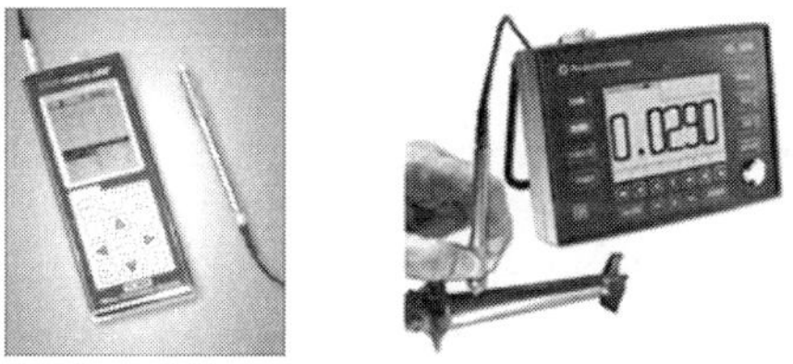

[그림 3-29] 싱글 엘레멘트 탐촉자용 두께기(PVX, CL400, 25MULTIPLUS)

2) 듀얼 엘레멘트 탐촉자를 사용하는 두께기

일반적으로 가장 많이 사용되고 있는 두께기이며, 표면이 굴곡지거나 이면의 상태가 부식된 경우에 사용한다.

[그림 3-30] 듀얼 엘레멘트 탐촉자용 두께기들
(TI-45, TI-007, EHC09, MG2, DM4)

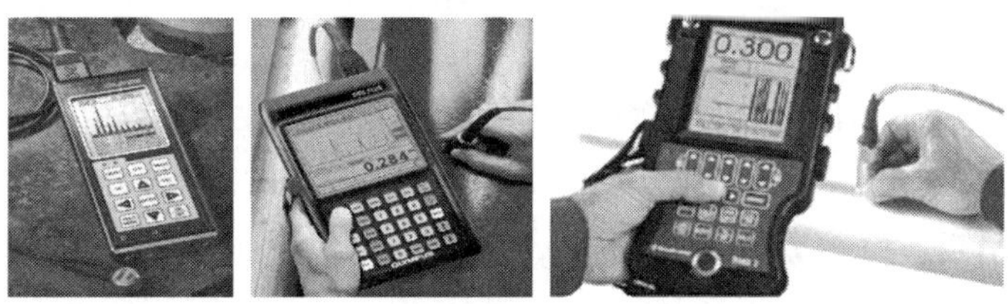

[그림 3-31] A-scan이 있는 듀얼 엘레멘트 탐촉자용 두께기들
(MVX, 37DLPLUS, DMS2)

3) 수침용 탐촉자를 사용하는 두께기

아주 정밀하게 두께를 측정하기 위해서는 수침용 탐촉자를 사용한다. 또한 커플런트의 문제가 있기 때문에 생산 라인에서 연속적으로 오차를 가장 적게 줄이면서 측정하기에 적합하다.

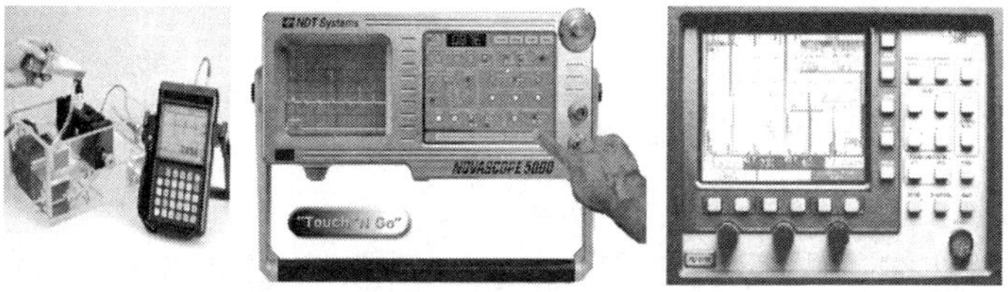

[그림 3-32] 수침용 두께기(25DLPLUS, NOVASCOPE, XU)

4) 특수 탐촉자를 사용하는 두께기

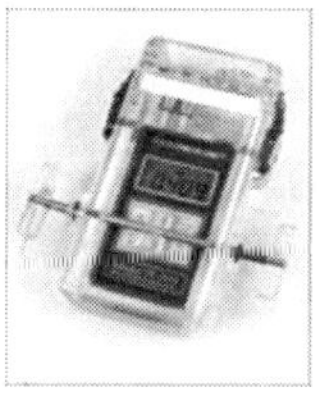

[그림 3-33] 해저 300피트에서도 측정

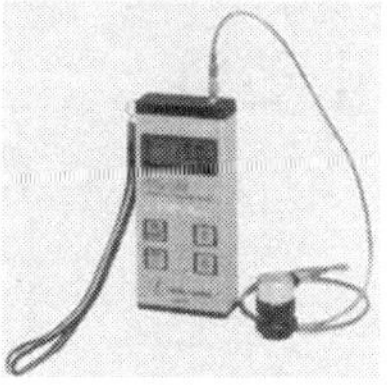

[그림 3-34] 고무, FRP 두께 측정기

4. 두께기 교정

(1) 1점 교정 방식

과거에는 대부분의 두께 측정기가 1점 교정 방식을 채택하고 있다. 예를 들면, 두께 측정기에 붙어 있는 표준 시험편이 있다면 대부분 1점 교정 방식을 채택하고 있는 두께기인 것이다.

하지만 1점 교정 방식인 경우에는 직선성에 문제가 생길 수 있다.

(2) 2점 교정 방식

최근에는 1점 교정 방식에서 직선성에 문제점이 있기 때문에 2점 교정 방식을 채택하고 있다.

2점 교정 방식을 정확하게 하기 위해 스텝 블록(step block) 교정용 시험편을 사용한다.

[그림 3-35] 스텝 블록(4스텝, 5스텝)과 얇은 두께용 블록

5. 싱글 엘레멘트(Single Element) 두께기

(1) 탐촉자 선택

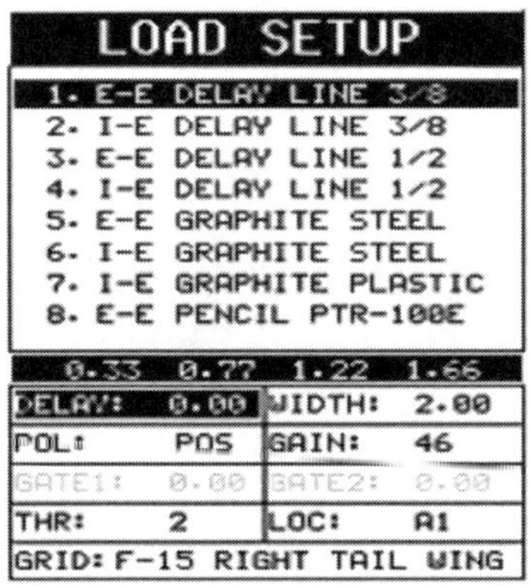

[그림 3-36] 셋업된 탐촉자 중에서 선택

두께기 내부에 셋업된 탐촉자 중에서 적당한 탐촉자를 선택한다.

(2) 교 정

1) 음속을 알고 있는 경우

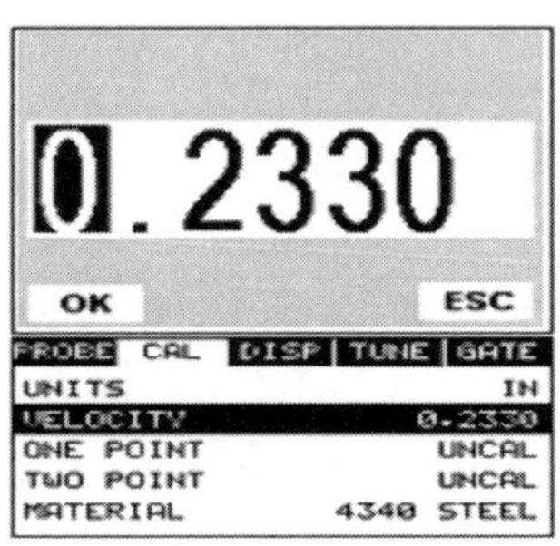

[그림 3-37] 알고 있는 음속을 입력

2) 재질의 두께를 알고 있는 경우

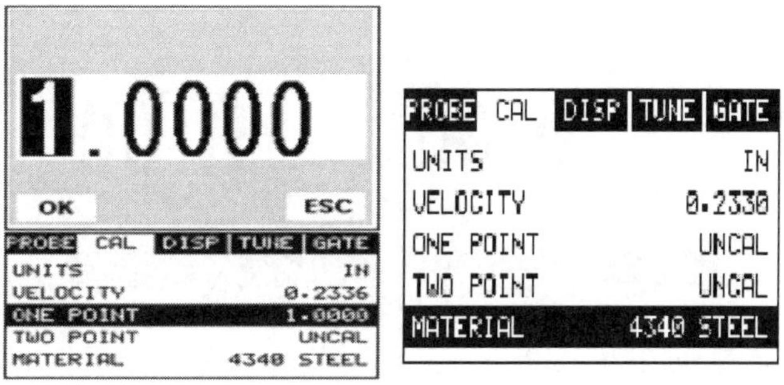

[그림 3-38] 알고 있는 재질의 두께를 입력하거나, 내장된 기본 재질을 선택

(3) 측 정

1) DISP : 화면 선택

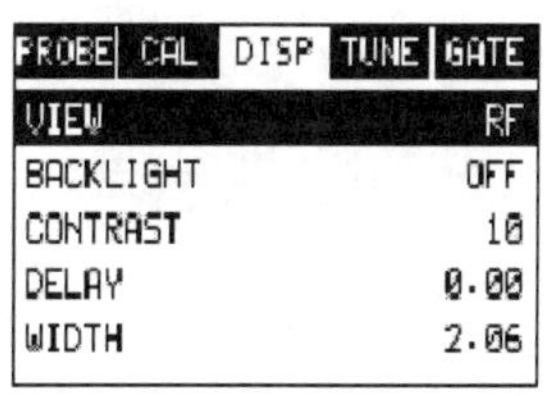

[그림 3-39] DISP를 설정

① VIEW(보기) RF는 생파형, RECT는 전파, B-SCAN, DIGIT를 보여 준다.

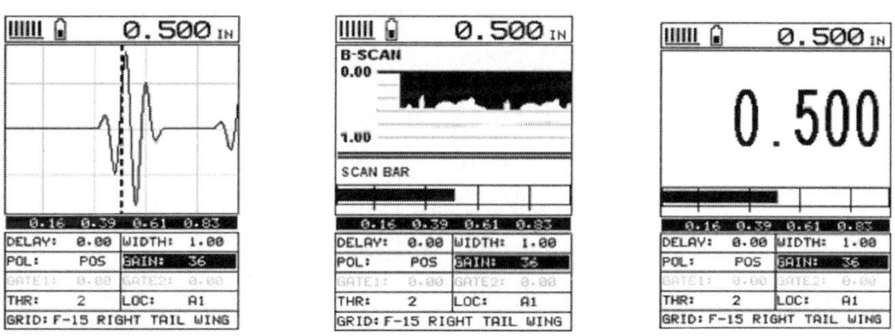

[그림 3-40] RF 파형, B-scan과 디지트 표시

② BACKLIGHT : 백 라이트를 켜고 끈다.

③ CONTRAST(농도) : 화면의 농도를 조절한다.

④ DELAY, WIDTH : 딜레이 길이와 폭을 설정한다.

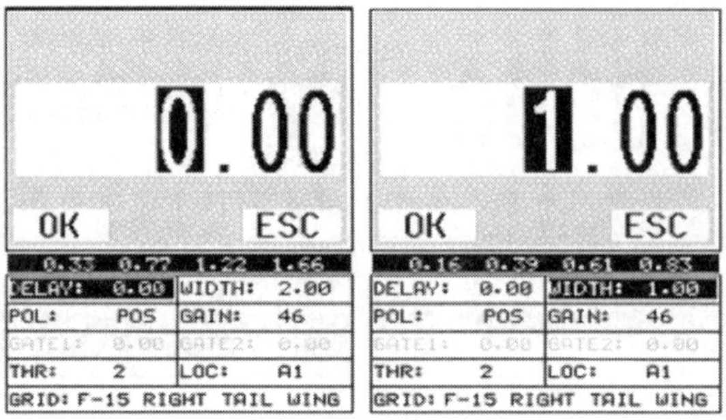

[그림 3-41] 딜레이 길이와 폭 설정

(4) 키 패드

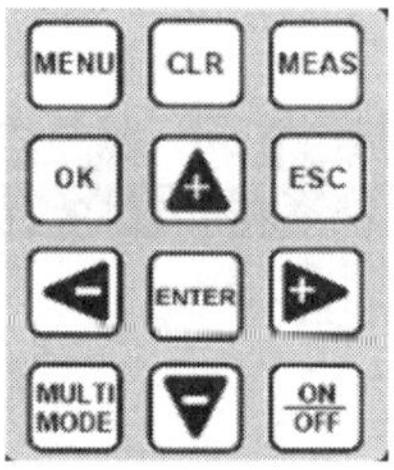

[그림 3-42] 딜레이 길이와 폭 설정

①  [메뉴] 키 : 사용 키와 서브 메뉴를 선택한다

PROBE(프로브) : 영점 조정 기능, 펄스 타입을 설정한다.

CAL(교정) : 단위, 음속, 1점, 2점, 재질을 교정한다.

DISP(디스플레이) : 보기, 백 라이트, 농도, 딜레이, 폭을 설정한다.

TUNE(튠) : 게인, AGC, 스레숄드, 극성, 파형을 설정한다.

GATE(게이트) : 측정 모드, 게이트 1, 게이트 2를 설정한다.

SETUP(셋업) : 열기, 저장, 디폴트 셋업, 언어를 설정한다.

DATA(데이터) : 새로이, 편집, 열기, 1 그릿을 삭제하기, 모든 그릿을 삭제하기를 설정한다.

UTIL(유틸리티) : 자동 찾기, 스캔 모드, 알람 상태, 알람 LO 한계, 알람 HI한계를 설정한다.

XFER(전송) : 백업 셋업, 셋업 회복하기, 그릿 백업, 그릿 회복하기 등을 설정한다.

② CLR [지우기] 키 : 삭제시키는 기능

③ MEAS [측정] 키

④ OK [OK] 키 : 변경이나 선택을 확인한다

⑤ ESC [ESC] 키 : 빠져 나온다

⑥ ENTER [입력] 키

⑦ MULTI MODE [멀티 모드] 키

⑧ ▲▼◀▶ [화살] 키

(5) 메뉴 키

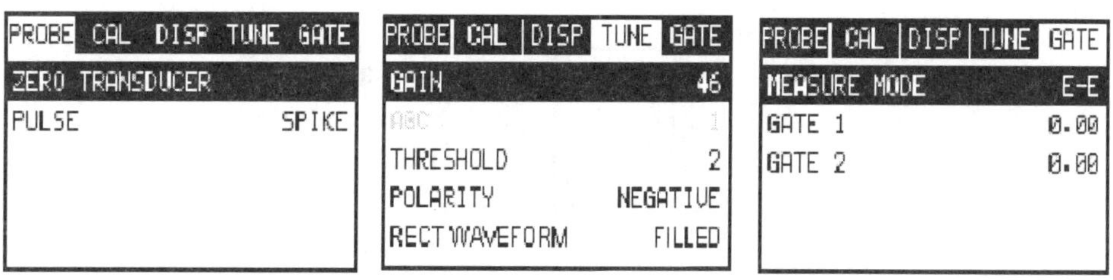

[그림 3-43] 탐촉자 모드, 튠 모드, 게이트 모드

[그림 3-44] 셋업 모드, 데이터 모드, 유틸리티 모드

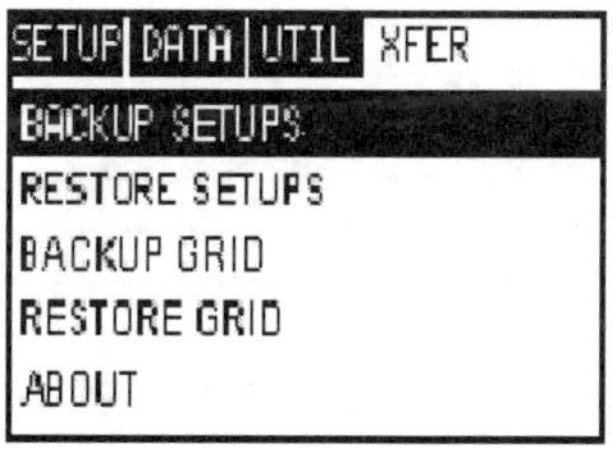

[그림 3-45] 전송 모드

(6) 두께 측정 기술

1) 인터페이스 - 에코 측정 모드

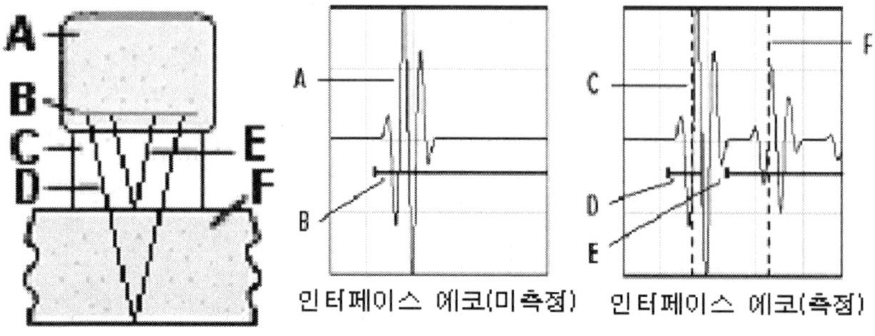

[그림 3-46] 인터페이스-에코 모드에서 딜레이 라인 탐촉자

2) 에코 - 에코 측정

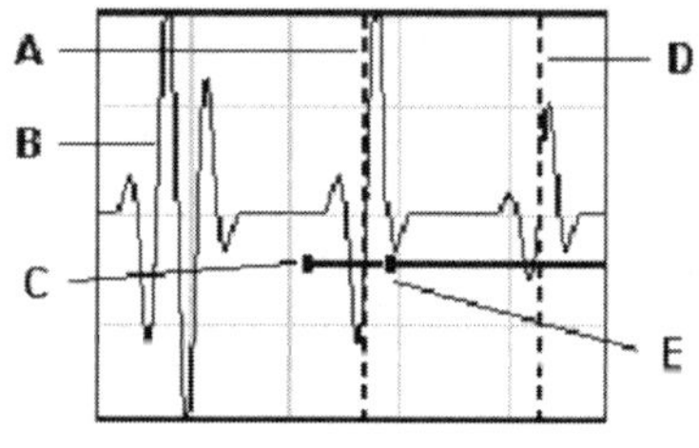

[그림 3-47] 에코-에코 측정 모드 화면

(7) 공장 셋업

Num	Name	Comment 1	Gn/AGC	Velocity
1	E-E DELAY LINE 3/8		3	0.2330 in/uSec
2	I-E DELAY LINE 3/8		3	0.2330 in/uSec
3	E-E DELAY LINE 1/2		3	0.2330 in/uSec
4	I-E DELAY LINE 1/2		3	0.2510 in/uSec
5	E-E GRAPHITE STEEL		3	0.0940 in/uSec
6	I-E GRAPHITE STEEL		3	0.0940 in/uSec
7	I-E GRAPHITE PLASTIC		3	0.0920 in/uSec
8	E-E PENCIL PTR-100E		3	0.2330 in/uSec
9	I-E PENCIL PTR-100E		3	0.2330 in/uSec
10	E-E PENCIL PTR-300E		6	0.2330 in/uSec
11	I-E PENCIL PTR-300E		5	0.2330 in/uSec
12	E-E CONTACT STEEL		6	0.2330 in/uSec
13	P-E CONTACT STEEL		33	0.2330 in/uSec
14	P-E CONTACT PLASTIC		38	0.0920 in/uSec
15				
16				

[그림 3-48] 공장에서 출하시 셋업

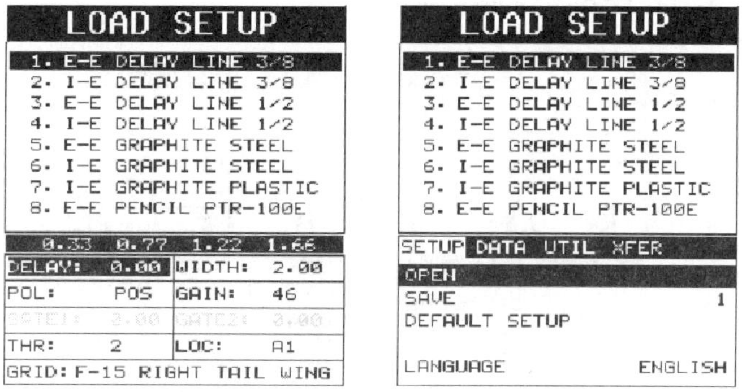

[그림 3-49] 셋업 불러오기

(8) 2점(2 point) 교정

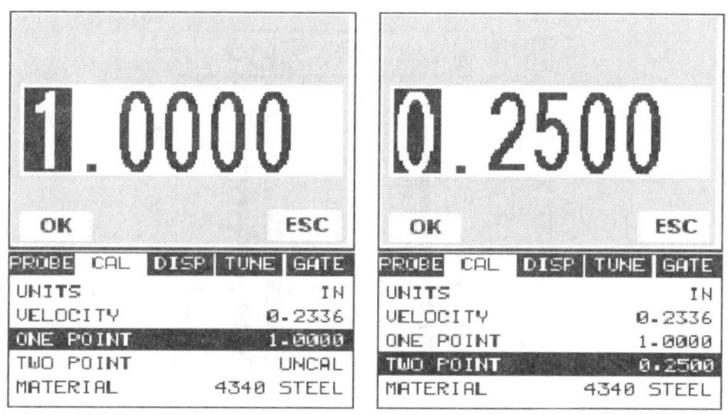

[그림 3-50] 2점 교정

(9) 화면 정보

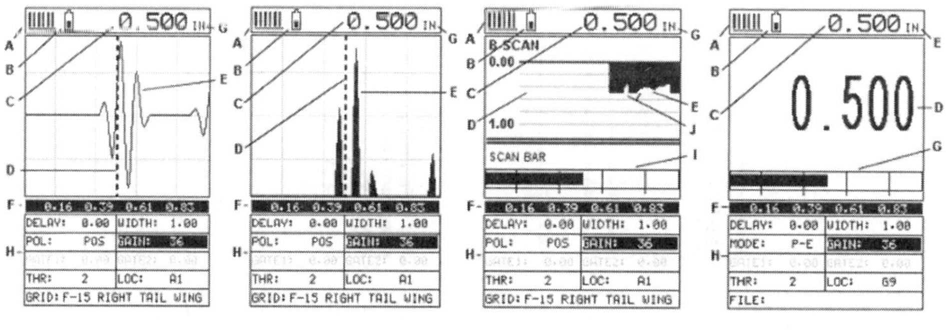

[그림 3-51] 화면에서 보여 주는 정보들

(10) 표면 잡음 문제 해결

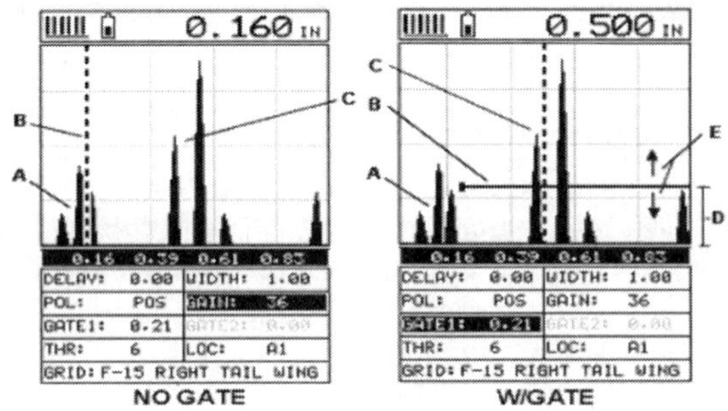

[그림 3-52] 표면 잡음 문제

(11) 에코-에코 측정 모드

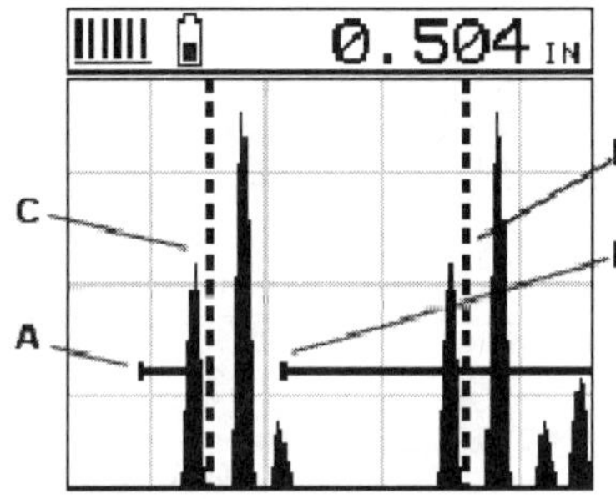

[그림 3-53] 에코-에코 모드(페인트 무시)-게이트 2개

(12) 페인트 무시하고 측정하기

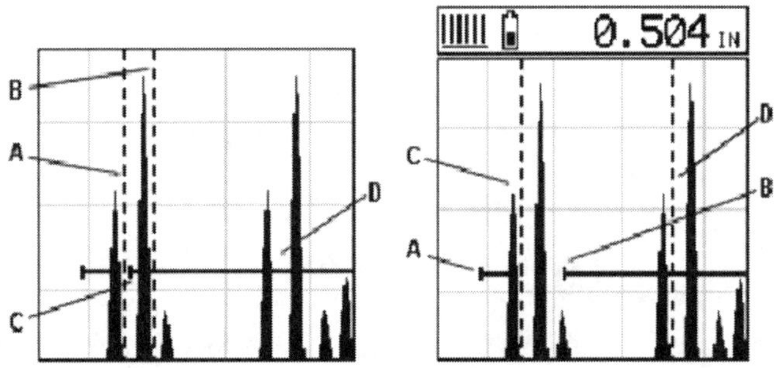

[그림 3-54] 페인트 무시 때의 잘못된 세팅과 올바른 세팅

(13) 극 성

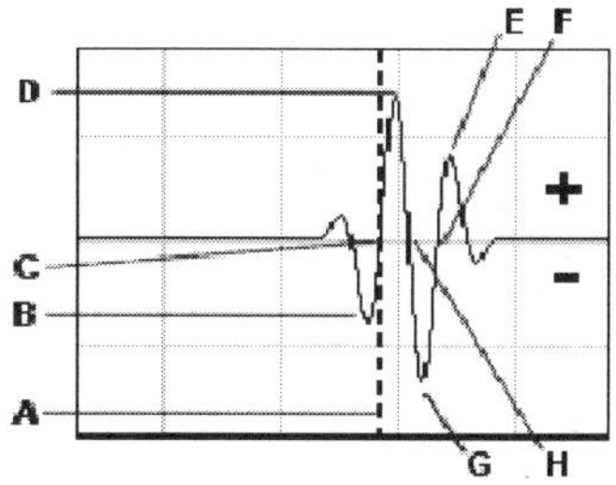

[그림 3-55] 극 성

A : 검출 라인　　　B : 파형의 부(-) 위치,　　C : 제로 크로싱
D : 파형의 정(+) 위치　　E : 시그널　　F : 두번째 사이클
G : 두번째 부(-) 위치　　H : 다음 제로 크로싱

(14) 그릿으로 저장하고 불러오기

DELAY: 0.00	WIDTH: 2.06
MODE: P-E	GAIN: 46
GATE1: 0.00	GATE2: 0.00
THR: 2	LOC: A1
FILE:	

	A	B	C
1	0.027	0.027	0.027
2	0.027	0.999	0.027
3	0.027	0.027	0.196
4	0.027	0.027	0.027

[그림 3-56] 그릿으로 저장하고 불러오기

(15) 유틸리티 소프트웨어

[그림 3-57] 유틸리티 소프트웨어 파일 메뉴들

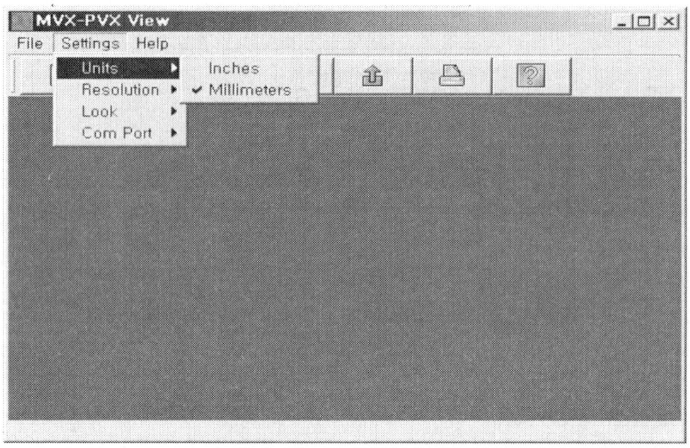

[그림 3-58] 유틸리티 소프트웨어 세팅 메뉴들

6. 듀얼 엘레멘트(dual element) 두께기

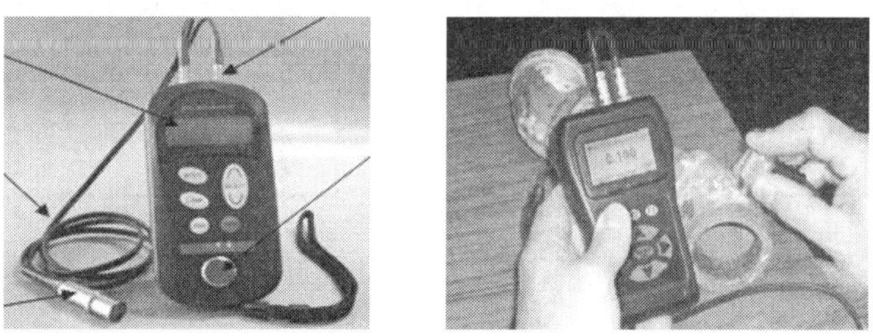

[그림 3-59] 초음파 부식 두께기(TI-45, ECH09)

(1) 두께 측정기 화면

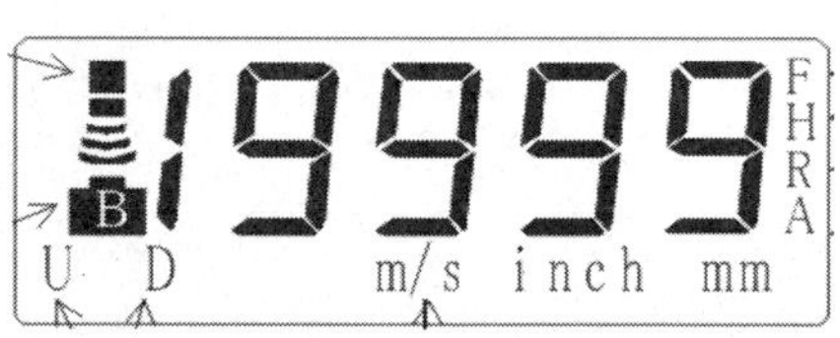

[그림 3-60] 부식 두께기 화면

①  커플링 표시 : 커플링 상태를 알려 준다.

② B 배터리 표시 : 배터리가 부족할 경우에 나타난다.

③ U, D : 음속 세팅 표시로 음속값을 올리거나 내릴 경우에 사용한다.
④ m/s : 음속 단위
⑤ inch, mm : 측정 단위 표시로 두께 측정값의 단위를 표시한다.
⑥ F : 프리 모드
⑦ H : 홀드 모드
⑧ R : R-B1 측정 모드
⑨ A : 알람 측정 모드

(2) 키 패드

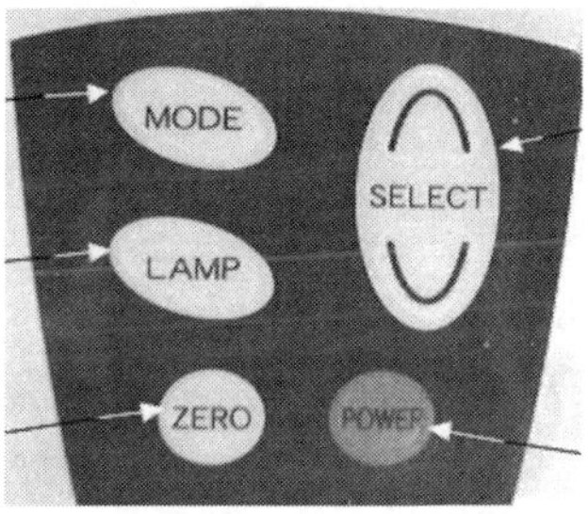

[그림 3-61] 키 패드

① MODE : 측정 모드(S-B1 모드 → R-B1 모드 → A에 의한 두께값 → RA에 의한 두께값 → 거친 조정 → 미세 조정의 순서로 전환)
② LAMP : 램프 모드(백 라이트를 켜고 끈다)
③ ZERO : 제로 모드(영점 조정 스위치)
④ SELECT : 선택 모드(음속 선택 조정 스위치)
⑤ POWER : 전원 모드(전원을 켜고 끈다)

(3) 탐촉자 연결

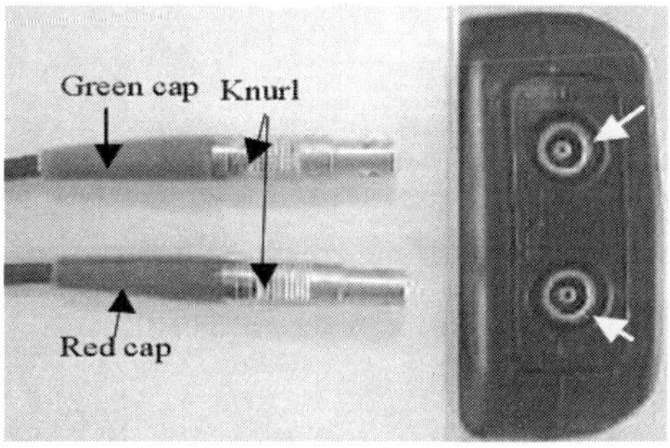

[그림 3-62] 탐촉자 연결

다른 색깔로 구분된 탐촉자는 같은 색깔의 커넥터에 연결한다.

일반적으로 녹색 캡이 있는 탐촉자는 수신(위쪽)에 연결하고, 빨간색 캡이 있는 탐촉자는 송신(아래쪽)에 연결한다.

(4) 영점(zero) 조정

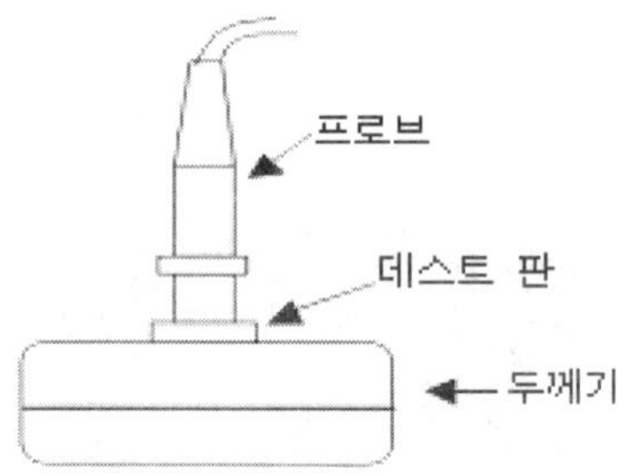

[그림 3-63] 탐촉자 연결

탐촉자의 영점을 조정한다.

(5) 모드(mode) 선택

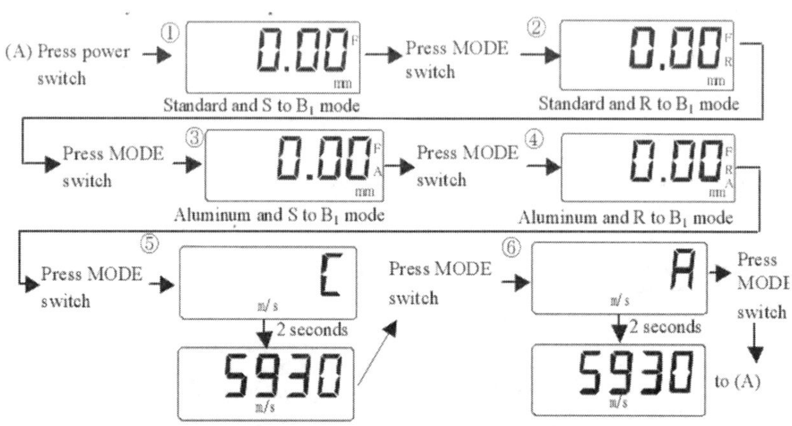

[그림 3-64] 모드 선택 순서

1) S-B1 측정 모드

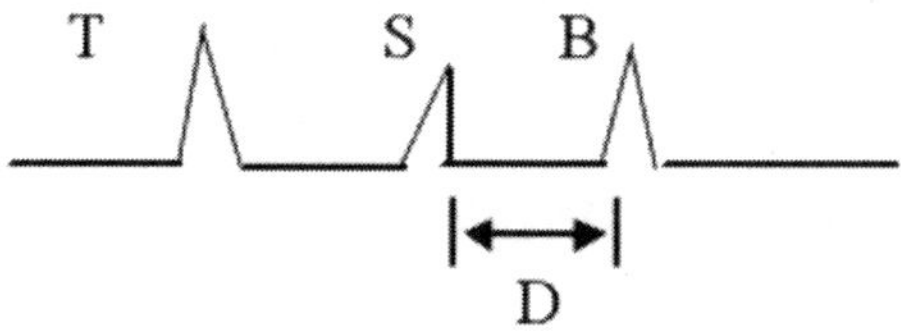

[그림 3-65] S-B1 측정 모드

2) R-B1 측정 모드

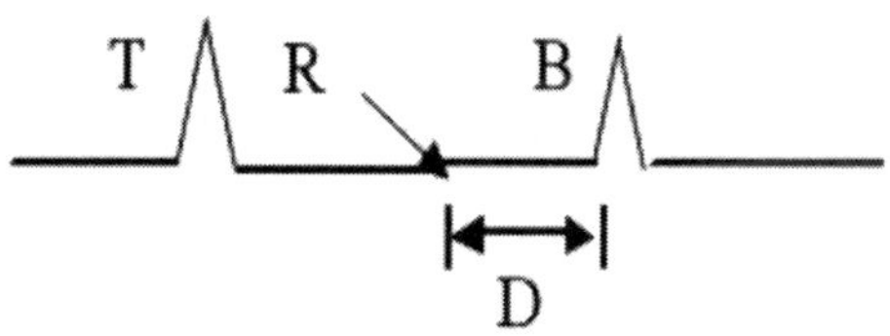

[그림 3-66] R-B1 측정 모드

(6) 음속 조정

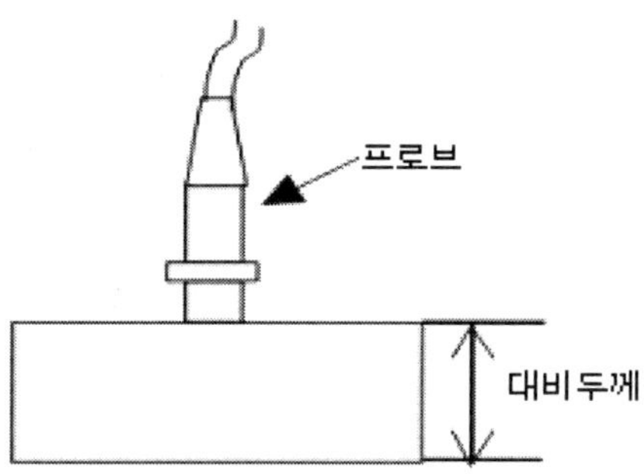

[그림 3-67] 음속 조정

(7) 두께 측정

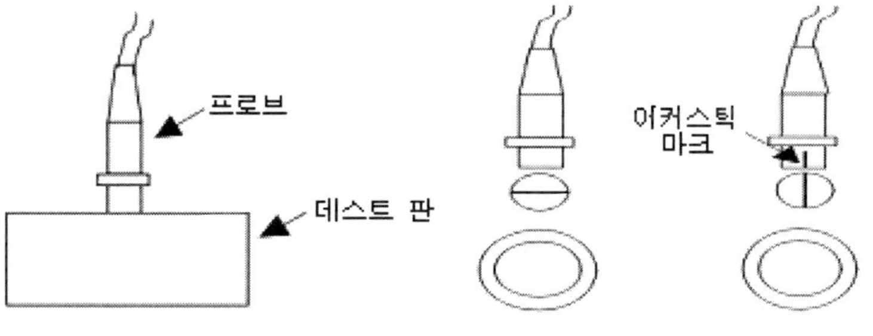

[그림 3-68] 평판, 파이프나 표면이 굴곡진 곳을 측정할 때

특히 파이프나 표면이 굴곡진 곳을 측정할 때에는 음향 배리어가 표시된 곳을 둥근 부분에 직각이 되도록 위치시키고 측정해야 한다.

(8) 두께 측정기 블록 다이어그램

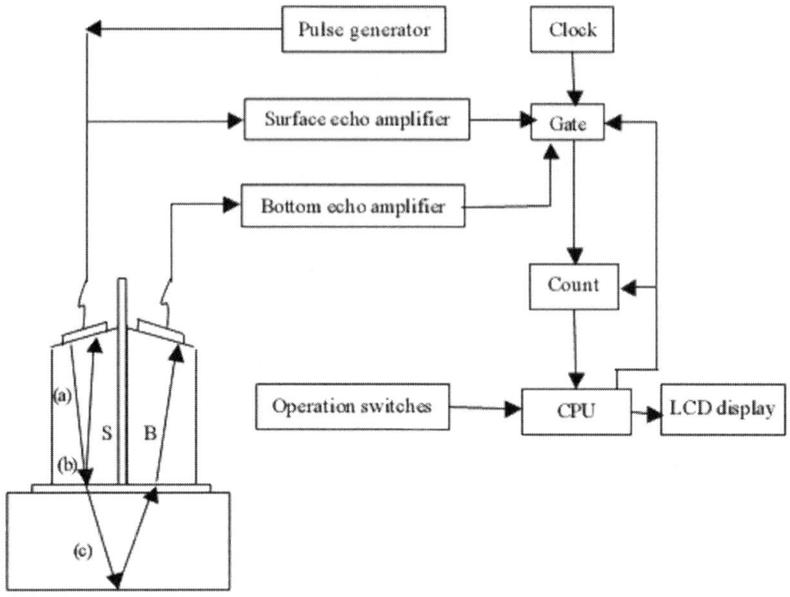

[그림 3-69] 초음파 부식 두께 측정기 블록 다이어그램

부록

한국 산업 규격

규격번호	KS B 0521
부 문	기계기본
규격명(한글)	알루미늄 관 용접부의 초음파 경사각 탐상 시험 방법
규격명(영문)	Methods of ultrasonic angle beam examination for welds of aluminium pipes and tubes
제정일	1994.12.27 최종개정일 1999.12.01 최종확인일 2004.06.30
적용범위	이 규격은 알루미늄 및 알루미늄합금 관(이하 알루미늄 관이라 한다.)의 완전 용입 용접부의 펄스 반사법에 의한 기본 표시의 탐상기를 사용하여 실시하는 관 바깥면에서의 초음파 경사각 탐상 시험 방법에 대하여 규정한다. 다만 바깥지름이 100mm 이상 1 500mm 이하이며, 두께가 5mm 이상인 알루미늄 관의 원둘레 이음 용접부 및 바깥지름이 300mm 이상 1 500mm 이하이며, 두께가 5mm 이상인 알루미늄 관의 길이 방향 이음 용접부 중 두께 t와 바깥지름 D의 비가 16% 미만인 것에 적용한다.

규격번호	KS B 0522
부 문	기계기본
규격명(한글)	알루미늄의 T형 용접부의초음파 탐상 시험 방법
규격명(영문)	Methods of ultrasonic examinationfor T type welds of aluminium plates
제정일	1994.12.27 최종개정일 1999.11.22 최종확인일 2004.06.30
적용범위	이 규격은 두께 5mm 이상의 알루미늄 및 알루미늄 합금판(이하 알루미늄이라 한다.)의 완전 용입 T형 용접부에 대하여 펄스 반사법에 의한 기본 표시의 탐상기를 사용하여 실시하는 초음파 탐상 시험 방법에 대하여 규정한다. 또한 시험 결과의 분류 방법을 부속서에 규정한다.

규격번호	KS B 0532
부 문	기계기본
규격명(한글)	초음파 펄스 반사법에 의한 고체의초음파 감쇠 계수의 측정 방법
규격명(영문)	Method for measurement of ultrasonic attenuationcoefficient of solid by pulse echo technique
제정일	1995.12.26 최종개정일 2005.11.01 최종확인일
적용범위	이 규격은 고체 2 MHz 이상의 주파수에서 초음파 감쇠 계수를 초음파 펄스 반사법에 의하여 측정하는 방법에 대하여 규정한다.

규격번호	KS B 0533
부 문	기계기본
규격명(한글)	초음파 펄스법에 의한 고체 음속의 측정 방법(대비 시험편을 사용하는 방법)
규격명(영문)	Methods for measurement on ultrasonic velocity of solidby pulse technique using reference test pieces
제정일	1995.12.26 최종개정일 2005.11.01 최종확인일
적용범위	이 규격은 초음파 펄스 반사법 및 투과법에 의하며, 대비 시험편을 사용하여 고체의 음속을 측정하는 방법과 측정 결과를 표시하는 방법에 대하여 규정한다.

규격번호	KS B 0534 **정오표 보기**
부 문	기계기본
규격명(한글)	초음파 탐상 장치의 성능 측정 방법
규격명(영문)	Method for assessing the overall performance characteristicsof ultrasonic pulse echo testing instrument
제정일	1995.12.26 최종개정일 2000.12.29 최종확인일 2005.05.20
적용범위	이 규격은 수동 조작으로 사용하는 초음파 펄스 반사법에 의한 기본 표시기를 갖는 초음파 탐상기와 탐촉자를 조합한 상태 또는 의사(疑似) 신호원을 사용하여, 초음파 탐상 장치(1)의 성능을 측정하는 방법 및 정기 점검의 방법에 대하여 규정한다. 이 규격에서는 일반적으로 사용되는 공칭 초음파 주파수가 0.5~15Hz인 직선 빔(straight-beam)과 경사 빔(angle-beam) 탐촉자에 관하여 논의하고 있다. 표면파 탐촉자는 이 규격에 포함하지 않는다. 이 규격은 침수 검사에서의 측정 방법뿐 아니라 음장의 변수들을 분류하는 절차도 제공한다. 이 규격은 접촉 측정에서의 음장 측정 방법을 기술하지는 않는다. << 이하 원문 참조 >>

규격번호	KS B 0535
부 문	기계기본
규격명(한글)	초음파 탐촉자의 성능 측정 방법
규격명(영문)	Method for measurement ox performancecharacteristics of ultrasonic probes
제정일	1995.12.26 최종개정일 2005.11.01 최종확인일
적용범위	이 규격은 공칭 주파수가 1 MHz 이상, 15 MHz 이하의 초음파 탐촉자(이하 탐촉자라 한다.)의 성능 측정 방법에 대해서 규정한다. 또한 이 규격은 원칙적으로 탐촉자의 출하 시에 적용한다.

규격번호	KS B 0536
부 문	기계기본
규격명(한글)	초음파 펄스 반사법에 의한 두께 측정 방법
규격명(영문)	Method for measurement of thickness by ultrasonic pulse echo technique
제정일	1995.12.26 최종개정일 2005.11.01 최종확인일
적용범위	이 규격은 초음파 펄스 반사법의 직접 접촉법에 의하여 구조물의 두께를 측정하는 방법에 대하여 규정한다.

규격번호	KS B 0537
부 문	기계기본
규격명(한글)	초음파 탐상기의 전기적 성능 측정 방법
규격명(영문)	Methods for assessing the electrical characteristics ofultrasonic testing instrument using pulse echo technique
제정일	1995.12.26 최종개정일 2005.11.01 최종확인일
적용범위	이 규격은 수동 조작으로 사용하는 초음파 펄스 반사법에 의한 기본 표시기를 가진 초음파 탐상기에서 그 제조 시에 전자 측정기를 사용하여 측정하는 전기적 성능 측정 방법에 대하여 규정한다.

규격번호	KS B 0544
부 문	기계기본
규격명(한글)	알루미늄 및 알루미늄합금 용접부의초음파 탐상 시험의 기술 검정에서의시험 방법 및 판정 기준
규격명(영문)	Standard qualification procedure for ultrasonic testingtechnique of aluminium and aluminium alloy welds
제정일	1995.12.26 최종개정일 2005.11.01 최종확인일
적용범위	이 규격은 알루미늄 및 알루미늄합금 용접부의 초음파 탐상 시험 기술 검정에서의 시험 방법 및 판정 기준에 대하여 규정한다.

규격번호	KS B 0817
부 문	기계기본
규격명(한글)	금속 재료의 펄스 반사법에 따른 초음파 탐상 시험 방법 통칙
규격명(영문)	GENERAL RULE OF ULTRASONIC TESTING OF METALS BY THE PULSE ECHO TECHNIQUE
제정일	1971.10.20 최종개정일 1996.12.31 최종확인일 2001.10.30
적용범위	이 규격은 펄스 반사법에 따른 기본 표시(A스코프 표시) 방식으로 금속 재료의 불건전부를 검출하여 평가하는 초음파 탐상 시험의 일반 사항에 대하여 규정한다.

규격번호	KS B 0831
부 문	기계기본
규격명(한글)	초음파 탐상 시험용 표준 시험편
규격명(영문)	Standard test blocks for ultrasonic testing
제정일	1975.12.13 최종개정일 2001.12.04 최종확인일
적용범위	이 규격은 초음파 탐상 시험 장치의 교정, 조정 및 탐상 감도의 조정에 사용하는 표준 시험편에 대하여 규정한다.

규격번호	KS B 0894
부 문	기계기본
규격명(한글)	강 용접부의 초음파 자동 탐상 방법
규격명(영문)	Methods for automatic ultrasonic testing for welds of ferritic steel
제정일	2003.11.25 최종개정일 최종확인일
적용범위	이 규격은 두께 6 mm 이상의 페라이트계 강의 완전 용입 용접부의 1탐촉자법 또는 2탐촉자법의 펄스 반사법에 의한 초음파 경사각 탐상 시험으로 시험을 자동으로 하는 경우의 장치, 탐상 방법 및 탐상 화상의 표시 방법에 대하여 규정한다. 다만 강관의 제조 공정 중의 이음 용접부 및 원자력 플랜트의 용접부에는 적용하지 않는다.

규격번호	KS B 0896
부 문	기계기본
규격명(한글)	강 용접부의 초음파 탐상 시험 방법
규격명(영문)	Method for ultrasonic examination for welds of ferritic steel
제정일	1977.12.30 최종개정일 1999.12.27 최종확인일 2004.06.30
적용범위	이 규격은 두께 6mm 이상의 페라이트계 강의 완전 용입 용접부를 펄스 반사법을 사용한 기본 표시의 초음파 탐상기(이하, 탐상기라 한다.)에서 초음파 탐상 시험(이하, 탐상이라 한다.)을 수동으로 실시하는 경우의 흠의 검출 방법, 위치 및 치수의 측정 방법에 대하여 규정한다. 다만, 강관의 제조 공정 중의 이음 용접부에는 적용하지 않는다.

규격번호	KS B 0897
부 문	기계기본
규격명(한글)	알루미늄의 맞대기 용접부의 초음파 경사각 탐상 시험 방법
규격명(영문)	Methods of ultrasonic angle beam examination for butt welds of aluminium plates
제정일	1977.12.29 최종개정일 1999.12.27 최종확인일 2004.06.30
적용범위	이 규격은 두께 5mm 이상의 알루미늄 및 알루미늄합금 판(이하 알루미늄이라 한다.)의 완전 용입 맞대기 용접부에 대하여, 펄스 반사법에 의한 기본 표시의 탐상기를 사용하여 실시하는 초음파 경사각 탐상 시험 방법에 대하여 규정한다. 그리고 시험 결과의 분류 방법을 부속서에 규정한다.

규격번호	KS B ISO 10375
부 문	부합화(B)
규격명(한글)	비파괴 검사 - 초음파 탐상 검사 - 탐촉자와 음장 특성
규격명(영문)	Non - destructuve testing - Ultrasonic inspection - Characterization of search unit and sound field
제정일	2002.10.21 최종개정일 최종확인일
적용범위	이 규격은 현장이나 실험실에서 사용되고 있는 펄스 - 여기 탐촉자에서 발생되는 음장 데이터를 얻는 방법과 초음파 탐촉자의 특성을 평가하는 측정 절차에 대하여 규정한다. 다만 접촉식 탐상에서의 음장 측정은 포함하지 않으며, 수침법에서 측정 방법과 음장 파라미터를 설명하기 위한 절차를 제공한다. 또는 탐촉자는 수직 탐촉자 및 사각 탐촉자를 사용하는 경우이며, 표면파 탐촉자는 포함하지 않으며 탐촉자의 주파수 영역은 0.5 ~ 15 MHz이다.

규격번호	KS B ISO 12710
부 문	부합화(B)
규격명(한글)	비파괴검사 - 초음파 검사 - 초음파 시험 장비의 전자적 특성 평가
규격명(영문)	
제정일	2005.11.01 최종개정일 최종확인일
적용범위	

규격번호	KS B ISO 12715
부 문	부합화(B)
규격명(한글)	초음파 비파괴 검사 - 접촉식 탐촉자빔 형상의 특성을 위한 기준 시험편과검사 절차서
규격명(영문)	Ultrasonic non - destructive testing - Reference blocks and test proceduresfor the characterization of contact search unit beam profiles
제정일	2002.10.21 최종개정일 최종확인일
적용범위	이 규격은 두 개의 금속 기준 시험편, 즉 반원 계단(HS : hemi - step)형과 측면공(side drilled hole) 시험편에 대하여 규정한다. 이 규격은 접촉식 초음파 탐상에서 탐촉자의 음장과 빔 형상을 측정하기 위한 절차서에 대하여 규정한다. 탐촉자는 수직 탐촉자, 사각 탐촉자(종파 사각, 횡파 사각), 집속 탐촉자 그리고 2진동자 탐촉자를 포함한다. 그러나 표면파[레일리(Rayleigh)파] 탐촉자는 제외한다. 탐촉자의 지름이나 측면 치수는 25 mm를 초과하지 않아야 한다. 이 규격은 단조강, 압연강과 알루미늄합금, 티타늄합금 등과 같은 이종금속에 사용할 수 있는 탐촉자에 대한 지침서이다. 탐촉자의 주파수 영역은 1~15 MHz로 강에서는 1~5 MHz, 미세한 조직을 갖는 알루미늄합금에는 5~15 MHz가 가장 적합하다. 이 국제 규격에서의 절차는 다른 규격들과 함께 전부 또는 부분적으로 사용될 수 있다. 매우 두껍거나 또는 얇은 재료를 검사하는 데 있어 여기 소개된 기준 시험편은 사용할 탐촉자의 빔 크기 차이를 보상하기 위해 비례적으로 크거나 또는 작게 만들 수도 있다. 이 규격은 기준 시험편의 평저공을 이용하여 동등한 결함 크기를 평가하기 위한 것은 아니다. 또한 이 규격은 합격 기준을 설정하지는 않는다. 그러나 사용자들에 의해 정의될 수 있는 기준을 위한 기술적인 근거를 설정한다.

규격번호	KS B ISO 18175
부 문	부합화(B)
규격명(한글)	비파괴 검사 - 전자 계측 기기를 사용하지 않은초음파 펄스 - 에코 탐상 시스템의 성능 특성 평가
규격명(영문)	Non-destructive testing - Evaluating performancecharacteristics of ultrasonic pulse-echo testing systems withoutthe use of electronic measurement instruments
제정일	2005.11.01 최종개정일 최종확인일
적용범위	이 규격은 다음과 같은 초음파 펄스 - 에코 탐상기의 성능 특성을 평가하기 위한 절차에 대하여 규정한다. - 수평 범위와 직선성 - 수직 범위와 직선성 - 근거리 및 원거리 분해능 - 감도 및 잡음 - 교정된 게인 조정기의 정확도

규격번호	KS B ISO 2400
부 문	부합화(B)
규격명(한글)	강 용접부 - 초음파 탐상 검사 장비의 교정용 대비 시험편
규격명(영문)	Welds in steel - Reference block for the calibration of equipment for ultrasonic examination
제정일	2002.12.12 최종개정일 최종확인일
적용범위	이 규격은 강 용접부의 초음파 탐상 검사를 위한 장비의 교정에 사용되는 대비 시험편의 특징에 대하여 규정한다.

규격번호	KS B ISO 4386-1
부 문	부합화(B)
규격명(한글)	평 베어링 - 금속성제 다층 베어링 - 제1부 : 결합부의 비파괴 초음파시험
규격명(영문)	Plain bearings - Metallic multilayer plain bearings - Part 1 : Non - destructive ultrasonic testing of bond
제정일	2005.12.07 최종개정일 최종확인일
적용범위	이 규격은 베어링 메탈과 받침 사이의 결합을 판단하기 위한 초음파 시험 방법에 대하여 규정한다.
ICS코드	21.100.10

규격번호	KS B ISO 5577
부 문	부합화(B)
규격명(한글)	비파괴 검사 - 초음파 탐상 검사 - 용어
규격명(영문)	Non-destructive testing - Ultrasonic inspection - Vocabulary
제정일	2001.12.01 최종개정일 최종확인일
적용범위	이 규격은 비파괴 검사 초음파 탐상 검사법에 사용되는 용어의 정의에 대하여 규정하며, 용어에 대한 기본이 된다.

규격번호	KS B ISO 7963
부 문	부합화(B)
규격명(한글)	강 용접부 - 용접부의 초음파 탐상검사용 No.2 교정 시험편
규격명(영문)	Welds in steel - Calibration block No.2 for ultrasonic examination of welds
제정일	2002.12.12 최종개정일 최종확인일
적용범위	이 규격은 강 용접부의 검사를 위한 초음파 장비의 교정에 사용하는 No.2 교정 시험편의 치수, 형상, 사용 방법에 대한 지침 등에 대하여 규정한다.

규격번호	KS D 0040
부 문	금속일반
규격명(한글)	건축용 강판의 초음파 탐상 시험에 따른 등급 분류와 판정 기준
규격명(영문)	Classification of structural rolled steel plate and wide flatfor building by ultrasonic test
제정일	1984.10.30 최종개정일 2004.07.02 최종확인일
적용범위	이 규격은 강 구조 건축물의 주요 구조재 가운데 판 두께 방향으로 현저하게 높은 응력이 작용하는 데 사용되는 재료로, 두께 13 mm 이상인 강판 및 누께 13 mm 이상, 나비 180 mm 이상 평강의 초음파 탐상 시험에 따른 등급 분류와 판정 기준에 대하여 규정한다. 또한 이 규격에 규정하는 이외의 일반 사항은 KS B 0817에 따른다.

규격번호	KS D 0075
부 문	금속일반
규격명(한글)	티탄늄관의 초음파 탐상 검사 방법
규격명(영문)	Ultrasonic inspection of titanium pipes and tubes
제정일	1994.11.18 최종개정일 2004.06.30 최종확인일
적용범위	이 규격은 이음매 없는 티타늄관 및 용접관(이하 관이라 한다.)의 흠을 검출하는 초음파 탐상 검사(이하 검사라 한다.) 방법에 대하여 규정한다.

규격번호 KS D 0233

부 문 금속일반

규격명(한글) 압력 용기용 강판의 초음파 탐상 검사방법

규격명(영문) Ultrasonic examination of steel plates for pressure vessels

제정일 1977.12.12 최종개정일 2005.12.15 최종확인일

적용범위 이 규격은 원자로, 보일러, 압력 용기 등의 주요 부분에 사용하는 두께 6 mm 이상의 킬드강(다만, 스테인리스강은 제외한다.) 두꺼운 강판의 초음파 탐상 검사 방법에 대하여 규정한다. 다만, 두께 200 mm를 넘는 강판의 검사 방법에는 부속서 D를 적용한다.
또한 이 규격에 규정한 것 이외의 일반 사항은 KS B 0817과 같다.

규격번호 KS D 0248

부 문 금속일반

규격명(한글) 탄소강 및 저합금강 단강품의 초음파 탐상 시험방법

규격명(영문) METHODS OF ULTRASONIC EXAMINATION FOR CARBON AND LOW ALLOY STEEL FORGINGS

제정일 1994.01.07 최종개정일 1999.06.21 최종확인일 2004.01.17

적용범위 이 규격은 두께 20mm 이상 및 바깥지름부의 곡률 반지름이 50mm이상인 탄소강 및 저합금강 단강품의 펄스 반사법을 사용한, 기본표시의 초음파 탐상기에 의한 초음파 탐상 시험방법에 대하여 규정한다.
그리고 수직 탐상시험 결과의 분류 방법은 부속서 1에 규정한다.

규격번호 KS D 0250

부 문 금속일반

규격명(한글) 강관의 초음파 탐상 검사 방법

규격명(영문) Ultrasonic examination for steel pipes and tubes

제정일 1979.10.31 최종개정일 2001.12.05 최종확인일

적용범위 이 규격은 주로 바깥지름 9.0mm 이상, 두께 1.0mm 이상이고, 두께 대 바깥지름의 백분비(이하 t/D라 한다.)가 20% 이하인 이음매 없는 강관 및 전기 저항 용접 강관의 용접부 길이 방향 결함에 대한 초음파 경사각 탐상 검사 방법을 규정한다. 다만, 용접 스테인리스 강관에는 적용하지 않는다.
또한 t/D가 20%를 초과하고 주문자가 특별히 초음파 탐상 검사를 하도록 한 경우에는 매매 당사자간의 협정에 의하여 부속서에 규정된 방법으로 검사를 할 수도 있다.
또한, 이 규격에 규정하는 이외의 일반 사항은 KS B 0817에 따른다.

규격번호	KS D 0252
부 문	금속일반
규격명(한글)	아크 용접 강관의 초음파 탐상 검사 방법
규격명(영문)	ULTRASONIC EXAMINATION FOR ARC WELDED STEEL PIPES
제정일	1984.09.14 최종개정일 1999.06.21 최종확인일 2004.01.17
적용범위	이 규격은 내외 양면을 길이 방향 또는 스파이럴 모양으로 자동 아크 용접법에 의해 제조한 바깥 지름 350mm 이상, 두께 6mm 이상의 탄소 강관 및 페라이트계 합금 강관 용접부의 자동 또는 수동에 의한 초음파 탐상 검사 방법에 대하여 규정한다.

규격번호	KS D 0273
부 문	금속일반
규격명(한글)	철근 콘크리트용 이형 봉강 가스 압접부의 초음파 탐상 시험 방법 및 판정 기준
규격명(영문)	Methods and acceptance criteria of ultrasonic examination forgas pressure welds of reinforcing deformed bars
제정일	1991.11.05 최종개정일 2001.12.05 최종확인일
적용범위	이 규격은 KS D 3504에 규정하는 이형 봉강(이하 철근이라 한다.) 가스 압접부의 초음파 탐상 시험 방법 및 시험 결과의 판정 기준에 대하여 규정한다.

규격번호	KS D ISO 10124
부 문	부합화(D)
규격명(한글)	압력용 이음매 없는 용접 강관(서브머지드 아크 용접 제외) - 층상 결함 탐지용 초음파 탐상 시험
규격명(영문)	Seamless and welded(except submerged arc - welded) steel tubesfor pressure purposes - Ultrasonic testing of the detection oflaminar imperfections
제정일	2002.12.21 최종개정일 최종확인일
적용범위	1.1 이 규격은 네 가지 허용 기준에 따라 층상 결함을 탐지하기 위하여 이음매 없는 강관 및 용접 강관에서 (서브머지드 아크 용접을 제외한) 수행하는 초음파 시험의 요구 사항을 규정한다. 허용 기준 B1은 증기 헤더(steam header)와 같이 중요한 적용을 목적으로 하는 이음매 없는 강관에서만 적용된다(표 1 참조).

규격번호	KS D ISO 10332
부 문	부합화(D)
규격명(한글)	압력용 이음매 없는 용접 강관(서브머지드 아크 용접 제외) - 수압 누출 검증용 초음파 탐상 시험
규격명(영문)	Seamless and welded(except submerged arc-welded)steel tubes for pressure purposes - Ultrasonic testingfor verification of hydraulic leak-tightness
제정일	2002.12.21 최종개정일 최종확인일
적용범위	1.1 이 규격은 서브머지드 아크 용접(SAW)관을 제외한 수압 누출 검증용 이음매 없는 관 및 용접관에서 수행하는 초음파 시험에서의 요구 사항을 명시한다. 1.2 이 규격은 바깥지름이 168.3 mm보다 크고 바깥지름 대 두께비가 5보다 큰 관의 검사에 적용할 수 있다. 또한 구매자와 제조자 간 합의에 의해 이보다 작은 지름의 관에도 적용할 수 있다.

규격번호	KS D ISO 10543
부 문	부합화(D)
규격명(한글)	압력용 이음매 없는 열간 신축 용접 강관 - 전 둘레 초음파 탐상 두께 시험
규격명(영문)	Seamless and hot-stretch-reduced welded steel tubes forpressure purposes - Full peripheral ultrasonic thickness testing
제정일	2002.12.21 최종개정일 최종확인일
적용범위	1.1 이 규격은 이음매 없는 열간 신축 용접 강관의 전 둘레 초음파 두께 시험에 관한 요구 사항을 규정한다. 이 검사는 동일한 초음파 탐촉자를 사용하여 층상 결함을 탐지(ISO 10124 참조)하기 위한 주변 전체 탐상과 동시에 수행될 수 있다. 이런 조건하에 탐상할 강관 표면의 비율은 ISO 10124에서 요구되는 탐지되어야 할 최소 층상 결함의 크기에 따라 결정될 수 있다.

규격번호	KS D ISO 11496
부 문	부합화(D)
규격명(한글)	압력용 이음매 없는 용접 강관 - 층상결함 탐지용 관 끝단부 초음파 탐상 시험
규격명(영문)	Seamless and welded steel tubes for pressure purposes - Ultrasonictesting for tube ends for the detection of laminar imperfections
제정일	2002.12.21 최종개정일 최종확인일
적용범위	1.1 이 규격은 층상 결함 탐지를 위한 이음매 없는 용접 강관의 관 끝단부 전 둘레 초음파 탐상 검사에 대한 요구 사항을 규정한다. 또한 이 규격은 평평한(plain) 또는 경사진(bevelled) 형태로 마무리된 관 끝단부위에 대하여 후속 제작 공정(예를 들면 용접, 용접부 초음파 검사 등) 중 간섭을 일으킬 수 있는 층상 결함을 탐지하기 위한 것이다. 1.2 이 규격은 30 mm 이상의 바깥지름을 갖는 관의 검사에 적용한다. 두께에 대한 최소값은 규정하지 않지만 비고를 참조한다.

규격번호	KS D ISO 12094		
부 문	부합화(D)		
규격명(한글)	압력용 용접 강관 - 용접관 제작용 강판 및강대 층상 결함 탐지용 초음파 탐상 시험		
규격명(영문)	Welded steel tubes for pressure purposes - Ultrasonic testingfor the detection of laminar imperfections in strips/platesused in the manufacture of welded tubes		
제정일	2002.12.21	최종개정일	최종확인일
적용범위	1.1 이 규격은 용접 강관 제조에 사용되는 강판 및 강대의 층상 결함을 세 가지 다른 허용 기준에 따라 탐지하기 위한 초음파 탐상 시험에 대한 요구 사항을 규정한다. 강판 및 강대의 초음파 탐상 시험은 강관 제조 동안 또는 강관 제조 전에 평평한 판의 형태로 수행되어야 한다.		

규격번호	KS D ISO 13663		
부 문	부합화(D)		
규격명(한글)	압력용 용접 강관 - 층상 결함 탐지용용접 이음매 인접부 초음파 탐상 검사		
규격명(영문)	Welded steel tubes for pressure purposes - Ultrasonictesting of the area adjacent to the weld seam for thedetection of laminar imperfections		
제정일	2002.12.21	최종개정일	최종확인일
적용범위	1.1 이 규격은 세 가지 허용 기준에 따른 압력용 용접 강관의 층상 결함 탐지용 용접 이음매 인접부의 초음파 탐상 검사에 대한 요구 사항을 명시한다. 이 규격은 결함 탐지를 위한 초음파 탐상 검사 그리고/또는 용접 이음매의 무결함을 저해하는 층상 결함을 탐지하기 위해 사용한다.		

규격번호	KS D ISO 5948		
부 문	부합화(D)		
규격명(한글)	압연 제품의 철도 레일 - 초음파 탐상 검사 합격 기준		
규격명(영문)	Railway rolling stock material - Ultrasonic acceptance testing		
제정일	2002.12.26	최종개정일	최종확인일
적용범위	이 규격은 표 1의 1~6에 표시된 검사체 및 검사 방법에 대한 검사 조건과 초음파 탐상 검사의 합격 기준을 규정한다. 다른 사항이 합의되지 않는 한, 이 규격은 제품의 규격 규격에 초음파 탐상 검사가 필수적으로 요구되거나 선택적으로 수행되어야 할 검사가 필수적으로 수행될 때(ISO 1005-1, ISO 1005-3 및 ISO 1005-6 참조) 적용되어야 한다.		

규격번호	KS D ISO 9303
부 문	부합화(D)
규격명(한글)	압력용 이음매 없는 용접 강관(서브머지드아크 용접 제외) - 길이 방향 결함 탐지용전 둘레 초음파 탐상 검사
규격명(영문)	Seamless and welded(except submerged arc-welded) steel tubesfor pressure purposes - Full peripheral ultrasonic testing forthe detection of longitudinal imperfections
제정일	2002.12.21 최종개정일 최종확인일
적용범위	1.1 이 규격은 압력용 이음매 없는 강관 용접 강관(서브머지드 아크 용접 강관 제외)의 4가지 다른 허용 기준(표 1 참조)에 따라 길이 방향의 결함을 탐지하기 위하여 횡파를 이용한 전 둘레 초음파 탐상 검사에 관한 요구 사항을 규정한다. 1.2 이 규격은 바깥지름이 9 mm 이상이고 바깥지름 대 두께비가 5 이상인 관의 검사에 적용한다. 바깥지름 대 두께비가 5보다 작은 관에 대해서는 부속서 1에 기술된 방법 중 하나를 제조자와 구매자 간 합의에 따라 적용해야 한다. 용접된 관의 용접 이음매 초음파 탐상 검사에 대한 규격은 준비 중에 있다.

규격번호	KS D ISO 9305 정오표 보기
부 문	부합화(D)
규격명(한글)	압력용 이음매 없는 강관 - 나비 방향결함 탐지용 전 둘레 초음파 탐상 검사
규격명(영문)	Seamless steel tubes for pressure purposes - Full peripheralultrasonic testing for the detection of transverse imperfections
제정일	2002.12.21 최종개정일 최종확인일
적용범위	1.1 이 규격은 4가지 다른 허용 기준(표 1 참조)에 따라 나비 방향 결함을 탐지하기 위한 압력용 이음매 없는 강관에 적용하는 횡파를 이용한 전 둘레 초음파 탐상 검사에 대한 요구 사항을 규정한다. 1.2 이 규격은 바깥지름이 9 mm 이상인 관의 검사에 적용한다.

규격번호	KS D ISO 9764
부 문	부합화(D)
규격명(한글)	압력용 전기 저항 및 유도 용접 강관 - 길이 방향 결함 탐지용 용접 이음매초음파 탐상 검사
규격명(영문)	Electric resistance and induction welded steel tubes for pressurepurposes - Ultrasonic testing of the weld seam for the detection oflongitudinal imperfections
제정일	2002.12.21 최종개정일 최종확인일
적용범위	이 규격은 두 개의 다른 허용 기준(표 1 참조)에 따라 특별히 전 둘레 길이 방향의 결함을 탐지하기 위한 전기 저항 및 유도 용접 강관의 용접 이음매에 대한 초음파 탐상 검사 방법에 대한 요구 사항을 규정한다.

규격번호	KS D ISO 9765
부 문	부합화(D)
규격명(한글)	압력용 서브머지드 아크 용접 강관 - 길이 방향 및 나비 방향 결함 탐지용용접 이음매 초음파 탐상 검사
규격명(영문)	Submerged arc-welded steel tubes for pressure purposes - Ultrasonic testing of the weld seam for the detection of longitudinaland/or transverse imperfections
제정일	2002.12.21 최종개정일 최종확인일
적용범위	1.1 이 규격은 세 가지 허용 기준에 따른(표 1 및 표 2 참조) 용접 이음매에 평행 및 수직한 결함을 탐지하기 위한 서브머지드 아크 용접(길이 방향으로 또는 나비 방향으로) 강관의 용접 이음매 초음파 시험의 요구 사항을 규정한다. 1.2 이 규격은 바깥지름이 150 mm 이상인 강관의 검사를 다룬다.

규격번호	KS F 2731
부 문	시험, 검사, 측량
규격명(한글)	콘크리트 압축 강도 추정을 위한초음파 펄스 속도 시험 방법
규격명(영문)	Testing method for velocity of ultrasonic pulses to concludecompressive strength of concrete
제정일	2003.11.19 최종개정일 최종확인일
적용범위	이 규격은 콘크리트 구조물의 일정 거리를 통과하는 발진자와 수진자 사이의 펄스 통과 시간으로부터 초음파 속도를 측정함으로써 콘크리트의 압축 강도를 추정하기 위한 것이다.

참고문헌

■ 조정상 · 권호영, 초음파 C-SCAN 기술, 도서출판 골드

■ 박은수 · 이강용 · 김재곤 · 김규영 · 권영각 · 김건영, 초음파 시험의 응용실례, 파괴방지대책 및 실례, 국제산업정보시스템, IIIS-88008

■ 노동부, 한국산업인력관리공단, 비파괴시험실기, 직업교육훈련교재

■ 초음파 탐상검사, 비파괴 검사 과정, 두산중공업연수원

■ 파이프 · 튜브의 초음파 탐상시험(U.T.) 현장 핵심실무기술 및 실습교육, 비파괴 검사(UT, RT, ET) 핵심실무 및 실습과정, 신호스틸(주) QA부

■ 한국능률협회컨설팅, 설비관리용어사전, 한국능률협회컨설팅

■ 초음파 탐상기 사용 매뉴얼, Parikh Industries

■ 초음파 탐상기 사용 매뉴얼, Ryoden Syonan Electronics Co., Ltd.

■ 비파괴검사규격집편찬위원회, 비파괴검사규격, 도서출판 골드

■ 조정상 · 이용, 최신 초음파 탐상기술 및 두께측정기술, 비파괴검사(N.D.T.) 실무, 한국산업기술센터, KOTEC : SM-162

■ Albert S. Birks and Robert E. Green Jr., Paul McIntire, Nondestructive Testing Handbook-Second Edition, Volume 7 : Ultrasonic Testing

■ AWS, Nondestructive examination, welding journal special report

■ General Dynamics, Nondestructive Testing-Ultrasonic, Volume III-Applications, PI-4-4

■ JIS Handbook #61, Nondestructive Testing, JSA

■ J. Mark Davis, Mathematical Formulas and References for Nondestructive Testing, the Art Room Corporation, Second edition

■ M. Berke, Nondestructive Material Testing with Ultrasonics, Introduction to the Basic Principles, Krautkramer

■ Reinbert Rosenberg, Know-how zur zerstorungsfreien Materialprufung, Panametrics GmbH
■ Robert W. Smilie, Ultrasonic, Classroom Training Handbook, PH Diversified, Revised from the NASA/General Dynamic series
■ Rolf Diederichs, Dipl.Ing, The e-Journal of Nondestructive Testing

찾아보기

비파괴 실무

2012년 8월 25일 1판 3쇄 발행

저 자 조정상 · 은상원 · 이병찬
발행인 남 승 우

발행처 도서출판 상尙 학學 당堂

시울시 동작구 사당로9가길 6(사당동)
TEL : 02) 595-1692~4
FAX : 02) 595-1394
E-mail : namdoo6@unitel.co.kr
신고 : 2-155호 (1968. 11. 29)

정가 17,000원

ISBN 978-89-85437-36-3 93560